U0192276

高层建筑与都市人居前沿：
全球发展解读与案例研究

（第 1 辑）

主编　杜　鹏（Peng Du）

[美]安东尼·伍德（Antony Wood）

中国建筑工业出版社

图书在版编目 (CIP) 数据

高层建筑与都市人居前沿：全球发展解读与案例研
究 .1 / 杜鹏，（美）安东尼·伍德（Antony Wood）主编
. — 北京：中国建筑工业出版社，2020.10
 ISBN 978-7-112-25508-5

 Ⅰ. ①高… Ⅱ. ①杜… ②安… Ⅲ. ①高层建筑 – 建
筑设计 – 研究 Ⅳ. ① TU972

 中国版本图书馆 CIP 数据核字（2020）第 185439 号

策 划：中国建筑工业出版社华东分社
 （Email：cabp_shanghai@qq.com）
责任编辑：胡 毅 滕云飞
责任校对：李美娜
装帧设计：完 颖
装帧制作：秘海丰
封面摄影：Hufton+Crow

高层建筑与都市人居前沿：
全球发展解读与案例研究（第1辑）

主 编 杜 鹏（Peng Du） [美] 安东尼·伍德（Antony Wood）
翻译统筹 世界高层建筑与都市人居学会中国办公室

*
中国建筑工业出版社 出版、发行（北京海淀 三里河路 9 号）
各地新华书店、建筑书店经销
上海安枫印务有限公司印刷
*
开本：880 毫米 ×1230 毫米 1/16 印张：18 字数：771 千字
2020 年 10 月第一版 2020 年 10 月第一次印刷
定价：168.00 元
ISBN 978-7-112-25508-5
 （36516）

　　《高层建筑与都市人居前沿》是全球唯一多学科交叉视野下专注于高层建筑与都市人居环境的智库型丛书，其秉承世界高层建筑与都市人居学会（CTBUH）专业的学术信息采集能力和严格的出品标准，致力于总结、分析全球高层及超高层建筑行业的最前沿科研成果、先进技术、建造数据，研究与解读全球高层建筑创新案例，聚焦和服务于城市管理、城市研究、城市开发、工程咨询、建筑设计、建筑施工、物业管理与运营、建筑设备与材料等城市、建筑产学研生态链上的管理者、研究者、设计师、工程师，帮助中国的管理者、建筑师、工程师足不出户便知天下事，及时了解全球第一手前沿资讯，丰富学识结构，深入理解高层及超高层建筑与都市人居环境的核心所在。

　　《高层建筑与都市人居前沿：全球发展解读与案例研究》每一辑都基于 CTBUH 最新的学术论坛、全球评奖、期刊出版、科学研究与数据统计分析成果，内容包括年度全球高层及超高层建筑建造数据统计、分析与解读，全球最佳高层建筑与都市人居实践，全球最佳高层建筑精选案例解析，以及该领域最新科研成果和创新理念总结、分享，内容丰富，突出创新性、科学性、前沿性，是中国城市、建筑领域专业读者的良师益友。

　　本书适合城市规划、开发、建筑设计、工程咨询、建造、物业管理与运营、科研、建材及设备等领域的专业读者阅读参考。

编 委 会

学术支持单位

同济大学建筑与城市规划学院

翻译统筹

世界高层建筑与都市人居学会中国办公室

瞿佳绮　王莎莎

翻译与审校（以姓氏笔画为序）

王欣蕊　王莎莎　毛雯婷　冯　田　张　翌　张许慎

林耀文　周劼竞　胡　毅　施旖婷　宫本丽　倪江涛

徐婉清　郭　菲　盛　佳　韩　杰　瞿佳绮

序

纵观人类社会的历史可以发现，高层建筑始终伴随着历史在前进。巴比伦通天塔的传说成为一种通向天堂的隐喻，并在几千年的人类历史中不断重现，成为现代摩天大楼的原型。高大的建筑由于其标志性及其在远古时期的地平线上的壮观场景，一直为人青睐，有史以来人们就在挑战重力，尽力建造高大的建筑。距今 4000 多年的两河流域建造了塔庙作为观象台，传说中的古代世界七大奇迹有五项是高大的建筑，高 146.4 m 的齐奥普斯（胡夫）大金字塔（公元前 2500 年）、巴比伦空中花园（公元前 600 年）、高约 45 m 的摩索拉斯陵墓（公元前 315 年）、高 33 m 的罗德岛的太阳神像（公元前 292—前 280 年）、高约 115~150 m 的亚历山大灯塔（公元前 270 年）等都是高层建筑的雏形。古罗马时代就已经出现了多层住宅，在当时已经属于高层建筑。

欧洲的许多城市从中世纪开始就在建造塔楼，这在当时是一种风尚，一开始是为了防御和安全地储藏财产的需要，到后来则是为了显耀威望和财富，林立的塔楼成为中世纪城市的标志。大教堂和市政厅是中世纪高层建筑的代表，各座城市竞相建造高大的教堂，德国乌尔姆大教堂（14—19 世纪）的塔楼高 160 m，是欧洲中世纪最高的建筑物。1284 年始建，1842—1880 年竣工的科隆大教堂的塔尖高度超过了 164 m。17 世纪的一幅图画描绘了位于荷兰泽兰省济里克泽的圣利文斯教堂的塔楼，据测算，其高度超过 200 m。但是没有证据表明这个构想后来得以实现。

工程师们曾经宣称，只要经济允许，他们可以建造任意高度的建筑。早在建筑技术尚未成熟的时代，建筑师就在设计超高层建筑，法国工程师法莱西诺在 1937 年为巴黎世界博览会设计了一座"世界灯塔"，高 700 m，游客可以驾驶汽车沿着螺旋状的道路蜿蜒直上顶层的餐厅、旅馆和观光厅，这座塔楼最终并没有建成。美国建筑师赖特在 1956 年设计了高度为一英里的空中城市，高达 528 层。

20 世纪是高层建筑蓬勃发展的时期，21 世纪更是高层建筑的世纪，世界又在重复兴建"最高"建筑的竞争，而且越演越烈。根据世界高层建筑与都市人居学会（CTBUH）的统计，截至 2019 年，全球超过 200 m 的高层建筑总数为 1603 座，相比 2010 年的 610 座，这个数目增长了 163%，相比 2000 年的 259 座，这个数目增长了 519%。

高层建筑涉及的因素除了社会需求、经济与工程技术因素之外，其动因往往取决于社会的审美和价值观念，取决于大都市的形象需要。高层建筑被赞誉为"大都市的能量"，高层建筑成为城市的地标，正在改变世界各大城市的天际线。英国建筑师诺曼·福斯特在谈及他设计的高 394 m 的伦敦千禧塔时说："高的建筑是世界级现代化城市的能力和志气的表现。"当代高层建筑呈现出功能和室内空间的多元化，造型丰富多彩，设计不断创新，结构和施工技术先进，突破新的高度，注重绿色生态，楼宇智能化管理，建筑与环境相互对话，争夺最高的倾向则有所缓和。

中国的文化传统崇尚高远，有许多登临高楼馆阁，举目望远的咏叹，蕴含了宇宙感、历史感和人生感，"欲穷千里目，更上一层楼"，极目远望"落霞与孤鹜齐飞，秋水共长天一色"，"天高地迥，觉宇宙之无限"就是从高楼观赏无限的自然景象的意境。有大量高楼建筑的形象在传统绘画中流传下来，成为中国古代高层建筑的佐证。关于高楼脍炙人口的描写也广为流传，诸如"朱楼映日""复阁重楼""高近紫霄""迥依江月"高峻、嵯峨的形象。

中国古代的佛塔代表了高层建筑的技术成就，也载入中国古代建筑的史册。据北魏杨衒之的《洛阳伽蓝记》记载，洛阳的永宁寺木构塔，建于 516—519 年，"中有浮图一所，架木为之，举高九十丈。"这是当时中国境内第一高塔。建于 520—523 年的河南登封嵩岳寺塔为 15 层密檐砖塔，塔身平面为正十二边形，塔高约 39.5 m。始建于 959 年的苏州虎丘云岩寺塔的残余高度为 48 m，为八角形平面，高 7 层的楼阁式砖塔，也成为一座斜塔。1056 年建造的山西应县佛宫寺释迦塔，为木构佛塔，平面为正八边形，外观 5 层，高达 67.31 m，有天下第一的美誉："天下浮图不可胜记，而应州佛宫寺木为第一。"1068—1094 年建造的上海松江兴圣教寺塔，为 9 层砖木结构，高 42.65 m。1228—1237 年建造的泉州开元寺仁寿塔，为石构建筑，高 44 m，历经多次地震，仍屹立不倒。

当代中国成为世界上建造高层建筑最活跃的地区，据世界高层建筑与都市人居学会的统计，直到 20 世纪末，世界上最高的 100 座建筑中有 80% 在北美，而现在这个数字只有 30%，剩下的有一半在亚洲。今天，全世界排名前 20 位的超高层建筑中，有 13 座在中国。

世界高层建筑与都市人居学会自 1969 年成立以来，长期关注全球高层建筑的发展，研究并报告高层建筑的规划、设计和建造的各个方面，成为高层建筑和城市可持续发展的权威学术机构。学会制定了高层建筑高度的评定标准：首先是建筑的顶端高度，但不包括旗杆和天线，这是最核心的指标；其次是最高使用楼层，显示高层建筑的实用高度；最后是建筑的尖顶高度，包括旗杆、天线和设备的高度。学会坚持每年报告高层建筑的统计数据，颁发高层建筑奖项，在全球各大城市主办高层建筑研讨会，支持高层建筑研究，2012 年的世界高层建筑大会首次在中国的上海举行，中国的北京建外 SOHO、央视总部大楼和上海中心都曾分别获得各个年度的高层建筑奖。此外，学会还出版年度报告，分析全球高层建筑发展的趋势，提出高层建筑的评价指标，形成广泛而又重要的影响力。

由世界高层建筑与都市人居学会主编的这本百科全书级的《高层建筑与都市人居前沿：全球发展解读与案例研究》第 1 辑，集当代高层建筑之大成，发布全球高层建筑研究前沿、数据统计与分析，介绍优秀的高层建筑，指明高层建筑存在的生态及空间环境问题，指导高层建筑的规划、设计、建造和运营。通读全篇之后，人们一定会对高层建筑有一个全新的认知和对未来的期望。

郑时龄

中国科学院院士

法国建筑科学院院士

同济大学建筑与城市规划学院教授

前　言

在世界人口增长和城市化加速的双重作用下，全球高层建筑的建设量在过去 50 年一直保持总量上的持续增长。据世界高层建筑与都市人居学会（Council on Tall Buildings and Urban Habitat，CTBUH）的数据显示，截至 2019 年，全球超过 200 m 高的建筑总数量为 1603 座，相比 2010 年的 610 座，这个数目增长了 163%；相比 2000 年的 259 座，这个数目增长了 519%。2019 年全球共建成 126 座 200 m 及以上高度的建筑，尽管这比 2018 年的 146 座低了 13.7%，但有 26 座超高层建筑（300 m 及以上高度）建成，刷新了年度超高层建筑竣工数量的历史纪录。当前全球超高层建筑的总量共有 170 座，2013 年这个数字是 76 座，而 2000 年只有 26 座。中国是过去 20 年在高层与超高层建筑领域实践最多、发展最快的国家。2019 年全球建成的 126 座 200 m 及以上高度的建筑中，有 57 座在中国，占比 45%。值得一提的是，全球每年建成的最高建筑连续第 5 年位于中国。同时，当前全球最高的 20 座建筑中，有 13 座位于中国。

在这些"令人兴奋"的数字背后，很多建成的高层建筑却因其在规划、设计、建造和运营过程中的问题，对建筑本身、周边环境乃至整个城市产生了巨大的负面影响。我们的城市长期以来在寻求高空化和规模化发展的同时，对自然生态的考量非常有限，以至于高层建筑的发展始终伴随着"高能耗""城市热岛效应"等对生态环境及可持续性发展不友好的特性，并成为城市可持续发展的负面荷载。同时，无论是千篇一律的玻璃方盒子带来的城市同质化现象，还是崇尚标新立异带来的建筑造型雕塑化现象，都直接导致高层建筑与城市文脉之间的割裂。而对高度的盲目追求使高层建筑普遍缺乏公共属性，与自然和街道生活的隔离也给建筑使用者在身体和心理上带来了消极的影响。因此，探讨如何设计、建造和运营可持续的高层建筑就显得极为重要，尤其是在可持续的都市人居的背景下。

本书收录的内容精选自 CTBUH 最新的全球各类出版物。CTBUH 是专注于高层建筑和未来城市的概念、设计、建设与运营的全球领先机构，每年都会通过各类出版物发表全球最前沿和最重要的理论、研究和实践案例。本书内容在遴选过程中除了考虑展现当前全球最前沿的设计理念和技术应用之外，也试图将其与中国高密度城市发展和高层建筑建造建立紧密的联系。具体来说，本书包含了全球高层建筑数据统计，捕捉全球发展最新动态并总结发展规律；全球年度最佳高层建筑，呈现 CTBUH 全球奖"最佳高层建筑"与"都市人居"奖项中的精选获奖作品；案例精解，深入解读全球最具创新性的高层建筑实践案例；前沿研究，以学术论文的形式发表行业内最新、最具影响力的科研成果；数据分析，通过对高层建筑某一专项领域的研究，梳理和论证全球最高建筑；专家访谈，与全球行业领军人物对话，深入了解高层建筑与城市建设的现状和未来发展趋势等。

　　本书的出版获得了 CTBUH 中国区理事单位、中国区会员单位与合作伙伴的大力支持与
协助，同时也获得了同济大学建筑与城市规划学院的学术支持，在此表示由衷的感谢。还要
特别感谢中国建筑工业出版社作为出版合作方对本书的出版所给予的大力支持。期待本书能
为中国建设可持续的高层建筑与都市人居环境提供参考，也能促进中国与全球在该领域进行
更广泛、更深入的交流。

杜 鹏博士　　　　　安东尼·伍德博士

目　录

天津周大福金融中心　© Seth Powers | SOM

1 高层建筑建造数据统计与分析

全球高层建筑数据解读：超高层建筑建成数量再创新高

全球高层建筑图景

全球高层建筑数据解读：
超高层建筑建成数量再创新高

世界高层建筑与都市人居学会（CTBUH）于 2020 年初发布了其年度报告《CTBUH 年度回顾：2019 年高层建筑趋势》（*CTBUH Year in Review: Tall Trends of 2019*），作为其高层建筑数据分析研究系列的一部分。该报告显示，2019 年全球共建成 126 座 200 m 及以上高度的建筑，包括 26 座 300 m 及以上高度的超高层建筑，创下了新的纪录[①]。截至 2019 年底，全球超高层建筑共有 170 座，而 2013 年全球有 76 座，2000 年只有 26 座。位于中国天津的 530 m 高的天津周大福金融中心（Tianjin CTF Finance Centre）是 2019 年竣工的全球最高建筑（图 1-1）。

图 1-1　天津周大福金融中心，高 530 m，图片来自 SOM © Seth Powers

1　简介

2019 年对于全球高层建筑行业来说是非同寻常的一年，它前所未有地见证了 26 座超高层建筑（300 m 及以上高度）的完工，这也是继 2018 年的 18 座之后连续刷新这一纪录的第二年。同时也是连续第 6 年至少有一座 500 m 以上的大楼完工（图 1-2）。总体来看，2019 年完工的 126 座 200 m 以上高度的建筑，与 2018 年的 146 座相比，下降了 13.7%，这是自 2011~2012 年下降之后的再一次下降，是 2008 年金融危机影响导致的一些项目取消造成的滞后效应。2019 年竣工的最高项目是天津周大福金融中心，它以 530 m 的高度与它的姊妹楼广州周大福金融中心（同样高 530 m）并列成为中国第三高、世界第七高的建筑。而连续 5 年来，当年建成的最高建筑都在中国。

---

① 该研究设定了高度 200 m 作为研究界限，该高度以上的建筑物数据较为完整。

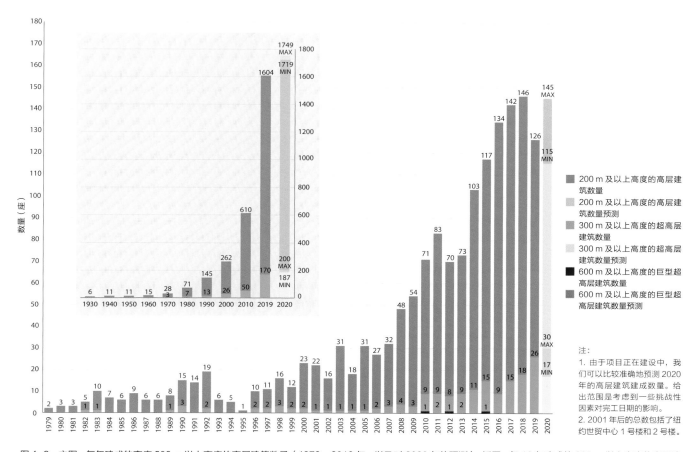

图 1-2 主图：每年建成的高度 200 m 以上高度的高层建筑数量（1979—2019 年，以及对 2020 年的预测）。插图：每 10 年建成的 200 m 以上高度的高层建筑总数（1930—2019 年，包含对 2020 年的预测）

2 全球主要市场掠影

2018 年底，CTBUH 预估 2019 年将有 120~150 座高层建筑建成，而实际建成数量是 126 座，接近预测的最低值。其中 57 座在中国，占总数的 45%，这个比例相较 2018 年也有所下降，2018 年全球有 92 座高层建筑在中国建成，占总建成量的 63%。

亚洲（不包括中东地区）共拥有 126 个建成项目中的 87 个，占总数的 69%；比 2018 年的 110 个、占当年年总数的 75.3% 的数据有所下降（图 1-3）。

美国再次排名第二，有 14 个新建成项目，占 2019 年总数的 11%，而 2018 年的数目也是 14 个。北美地区则共有 20 个新建成项目，占总数的 15.9%；2018 年，北美有 16 个项目建成，占比 10.8%（图 1-4）。

接着是建成 9 个项目的阿联酋，比 2018 年少 1 个。整个中东地区 2019 年建成 11 个项目，2018 年为 13 个。

马来西亚与印度的建成项目都是 7 个，菲律宾则是 5 个。2018 年，马来西亚也是 7 个，印度 0 个，菲律宾 1 个（图 1-5）。

放眼全球各大城市，继 2018 年夺冠之后，中国深圳以 15

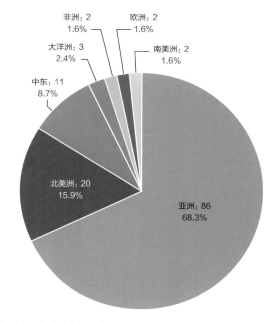

图 1-3 2019 年全球各地区完工的高度 200 m 及以上高度的高层建筑数量及占比

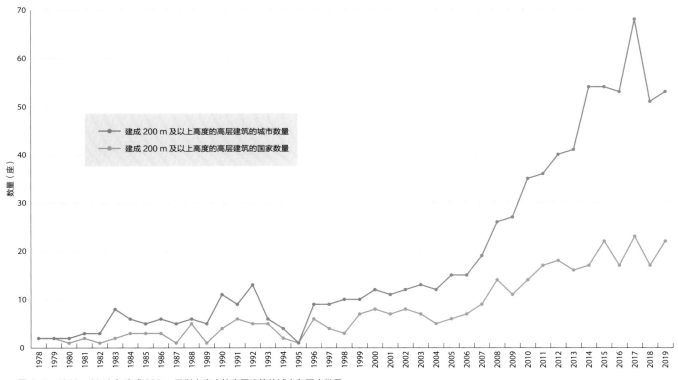

图 1-4　1978—2019 年建成 200 m 及以上高度的高层建筑的城市和国家数量

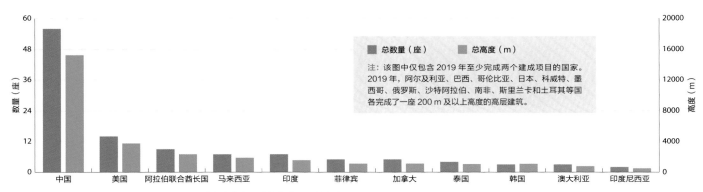

图 1-5　2019 年各国家建成的 200 m 及以上高度的高层建筑的数量和总高度

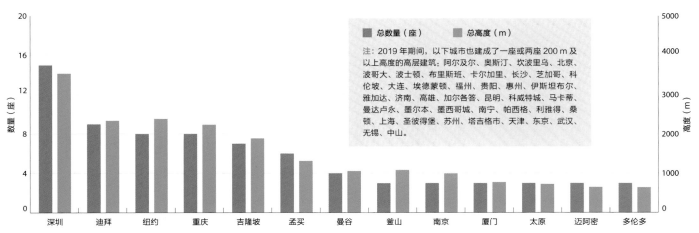

图 1-6　2019 年各城市建成的 200 m 及以上高度的高层建筑的数量和总高度

个新建成项目（占全球总数的 11.9%）再次位列第一，并连续 4 年打破自己的纪录，该数量超过了除中国以外的所有国家各自的建成项目数量，更别说与其他城市相比了。排名第二的是建成 9 个项目的迪拜（图 1-6）。

3 项目趋势：交通导向的开发项目

2019 年是开发以交通为导向的高层建筑项目的重要一年，全球大都市对高质量的项目和更优连通性的需求不断增加。

在深圳，这座城市高铁北站广场的东侧建成了两个独立的开发项目。汇德大厦和 HBC 汇隆中心都超过 200 m（图 1-7）。连接内地和香港的高速铁路网中的福田站已经成为一个城市高层建筑连接体，平安金融中心综合体和许多其他建筑都与该站相连。但深圳北站有更多的铁路运力，也有更多的可建设用地，所以它的进一步发展只是时间问题。

在纽约市，宾夕法尼亚站（Pennsylvania Station）已经是一个建设完善的交通枢纽，但长期以来，人们认为从它的"咽喉部位"向西延伸的铁路站场部分是难以利用的。而在过去的

> "
> 继 2018 年夺冠之后，中国深圳以 15 个新建成项目（占全球总数的 11.9%）再次位列第一，并连续 4 年打破自己的纪录。
> "

交通导向的开发项目

2019 年是开发以交通为导向的高层建筑项目的重要一年，全球大都市对高质量的项目和更优连通性的需求不断增加。

图 1-7　HBC 汇隆中心 © HPP International
高度：258 m
城市：深圳

图 1-8　曼哈顿西区 1 号 © Lester Ali
高度：303.3 m
城市：纽约

图 1-9　涩谷 Scramble 广场 © Kakidai (cc by-sa)
高度：228.3 m
城市：东京

10 年里，随着车站的重新修整以及哈德逊城市广场（Hudson Yards）和曼哈顿西区（Manhattan West）高层建筑的接连开放，这个问题迎刃而解了。2019 年完工的项目包括曼哈顿西区 1 号（图 1-8），以及哈德逊城市广场 15 号、30 号和 35 号，它们的高度都超过了 200 m。

东京的涩谷站（Shibuya Station）以站外的人行横道闻名于世，成群结队的通勤者从 6 个方向穿过十字路口，这种人群的日常流动看上去既像是精心设计的又透着些许混乱，而包含办公和零售功能、高 228 m 的涩谷 Scramble 大楼（Shibuya Scramble Square）俯瞰着这个十字路口（图 1-9）。这座大楼是涩谷站及周边地区大规模再开发项目的一部分，许多新的塔楼即将在此诞生，行人所面临的步行障碍和尴尬的地面高差问题也将得到改善。

4 项目趋势：空中连廊

2019 年建成的项目表明，人们越来越有兴趣在日益拥挤的垂直化城市中建造水平向的栖居地。高层建筑项目中的空中连廊

成为 CTBUH 为期 18 个月的研究项目的主题，该研究正在进行中（详细信息参见：bit.ly/38islKt）。

2019 年 9 月正式开放的重庆来福士广场是位于长江和嘉陵江交汇处的 8 座大型塔楼项目。项目顶部一座长 296 m 的弯曲的封闭式空中连廊横跨其中 4 座塔楼的屋顶，并通过较短的连廊与另外两座塔楼相连。这一空中连廊的功能分区十分多样，包括花园、餐厅、游泳池、健身区和观景区等（图 1-10）。

位于吉隆坡的 Sky Suites @ KLCC 项目是一个包含 3 座塔楼的居住综合体，在顶部由一个弯曲的三层空中连接体连通，这一空中连廊顶上有一个室外露台。在连接体的中央架空的部分，包含一个健身房和舞蹈室。除此以外，还有健康水疗中心、蒸汽桑拿浴室、游泳池、餐厅、咖啡厅、酒吧以及休闲种植区等服务设施（图 1-11）。

南京金鹰天地的多层空中连廊连接着具有酒店和办公功能的 3 座塔楼。空中连廊有一个拱顶，以屋顶花园休息区的形式提供了公共空间。在处于地震带区域的高空提供这样的连廊是一项令人印象深刻的壮举，这需要重点考量建筑结构在风荷载和地震荷载下的性能表现（图 1-12）。

空中连廊

2019 年建成的项目表明，人们越来越有兴趣在日益拥挤的垂直化城市中建造水平向的栖居地。

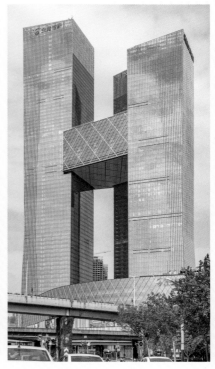

图 1-10　重庆来福士广场 © Junyi Lou
高度：354.5 m
城市：重庆

图 1-11　吉隆坡 Sky Suites @ KLCC © Hao Li
高度：230 m
城市：吉隆坡

图 1-12　南京金鹰天地 © Lester Ali
高度：368.1 m
城市：南京

5 地区与国家的高度纪录保持者

每年在许多地区都会出现新的最高建筑。但值得注意的是，在 2019 年许多原本没有高层建筑优势的地区开始出现新的高层建筑，其中一些地区之前从来没有 200 m 以上的高层建筑。

非洲地区和阿尔及利亚在 2019 年迎来了新建成的最高建筑：高 265 m 的阿尔及尔大清真寺（Great Mosque of Algiers）（图 1-13）。数百年乃至数千年来，人类一直使用宗教性的结构元素来获取更高的高度，由于阿尔及尔大清真寺的可使用楼层超过其高度的 51%，所以它符合 CTBUH 制定的"建筑"标准。

在非洲大陆的另一端，位于南非约翰内斯堡都市圈、桑德顿区的莱昂纳多大厦（The Leonardo）（高 227 m），是一座酒店公寓大楼，它成为该国新的最高建筑和非洲大陆第二高的建筑（图 1-14）。

经过长时间的筹备，以及场地迁移，位于圣彼得堡（St. Petersburg）的拉赫塔中心（Lakhta Center）成为俄罗斯和欧洲新的最高建筑，它高达 462 m（图 1-15），成为世界第十三高的建筑。

尽管巴西已经是一个拥有许多高层建筑的国家，但截至 2019 年还没有一座高楼超过 200 m。2019 年，位于海滩度假城市坎波里乌（Balneario Camboriu）的无限海岸大厦（Infinity Coast Tower）（高 235 m）摘取了桂冠（图 1-16）。

科伦坡（Colombo）高 240 m 的 Altair 大厦是斯里兰卡新的最高建筑，它拥有引人注目的外轮廓，其中一座布满外挑露台的塔楼看上去像是斜倚在另一座塔楼上（图 1-17）。

> **非洲地区和阿尔及利亚在 2019 年迎来了新建成的最高建筑：高 265 m 的阿尔及尔大清真寺。**

2019 突破纪录的建筑

以下是 2019 年完工的一些本国最高建筑。

图 1-13 阿尔及尔大清真寺
高度：265 m（阿尔及利亚和非洲地区最高建筑）
城市：阿尔及尔

图 1-14 莱昂纳多大厦 ©Legacy Hotels and Resorts
高度：227.9 m（南非最高建筑）
城市：约翰内斯堡

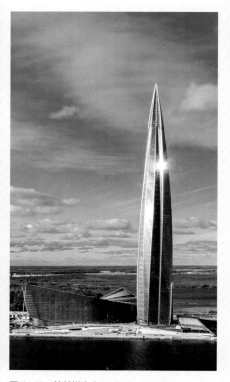

图 1-15 拉赫塔中心 © Anton Galakhov
高度：462 m（俄罗斯与欧洲地区最高建筑）
城市：圣彼得堡

2019 突破纪录的建筑

以下是 2019 年完工的一些本国最高建筑。

图 1-16　无限海岸大厦 © FG Balneário Imóveis
高度：234.8 m（巴西最高建筑）
城市：坎波里乌

图 1-17　Altair 大厦 © rhythmicdiaspora (cc by-sa)
高度：240 m（斯里兰卡最高建筑）
城市：科伦坡

6　杰出项目

丽泽 SOHO 位于北京西南部中央商务区，处于一个尴尬的地块：基地被弯曲的地铁隧道一分为二。这座大厦利用这条分界线造就了一个与之统一的设计概念：被高达 190 m 的中庭"一分为二"的建筑（图 1-18）。

天津周大福金融中心位于天津市中心以西的经济技术开发区，它为该地区更大规模的开发项目奠定了基础。它的曲线造型是外形优化的结果，以减少涡流和其他风荷载影响。圆角的方形平面为居住者提供了独特的室内空间和定制可能（图 1-19）。

像纽约的许多摩天大楼一样，53 West 53 大厦的形状是考虑城市分区和退界规范的结果（图 1-20）。但与大多数摩天大楼不同，其建筑轮廓的设计也有助于解决规范要求，它的形体逐渐向上收分，最终形成尖锐的顶端。这种做法一方面是因为它的不规则平面，另一方面是为了适应基地所处三个不同的行政区域对建筑面积和体量限制的不同规定。大楼的裙房还包括现代艺术博物馆（Museum of Modern Art，MoMA）的扩建部分。

7　结论与展望

人们很容易将高层建筑项目建成数量的明显下降（尤其是在中国）解读为近期事件（如与美国的贸易谈判）影响的结果，或是经济衰退的先兆。众所周知，中国的许多高层建筑项目都是以高额债务的形式融资的，近年来政府也一直在控制有风险的项目和投资。高层建筑建设的整体趋势在中国这个世界第一人口大国似乎是逐年放缓的。然而我们必须知道，摩天大楼一直以来都是滞后的经济指标——许多摩天大楼是 5 年前甚至更久前构思和开工的，因此它们通常反映 5 年前的情况。此外，从以城市为单位的观察中我们能发现这些数据常常反映出一定的复杂性和差异性。例如，在明显的全国性经济放缓阶段中，深圳完成了比以往任何时候都多的 200 m 以上高度的高层建筑，比任何其他国家都多。同样，对单个城市进展的评估也应该打折扣，因为一次完成的单个开发商项目中可能包括 8 栋塔楼，而这种情况不同程度地抬高了重庆、孟买、厦门、南京、釜山、吉隆坡等城市的高层建筑数量。

在有些国家，例如印度，从 2018 年 200 m 以上高度的建

杰出项目

2019 年的几个杰出项目均为非传统建筑造型，以应对建造因素带来的各种挑战。

图 1-18　丽泽 SOHO © Cao Baiqiang
高度：207 m
城市：北京

图 1-19　天津周大福金融中心 © Seth Powers
高度：530 m
城市：天津

图 1-20　53 West 53 大厦 © Lester Ali
高度：320.1 m
城市：纽约

成项目数量为零飞跃至 2019 年的 7 座，且该数目成为 2019 年的全球第 3 位。这些数字并不能反映印度建设活动的全貌，其实还有更多超过 200 m 高的项目已经在印度开工建设，只是它们还没达到 CTBUH 的完工标准。与此同时，之前从未有过 200 m 以上高度建筑的国家，例如巴西，也在 2019 年完成突破。美国看上去仍在维持稳定增长的态势，是因为纽约仍是主要的高层建筑基地，那里有最活跃的市场；波士顿和奥斯汀市在 2019 年美国建成的所有高层项目中也占据了一席之地，这可能反映了人们对居住在较小规模城市的强烈愿望。

此外，人们对超高层建筑的需求量仍然很高，2019 年建成的超高层建筑（300 m 及以上高度）比以往任何时候都多。500 m 及以上高度的高层建筑的建成数量保持不变——2019 年是至少完成一座 500 m 以上高度的巨型高层建筑的连续第 6 年。

8　2020 年预测

2020 年，CTBUH 预估的 200 m 以上高度的高层建筑的完工数量范围与 2019 年近似：在 115~145 座之间，其中，预计有 17~30 座超高层建筑（300 m 及以上高度）。然而，这个数目可能会在某些地域出现偏差：例如中国沈阳盛京金融广场共有 15 座大楼，其中 3 座在 2018 年完工，其余的仍在建，并预计在 2020 年完工，除一座之外，其余都超过 200 m。在中东，沙特阿拉伯利雅得的阿卜杜拉国王金融区（King Abdullah Financial District）预计将很快基本完工，届时将有多达 5 座 200 m 以上高度的建筑（其中 2 座为超高层建筑）。在北美，纽约市正有 10 座 200 m 以上高度的建筑预计在 2020 年完工，其中 2 座为超高层建筑。■

（*翻译：王欣蕊；审校：王莎莎*）

查看 2019 年全球高层建筑数据交互式报告，可访问以下网址：skyscrapercenter.com/ year-in-review/2019.
查看 2020 年完工的全球高层建筑预测，可访问以下网址：skyscrapercenter.com/ predictions-2019.

全球高层建筑图景

2019 年全球有 126 座高度超过 200 m 的高层建筑完工，比起 2018 年的 146 座下降了 13.7%。全球高度超过 200 m 的建筑总数量从 2018 年的 1477 座上升到 1603 座，相比 2010 年，这个数目增长了 163%；相比 2000 年的 259 座，这个数目增长了 519%。亚洲仍然是摩天大楼建设的热土，而中国的影响力在 2019 年相对有所减弱。

年度全球最高建成建筑

图 1-21 为自 2004 年起，每年建成的当年最高建筑。

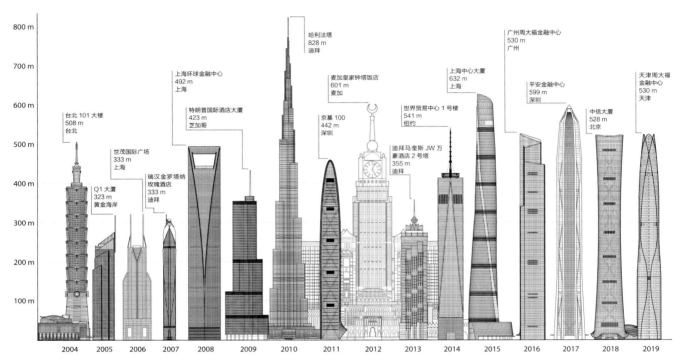

图 1-21　年度全球最高建成建筑

全球最高建筑的平均高度

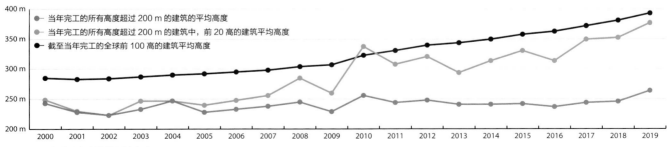

图 1-22　全球最高建筑的平均高度

高 530 m 的天津周大福金融中心与它的姊妹楼广州周大福金融中心并列成为世界第七高楼。

26

2019 年完工的超高层（高度超过 300 m）建筑数量为 26 座。

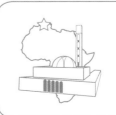

阿尔及尔大清真寺（265 m）；刷新阿尔及利亚和非洲建筑高度纪录。

全球前 100 座最高建筑：数据分析

全球最高的 100 座建筑大多数位于亚洲，具有混合功能，采用复合的结构系统。

图 1-23 全球前 100 座最高建筑的数据分析

每年跻身全球高度前 100 的建筑统计

2019 年建成的高层建筑中有 17 座进入当前全球高度前 100，略少于历史最高数量、2011 年的 18 座。

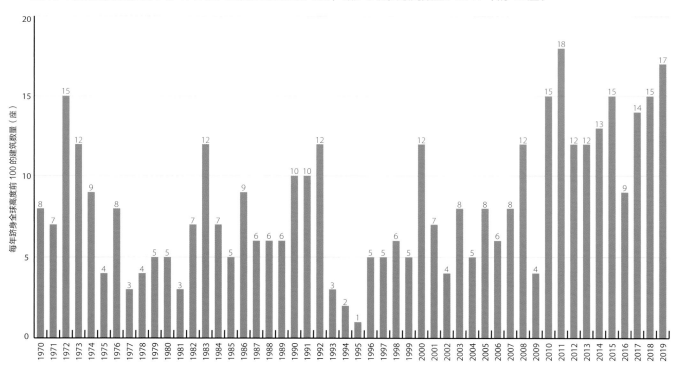

图 1-24 每年跻身全球高度前 100 的建筑统计

在 2019 年完工的 126 座高度超过 200 m 的建筑中，高度为 265 m 的最多，有 7 座。

377

2019 年建成的 20 座最高建筑的平均高度为 377 m。

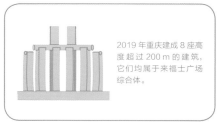

2019 年重庆建成 8 座高度超过 200 m 的建筑，它们均属于来福士广场综合体。

（翻译：王欣蕊；审校：王莎莎）

深圳平安金融中心　　© Tim Griffith

2

最佳高层建筑与都市人居实践

综　述

2019—2021 年全球高层建筑开发、设计与建造继续展现着壮丽的图景，改变着世界各地天际线和城市空间的建筑项目、技术与手段不断涌现。虽然人们倾向于称颂摩天大楼标志性的外观，但我们选取的全球高层建筑最佳实践案例主要希望显示高层建筑产业对城市营造越来越多的投入。高层建筑的神话总集中于其天际线的形象和个体建筑师或投资者身上，但现实世界并非如此。

高层建筑诞生的全过程是复杂的集体协作行为，在这个国际性的行业里，它越来越受公众的关注和认可。所有与高层建筑相关的产业中的创新不仅让高层建筑焕发新生，也丰富了这些产业自身——建筑、建造、更新改造、立面工程、火灾与风险、岩土工程、室内设计、机电设备、结构工程。在无数丰富细节的基础上，高层建筑世界的宏观图景浮出水面，许多趋势也随之作为焦点走入人们的视野。我们再次重申，本章收集了高层建筑产业主要趋势中代表性的项目，它们同时也是最前沿、最出色的项目。

城市魅力

全球范围内，拥有前沿设计的新居住项目在密集的城市角落纷纷涌现，一些位于重要城市的项目并不是因其提供住所而闻名。随着市中心的居住需求与日俱增却难以被满足，"理想远郊"风靡一时，这些项目以奢华的服务设施、无可挑剔的室内设计与雕塑般的、令人回味的形态脱颖而出。

在迈阿密市区，因艺术贩售与餐厅久负盛名的 1000 Museum（见 72 页）因其形似节肢动物的外骨架得名"蝎子塔"（图 2-1），它未来主义式的外立面震动了居住地产市场。

法兰克福 OMNITURM 大厦的标志性轮廓（见 64 页）为市中心的一群企业总部注入了新活力。其纤长的堆叠状塔体在中段出现了雕塑般的扭转，住宅功能自此开始。楼板螺旋着外伸，创造出承载更丰富的城市生活的露台与挑檐。

在纽约，能折射阳光的多层表皮增加了 ARO 大楼的视觉魅力（见 80 页），它是纽约市剧院区一座纤细的住宅塔楼（图 2-2），其不寻常的造型安排了从上到下的住宅单元、混合功能，同时也提供了一整套周到的服务设施。

解决问题

随着城市密度不断增大，发掘出开阔、未经开发的场地来建造高层建筑，同时又要避免成本较高且会带来破坏性的拆除工作将越来越难。而现存的基础设施和遗产项目是社区不可分割的一部分，它们都需要创造性的改造方案，好让综合体项目嵌入紧凑的场地中。

在高密度的亚洲城市，例如东京，这种现象非常明显。池袋 DaiyaGate 这样的项目创造性地使用了非常规的空间，它坐落在西武线的轨道上，连接着繁忙的池袋站的两部分，同时将分隔的街区两侧缝合在一起，还参与理顺了繁忙的通勤流线，让人们拥有更流畅的体验。Wesleyan House 是香港的一座垂直教堂，其紧凑的场地是可利用的优势，设计团队通过将广场改造成湾仔区和教堂宁静的内部间的过渡空间，使街道层面流通性更好。礼拜空间的氛围在建筑顶端的天空礼拜堂达到高潮，景色在这里与宗教圣地的沉思气氛完全融合了。在北京，城市土地资源也十分紧张，丽泽 SOHO 位于一块被一条地铁线路一分为二的场地上，其高耸的通高中庭（见 68 页）弥合了塔楼的两个部分（图 2-3）。

在墨尔本的一个历史街区，春街 271 号（271 Spring Street）在其有限的地块里巧妙地应对一系列场地中的挑战：穿过场地中心的地铁环路、一座电站、两座高压变电站、两座历史建筑、一座考古遗址，来建造一座新的办公大楼，立面的屏幕元素是对历史建筑屋顶的转译。

上海佘山世茂洲际酒店是另一个利用空间的不确定性创造非凡设计的例子。这个项目没有轨道交通或其他城市管线的难题，但问题的特殊性在于：它背靠市郊采石场的一块山体，还需要将

图 2-1　迈阿密 1000 Museum 以其引人注目的玻璃纤维增强混凝土（GFRC）面板外观进一步催化了该市中心的住宅产品

图 2-2　纽约 ARO 大楼的特点是其垂直突出的形式，为居民提供了广阔的视野

凌乱的峡谷改造成度假胜地。但改造确实成功地利用采石场的特殊环境赋予酒店与众不同的性格。

　　在一些项目里，解决问题可能意味着要想方设法地清除挡路的无用基础设施。在旧金山，30 年前在地震中受损的遗留高速公路基础设施被改造成为一座新的住宅大楼 500 Folsom。

　　许多更新改造的项目都希望在改造的过程中其运营不中断，但物流是个难题。伦敦的克拉里奇酒店（Claridge's Hotel）改造过程中新挖出的 5 层地下室，就是通过一段 400 m 长的地下隧道完成的，这个办法让这座从 19 世纪就开始运营的酒店未因改造工程而中断开放。

融入环境

　　要达到高质量办公大楼的建造需求与租户、本地文脉和遗产保护原则之间的平衡，这对密集城市中的高层建筑新建项目和改

造项目都是很大的挑战。但如果有精心安排的材料设计、明确的工程建造策略、相应的体量和外形，城市可以新旧并存、和谐发展。

　　两个澳大利亚的项目成功地将传统的建筑表皮优雅地融入新建筑中。对墨尔本的柯林斯大厦（Collins House）来说，在历史建筑上方建造新建筑由于场地紧张而使建造难度增大，但预制化模块大大缩短了建造时间。而在悉尼北部，办公大楼六十马丁广场（Sixty Martin Place）有 2~3 层高的互联工作空间，它通过打开立面的上部让教堂墙壁展露在公众的视野里，让邻近的历史建筑圣斯蒂芬教堂（St. Stephen's Church）走到了台前。皇冠 ARC 大厦（见 48 页）的顶部是悉尼天际线独特的一笔，而在地面上，它的裙房用砖拱和高水准的公共设施回应了现有街道景观的特色和尺度（图 2-4）。

　　东京的京桥美术馆大厦（Museum Tower Kyobashi，见 72 页）既是博物馆也是办公大楼，它的设计概念来源于东京丰

图 2-3　北京丽泽 SOHO 雕塑般的中庭是一个优雅的解决方案，它融合了位于地铁隧道两侧的两个半塔

富的历史。这个项目的灵感源自密集的街道肌理，街道上散布着京桥区的开放空间。京桥博物馆大厦还继承了源于江户时代的传统，它为社区提供了一个艺术空间。

　　毗邻纽约广受喜爱的高线公园的太阳能切片大厦（Solar Carve Tower）多面切割如同水晶的体量控制了反射到公园中的光线，其立面 8% 的反射率、倾斜的表面和花纹玻璃有助于减少鸟类碰撞，保护公园和周围城市的野生动物种群。

　　特拉维夫的阿苏塔包豪斯村（Assuta Bauhaus Village）重新连接了旧有的医院场地和附近的步行网络，用多样的景观和现有的榕树活跃了城市人居环境，这些景观也是城市绿色复兴计划的一部分。这座新大厦被白色铝板包裹，中间有一个透明的中庭，与历史悠久的白城地区和包豪斯风格建筑一脉相承。

激活水滨

　　以不同形式存在的水系一直以来都是城市生活的核心，它们不仅是生命之源，水系的流动还倒映着不断变幻的天空。水滨对人们有着非凡的吸引力，这里聚集着豪华住宅、巨大的公园、市场与娱乐空间。但如果后期的运营维护跟不上，或是不受人们的欢迎，滨水区很快就会衰败。因此，它要求邻近的高层建筑必须有通透性和可达性，而且也要能吸引步行者。

　　曾在 19 世纪运营过的造船厂构成了尚悦湾·西街（Gala Avenue Westside，见 52 页）的城市背景。在这里，晶格般的正立面是通往零售区域的门户，这些零售区域巩固了大厦与河滨区域和绿带的联系，拉近了基地与水岸的距离。

　　作为一项为期 5 年的战略性滨水区复兴计划的一部分，多伦多市致力于将没有充分利用的旧有开发地带进行二次开发，转换为可亲近的、富有活力的生活、办公与娱乐中心。这一计划还包括河城三期（River City 3），这是一座黑白两色的模块化住宅塔楼，与周围的社区关系密切，并将其滨水道路与城市公园、其他设施整合在一起。

　　另外一个重新设想滨水关系的项目是伦敦的布莱克弗里亚斯 1 号（One Blackfriars），它坐落在布莱克弗里亚斯桥的顶端，用创造公共空间的方式重新连接了滨水空间。而香港的 Victoria Dockside 项目（见 150 页）不仅用下沉式广场和水幕墙改善了滨水区的环境，还将港口用作冷热汇流的聚集器，这是一种用于制冷设备的高效排热方式。这个建筑为裙房屋顶上的景观广场提供了遮阴，其城市农舍和自然公园也有助于公共教育的发展。

引入自然

　　建成环境一直以来都在从自然中汲取灵感以提高其能源效

图 2-4 悉尼皇冠 ARC 大厦裙房的拱门元素，使其在风格上无缝融入周边一条布满传统砖石建筑的街道

率、用户体验，并创造迷人的美丽空间。高层建筑的概念希望超越立体绿化和植物，并模糊室内外空间的界限，跨越自然和人工的形式。无论是具象还是抽象的意义上，高层建筑还希望将室内空间塑造出同室外环境一样的自然形状、线条和形态。

蒙彼利埃的白树大厦（White Tree）的仿生策略是在"树干"上创造外伸的阳台，就像树上的叶子朝向阳光一样。这些遮风挡雨的阳台同时也是客厅的一部分，鼓励住户在日常活动中享受丰沛的阳光。

迪拜的五卓美亚村（FIVE Jumeirah Village）对阳光和户外设施对居民健康和满意度的影响认识更加深刻，它采用的是扭转的形态，让每一套公寓都有三面全开放的窗户、充足的阳光、开阔的视野、一个室外景观花园和一个私人游泳池。"旋转孔隙"（revolving void）的模式也能在炎热的沙漠中对建筑物起到冷却作用。

在气候温和的新加坡，弗雷泽大厦（Frasers Tower）创造了"公园里的办公室"的概念。它有 4 个专门的共享区域，用这些空间过滤城市，还有一个带有悬浮休息舱的露台，以及有充足座位和绿色植物的休息区。

美国驻伦敦大使馆的设计灵感来自英美两国的多样植物种群。一条曲折的小径引导着来访者从周围的城市住区走进内部花园，花园里的池塘两侧种满了本地植物。大厦如同晶体般的外立面用有机的方式分解入射光，就像遮阴的树木将阳光过滤到森林的土地上一样。

深圳的卓越世纪中心 1 号楼（One Excellence Tower 1）是另一个室内空间模仿有机形式以控制光线的例子，这座建筑希望能在繁忙的前海区创造出一片宁静的空间。大厦弧形的墙壁和顶棚都是参数化形态的天然石板拼成的无缝表面，这些表面柔和地散射着光线，软化了办公建筑通常刺眼的照明，这也是一种颠覆性的设计。

在拥挤的泰国首都曼谷，曼谷瑰丽酒店（Rosewood Bangkok Hotel，见 76 页）开凿出一个宁静的休息平台，还带有空中露台花园和一道横跨大厦活力中心的水幕，这个设计呼应了泰国有名的洞穴景观。

安居乐业

新加坡继续推行"花园中的城市"规划战略，通过超级绿化垂直项目，人们将植物布置到每个砖缝和阳台，以及其他意想不到的地方。伊甸园大厦（EDEN，见 56 页）为居民和游人创造了一幅挂满漂浮花园的画卷，其外立面上是许多半圆形阳台，上面布满 20 多种热带植物（图 2-5）。标志性的罗敏申大厦（18

Robinson，见图 2-6 和 80 页）打开了裙房的顶部，一个阶梯式花园展现出来，一系列的内花园净化了空气，也为使用者提供了充足的氧气。双景坊（DUO）综合体项目则通过一座 24 小时开放的公共广场与城市相连，这座兼具酒店和办公功能的综合体的景观遍布地面层、露台和屋顶，提供了与其占地面积相等的全开放绿地（见 148 页）。

城市地标

我们所描述的这些摩天大楼是"建成后，人们自会前来"（if you build it, they will come）理念的实例体现。它们通过布置一系列丰富的服务设施、办公空间、住宅功能、零售功能、会议功能和休闲空间来促进城市新区的发展。这些摩天大楼正在创造新的文脉。

2019 年度全球新建成的最高建筑——天津周大福金融中心（见 140 页）位于天津滨海新区，滨海新区是一个正在不断扩张的商业中心区，希望达到高密度城市和人们对宜人尺度街道需求的平衡。这座大厦柔和的轮廓最大限度地协调了三个功能模块的

图 2-5　新加坡的伊甸园大厦，通过形状像豆荚的阳台来强调其集约种植策略

不同跨度需要（图 2-7）。

珠海中心大厦（见 116 页）作为珠海十字门商业区的一部分，是一个多功能的开发项目，人们可以通过港珠澳大桥直达它的大门，这一外幕墙粼粼闪光的大厦就像中国南海岸边一座发光的奖杯。

作为敦拉萨克（Tun Razak）金融区的中心，Exchange 106 大厦完成了吉隆坡市中心"金三角"再开发地块的最后一环。紧随其后的仍有 20 多个休闲、办公和住宅建筑，它们将共同推动该地区的经济发展。

距离圣彼得堡历史中心 9km 处，欧洲最高建筑——高耸、棱状的拉赫塔中心（Lakhta Center，见 132 页）正在催化快速发展的普里莫尔斯基区（Primorsky district）。该建筑充分利用了之前用于储砂的场地，为人们提供公共设施，如教育中心、医疗中心、办公空间和观景台。

中信大厦（见 136 页）是中国首都北京东部占地 30 hm² 的新中央商务区的中心，该大厦在多个层面上与公共交通系统与人行道融合在一起。而苏州国际金融中心（见 128 页）地处有着 2500 年历史的城市里，这座超高层建筑为苏州这一旅游城市锦上添花，使它成为闪耀在过去和现在之间的城市中心。

员工福祉

在现代的办公空间，幸福感被认为是提高创造力、生产力以及降低员工流失率的基础。人们在高层建筑办公环境中以不同的方式追求舒适度，普遍的手段是提高室内空气质量、引入自然光和绿色植物、设计灵活的空间类型，这些空间类型推翻了过去一刀切的模式，以配合个人偏好和工作风格。

杜塞尔多夫的欧莱雅总部大楼（L'Oréal Headquarters Düsseldorf）为这种新的灵活性做好了充分的准备，其为员工配备了 1000 套定制家具，这些家具构成了该建筑的不同空间：半开放式会议区、"着陆区"、"智库"、静思房间和传统工作空间。

在费城，康卡斯特创新与技术中心（Comcast Technology Center，见 120 页）经营的是高速互联网，但其内部空间与经营美容产品的欧莱雅总部在流动性和灵活性方面是相同的。这一全市最高楼的使用者们享受着宽阔的 loft 式办公空间，三层通高

图 2-6　新加坡罗敏申大厦，其裙楼顶部打开了一个露台花园，作为其将绿色植物引入密集城市的策略

图 2-7 天津周大福金融中心，其位于天津新商业区的中心，采用从核心到外围的设计方法开发，将住宅、办公和酒店功能结合在一起

图 2-8　布里斯班 25 King 大厦中裸露的木梁，有助于提升员工的心情、士气和工作日的乐趣

的空中花园包裹着每一层楼，为人们带来宁静与灵感。

　　在布里斯班，其澳大利亚最高、最大的商业木构建筑之一——25 King 大楼（见 36 页）采用了荧光照明，室内设计简洁，它着力于设计外伸的木构阳台、整幅的落地窗和丰富的立体绿化，为员工创造出一个温暖而人性化的环境（图 2-8）。

　　位于首尔的新的韩华总部大楼（Hanwha Headquarters），其背后的设计团队是一家光伏电池板生产商，在这一更新改造项目中，他们首要考虑的是员工的健康与舒适。除了将太阳能材料嵌入外墙外，这次重修还在室内空间加入了植物和更多天然材料，在大堂里安排了咖啡角，以鼓励人们的全天候交往。

未来可期

　　当您阅读这些世界上最有创造力和影响力的高层建筑项目的调查报告时，我们也很期待您也能享受到未来高密度城市的便利，请拭目以待未来人性化、高效率、愉悦的人居社会无限的潜力。■

（*翻译：王欣蕊；审校：胡毅*）

最佳高层建筑项目 *
■ 2020 年度全球最佳高层建筑（<100 m）

25 King 大楼

澳大利亚，布里斯班

建筑面积达 14921 m² 的 25 King 大楼位于澳大利亚布里斯班的昆士兰皇家国家农业和工业协会会展中心（Royal National Agricultural and Industrial Association，RNA）的核心地带，它是澳大利亚目前最高和面积最大的商用木构建筑之一。该项目位于布里斯班的一个新兴区域，国王大街（King Street）的一端，致力于通过设计优先的策略实现可持续性和幸福感。项目底部的木柱廊和南立面的"游廊"构成了建筑物标志性的外观，与会展中心历史悠久的展馆和传统的"昆士兰派"建筑相呼应。其室内大面积的平面空间鼓励人们的活动和合作，裸露的木材则带来温暖和熟悉的感觉。落地窗将室外环境引入室内，使自然光和绿色植物渗透到整座建筑中。

25 King 大楼以一种独特的姿态，代表着木构建筑的设计与建造回归建筑行业的可行性。在商业建筑和中型写字楼的开发中，它能够推动人们利用混凝土和钢材以外的解决方案。大楼的地下室和底层结构由混凝土构成，可以防潮和防白蚁。但在一层以上，整个结构都是用木材建造的。简单的 6 m × 8 m 的胶合材梁柱系统与交叉层压木材（cross-laminated timber，CLT）板条和核心墙共同支撑起柔性的楼板平面。短跨度的梁靠近核心层和外立面，使得主要功能设施可以网状布置，而不会影响楼层的高度。

从建筑的角度来看，大楼透明的玻璃、临街的木柱廊和室内的温暖气息突出了楼板平面及对木材的使用，这种效果正是通过露出木材及其他原材料而得来的。建筑内部也通过使用天然的材料——而非混凝土、钢材和石膏板——更好地将使用者与自然联系起来，有助于营造一个更快乐、更健康的工作环境。

木材的一个主要优点是它的二氧化碳储存能力：与典型的钢筋混凝土结构建筑相比，该设计减少了 74% 的碳排放。在施工阶段，工厂预制的木质材料使得建筑物对环境的影响最小化，同时有助于减少建筑垃圾。这些预制材料也显著缩短了工期，每层楼都在 11 天内完成，总施工时间只有 15 个月。

室内的自然采光减少了大楼对照明系统的需求，而低温的暖通空调系统和铝制遮阳板减少了其对热量的吸收，将建筑整体的能源消耗削减了 45%。具有计量和监测功能的光伏电池板用作备用能源系统，可进一步减少碳排放。通过雨水收集系统，其用水量也减少了 25%。■

（翻译：盛佳；审校：胡毅）

项目信息

竣工时间：2018 年 10 月
建筑高度：47 m
建筑层数：11 层
建筑面积：14921 m²
主要功能：办公
业主：Impact 投资集团有限公司
开发商：Lendlease
建筑设计：Bates Smart
结构设计：Lendlease；澳昱冠工程咨询公司（Aurecon）
机电设计：澳昱冠工程咨询公司
项目管理：Lendlease
总承包商：Lendlease
其他 CTBUH 会员顾问方：澳昱冠工程咨询公司（声学、消防、可持续性）；仲量联行（JLL）（物业管理）
其他 CTBUH 会员供应方：Stora Enso 木制品有限公司（木材结构）

---

*　按建筑高度由低到高排序。

图 2-9　25 King 大楼外观

图 2-10　开放的平面将阳光引入建筑内部，而裸露的木材增加了额外的温度感

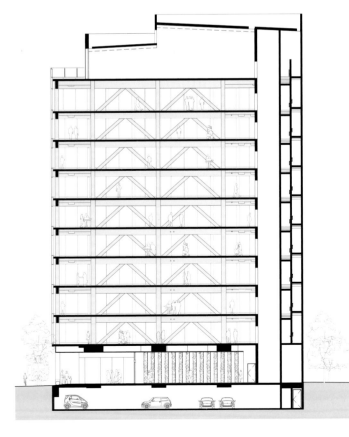

> **每层楼都在 11 天内完成，总施工时间只有 15 个月。**

图 2-11　剖面图中显示出 V 形木柱的使用

图 2-12　从街道可以看到落地窗将建筑的木结构显露了出来

图 2-13　标准楼层具有很高的透明度和亮度，楼层之间通过一个空洞相连，令更多的自然光线深入室内

■ 2019 年度全球最佳高层建筑（<100 m）

砳建筑

中国，台北

在建筑造型几乎都是立方体的环境中，有机形态的出现将会是一个实现差异化的设计策略。

砳建筑（Lè Architecture）毗邻基隆河，其设计灵感来源于河畔边的鹅卵石，独特的造型在传达圆润和优雅的美学理念的同时，兼具力量和个性。

建筑的"卵"状外形作为生命的初始形态，隐喻地区的复兴，更是知识的孵化器。同时，卵石由河入海的生命历程，也象征着作为台北新生力量的南港科学园区的全新出发。南面微缩版的砳建筑是一家零售业银行的分行。

项目所在地与河道之间夹着一条高架公路，河流资源被阻挡；南面邻近城市主干道，容易造成噪声干扰。为了解决这两个难题，建筑师充分考虑日照强度，将建筑最窄的面垂直于公路、主干道和河流，而较宽的面则面向更广阔视野中的城市景观。

建筑西立面以"垂直绿化带"为设计理念，模仿河中长着苔藓的鹅卵石，绿色植物搭配少量玻璃的幕墙设计在夏季能够提供足够的遮阴，从而降低室内的温度。

建筑东立面提供了全高窗户，带有突出的肋状结构。北端和南端则有一系列被植被覆盖的室外露台，部分玻璃侧挡板和拱形翅片构成了"卵"状建筑外形的延续，同时提供了遮阳、防风和封闭感。

露台与公共空间相连，并提供桌椅及餐饮等休憩设施。开放的空间可能会带来噪声干扰，但因并非高频使用空间，并不会为租户带来较大困扰。

项目设计积极追求可持续发展的目标，除了绿化外，可呼吸的建筑幕墙增强了立面的灵活多样性，其通过严格控制幕墙铝制鳍状翅片间的距离和宽度，来控制和优化进入建筑内的阳光量。

大楼的办公空间提供了一个绿色健康、可以激发工作效率的环境。包含烹饪间、咖啡厅、图书馆和小型讨论区在内的垂直共享区域，就像"城市客厅"一样，促进着租户之间的互动交流，

激发创意的产生。入口门厅的室内设计与装饰木质座椅为了配合滨水主题，均采用流线造型。

该项目也代表了幕墙实践的新突破。为了实现方案的有机形态，设计团队首先尝试使用曲面玻璃，但是 27% 的曲面玻璃使用量超出了预算，最终方案改为采用平面玻璃，以较小的角度逐渐展开，使整个墙面整体看起来像一个平滑的曲面。简化后的方案只使用了 3.7% 的曲面玻璃，不仅缩短了工期，成本也控制在预算之内。■

（翻译：施旖婷；审校：胡毅）

项目信息

竣工时间：2017 年 1 月
建筑高度：72 m
建筑层数：16 层
建筑面积：14666 m²
主要功能：办公
业主 / 开发商：诚意开发股份有限公司（Earnest Development & Construction Corporation）
建筑设计：Aedas
结构设计：筑远工程顾问有限公司（Envision Engineering Consultant）
总承包商：建国工程有限公司（Chien Kuo Construction Co., Ltd）；Great 建设公司（Great Construction System Inc.）

图 2-14 佑建筑外观

图 2-15　项目的西南面利用绿植和鳍状幕墙来控制日照

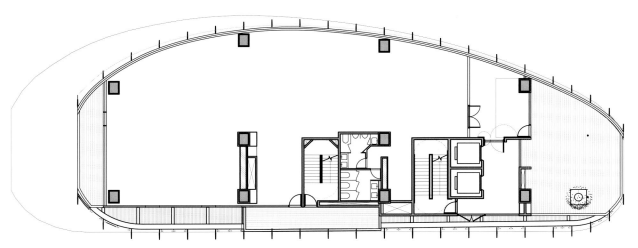

图 2-16　第 12 层平面图，显示了建筑罩棚遮蔽下的阴影空间

图 2-17　租户可以享受南立面阴影遮蔽下的室外空间

"

建筑南北两端有一系列植被茂密的室外露台，部分玻璃侧挡板和拱形鳍状翅片构成了"卵"状建筑外形的延续。

"

图 2-18　为配合建筑的滨水主题，室内设计均采用流线造型

■ 2019 年度全球最佳更新改造高层建筑

CHAO 酒店

中国，北京

高层建筑的建造需要投入大量的资源和材料，而拆除则是一项艰巨的挑战。随着建筑行业因其建造和运营过程中的排放物对气候变化的巨大影响承担越来越大的责任，人们对翻新过时或功能不足的建筑而不是拆除和重建它们产生了浓厚的兴趣。此外，旧建筑改造可以重新开启其与周围城市环境的对话，并充分利用具有一些历史和质感的建筑的有形吸引力，而且与重建相比，更新改造可以缩短建筑重新上市的时间。

CHAO 酒店源于最初的北京城市宾馆，它是 1978 年中国改革开放后第一次饭店建设热潮中建造的，始建于 1990 年，位于著名的三里屯地区，酒店建筑具有快速城市化的所有特征：简单的外观形式，缺乏细节且不考虑城市环境。经过 20 多年的使用，无论是在使用功能上，还是在城市生活层面，这家酒店已无法满足城市中心现代酒店的要求。为了将新的 CHAO 酒店与周围以繁忙的酒吧、购物街和夜生活闻名的繁忙商业氛围形成鲜明对比，设计团队认为该建筑的新建筑语言应该是永恒、结实有力、平静。

整个改造设计的原则是尽可能保留原有的建筑结构。由于原有结构不能承受较大的荷载，建筑师选择了玻璃纤维增强混凝土（GRC）作为主要的外立面材料。为了缩短施工时间和减少对周围环境的污染，外立面构件在工厂预制，然后在现场安装。

由此产生的新的锯齿形（zig-zag）建筑围护结构凸显了酒店塔楼的三角形轮廓，并强化了建筑物的形象。浅灰色 GRC 外立面与玻璃面板交替出现，类似于中国的折扇，创造出一个生动的光影并置的塑料外皮。几何布局和高耸的玻璃窗使这座原来内向的建筑向周围地区开放，确保所有酒店客房均享有比以前更好的视野和空间品质。建筑物西侧和南侧的柱廊，由 10 m 高的 GRC 面板组成，直观地引导酒店住客从嘈杂的主路直达原先隐蔽的酒店入口。

为了复兴原酒店中旧的多功能厅，建筑师创建了一个新的场所，称为"玻璃厅"（Glasshouse），它体现了建筑立面设计的清晰几何形状。"玻璃厅"的双层拱形屋顶由拱形结构支撑，外层玻璃窗和内部百叶窗引导日光进入下方空间。混凝土拱门和木制百叶窗的颜色相互映衬，结合光影，在空间中营造出一种静谧的精神氛围。■

（翻译：韩杰；审校：胡毅）

项目信息

竣工时间：2017 年 1 月
建筑高度：85 m
建筑面积：31372 m²
主要功能：酒店
业主 / 开发商：CHAO 酒店
建筑设计：gmp（von Gerkan, Marg and Partners Architects）
结构设计：北京建筑设计研究院
机电设计：北京建筑设计研究院
总承包商：北京花旗建设有限公司

图 2-19 CHAO 酒店，最初的名称是北京城市宾馆

图 2-20 　CHAO 酒店现在的外观

图 2-21　以前的多功能厅经过改造后变身为 CHAO 酒店的一个充满光影的场所，被称为"玻璃屋"

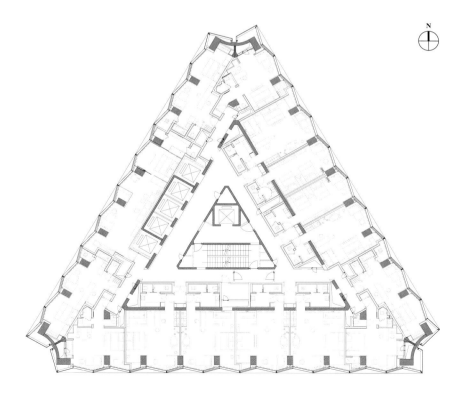

图 2-22　CHAO 酒店的三角形占地面积现在由锯齿形建筑围护结构进行了补充

■ 2020 年度全球最佳高层建筑（<100 m）

皇冠 ARC 大厦

澳大利亚，悉尼

由皇冠房地产集团开发的 ARC 大厦是一座尊重周围城市肌理和历史文脉的当代塔楼。该建筑位于悉尼中央商务区核心区域与其西侧住宅项目区域的过渡地带，通过提供大量的住宅单元，恰当地回应了当地对基础设施、交通及优质的住宅配套设施的需求。这座塔楼的一层和二层提供零售服务来吸引新居民，其邻近达令港（Darling Harbour）附近的娱乐及商业设施，旨在提供短期住宿。

设计的重点在于打造一个高品质的混合功能建筑，既能增强现有的街道景观，又能将一个独特和具有辨识度的轮廓加入悉尼的天际线。受到当地重要历史建筑的砖石特性及特色拱形的启发，该建筑的立面引入了二元性，裙房和塔楼拥有不同的美学特征。8 层的中庭贯穿场地，丰富了中央商务区街边的生活方式。雕塑般的塔楼漂浮在裙房之上，温柔而有机地塑造了天际线，探索了屋顶开放的方式。其概念设计遵循了住宅公寓设计规范和澳大利亚环境规划政策中的悉尼城市规划原则，以确保提供高质量的公共和住宅设施。该项目包含 221 个可出租住宅单元、86 个服务公寓单元和 135 个可出售住宅单元，一个宽敞的零售和公共区域。所有居民都可以使用屋顶上的便利设施，这为居民们提供了社交的机会。

建筑通过多种方式来满足能源性能标准：墙壁、屋顶和地板的隔热值，窗户的尺寸、位置和玻璃类型，以及深层围护结构具有的遮阳能力，都达到了采暖和制冷效率的基准。整座建筑最大限度地利用了自然通风，减少了对机械通风系统的依赖。它穿过场地的中庭将自然光引入建筑内部，为 75% 以上的公寓提供了交叉通风，防止出现空气流通不足问题，还使顶棚的空气能够流过公共走廊。此外，建筑还配备了雨水收集灌溉设施。

在该项目中，城市管理者和业主都深信屋顶作为公共聚会空间的价值，因此并未用有限的体量来建造更多的住宅单元。通过促进居民之间的社交互动，人们可以重新想象周边的生活环境。

屋顶的曲线在视觉上区别于周围建筑物的矩形形状。该设计致力于落实悉尼的 2030 年可持续发展规划，同时保持悉尼在全球城市中的地位并促进经济活动。■

（翻译：盛佳；审校：胡毅）

项目信息

竣工时间：2018 年 8 月
建筑高度：88 m
建筑层数：26 层
建筑面积：17400 m²
主要功能：住宅／服务式公寓
业主：皇冠房地产集团
开发商：皇冠中央发展有限公司（Crown Central Developments Pty. Ltd.）
建筑设计：Koichi Takada 建筑师事务所（Koichi Takada Architects）
结构设计：Van Der Meer 咨询公司（Van Der Meer Consulting）
机电设计：C & M 工程咨询公司（C & M Consulting Engineers）（设计）；建筑服务与基础设施私人有限公司（Construction Services & Infrastructure Pty. Ltd.）（同行评审）
项目管理：皇冠中央发展有限公司
总承包商：哈钦森建筑公司（Hutchinson Builders）
其他 CTBUH 会员顾问方：Meld 策略咨询公司（Meld Strategies）（能源概念）；Windtech 咨询公司（Windtech Consultants Pty. Ltd.）（环保、风能）；AECOM（立面）；英海特集团（Inhabit Group）（立面）；表皮设计有限公司（Surface Design Pty. Ltd.）（立面）；埃索斯城市规划有限公司（Ethos Urban）（规划）
其他 CTBUH 会员供应方：通力（KONE）（电梯）

图 2-23 皇冠 ARC 大厦外观

图 2-24　通过效仿当地建筑特有的砖石拱形特征，塔楼的裙房与其他历史建筑无缝相融，但它同时具有当代的元素

图 2-25　卧室通往私家花园

图 2-26　自然光充足的屋顶提供了公共聚会的空间

> "
> 穿过场地的中庭将自然光引入建
> 筑内部，为 75% 以上的公寓提供
> 了交叉通风，防止空气流通不足。
> "

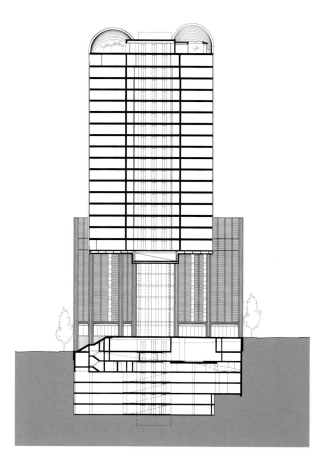

图 2-27　剖面图展示了覆有顶篷的屋顶，它将塔楼与附近的矩形形式区分开来

■ 2020 年度全球最佳高层建筑（<100 m）

尚悦湾·西街

中国，上海

尚悦湾·西街（Gala Avenue Westside）坐落于上海黄浦江边，银城路和即墨路口，位于陆家嘴滨江金融城内，是整个商务区最后一块新开发的商业用地。该项目前身是上海造船厂 19 世纪起开始经营的一个老船厂，经全方位精心打造后，迅速在高楼林立的上海占据了一席之地。在浦西历史保护区限高 150 m 的情况下，周围的楼宇都在高度上做足文章，尚悦湾·西街却只利用了三分之二的限制高度，将重点放在平面扩展上。建成后的项目增加约 25 万 m² 的滨河用地，专用于公共步道建设。这个漫步城市的理念不仅鼓励人们在纵横交错的楼宇间驻足停留，欣赏江景，也使尚悦湾·西街逐渐成为上海著名的河滨观景空间之一。

该项目中，12 栋 2~3 层高的零售空间相互连接，结合一栋办公塔楼，为商业运营提供了高端零售、娱乐休闲及公共活动空间。塔楼的栅格立面将水晶元素重新演绎，日落时温和地折射阳光。14 层高的塔楼沿中轴线对称均分，中部空间设计成室内休憩大堂，同时为以后的租赁使用留下了足够的改造空间。

为了摆脱传统方形零售中心的形象，传递与当前市场需求和预期相关的理念，建筑师通过空间布局，提供多样化的产品和服务来实现一个基于体验的零售环境，人们可漫步于 12 个尺度宜人的零售中心，这不仅激活了空间的角角落落，也为项目未来的开发使用带来更多可能。河岸与项目之间有一条长达 100 m 的绿化带，尚悦湾·西街强化了这一绿化带的连接作用，并利用绿化墙、景观小品、屋顶花园等，将绿植引入建筑内，使建筑整体显得更有机、更柔和。

作为大陆家嘴滨江金融城的中心，该项目通过一系列相连的建筑将游客与更广阔、相邻的地块连接起来，使其成为上海复杂的步行城市规划网络中的一个节点。项目的设计灵感源于船厂旧坞，其设计语言旨在创造丰富的体验感，它将历史元素、传统细节与现代材料结合起来，将成为上海乃至全国又一个滨江圣地。■

（翻译：施旖婷；审校：王莎莎）

项目信息

竣工时间：2018 年 12 月
建筑高度：95 m
建筑层数：18 层
建筑面积：36867 m²
主要功能：办公
业主 / 开发商：中国船舶总公司，中信泰富集团
建筑设计：Benoy
结构设计：奥雅纳（ARUP）
机电设计：奥雅纳
总承包商：上海建工一建集团有限公司
其他 CTBUH 会员顾问方：奥雅纳（灯光）

图 2-28 尚悦湾·西街外观

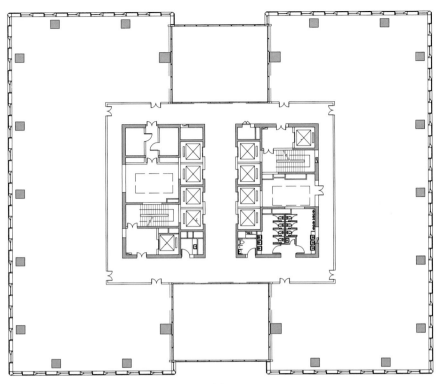

图 2-29　中心对称的设计均分出两个 14 层高的中庭

图 2-30　首层入口的色调柔和

图 2-31　晶格般的幕墙表皮

"
办公塔楼与零售中心的布局加强了整个项目与河岸、100 m绿化带之间的连接。
"

图 2-32　办公塔楼与 12 个零售中心相连，激活了河滨空间

■ 2020 年度全球最佳高层建筑（100~200 m）

伊甸园大厦

新加坡

伊甸园大厦（EDEN）这座建筑的设计灵感来自新加坡"花园城市"的愿景和殖民时期背景下在当地郁郁葱葱的热带地区环境中建造的黑白平房，在现今世界各地无处不在的玻璃房子中这座建筑显得与众不同。为了创造更自然生态的城市生活，设计师将城市街道绿化引入当地居民的生活，同时提升高层住宅的私密性，优化视野和采光，提高宜居性。建筑中每一堵外部结构混凝土墙都有着根据新加坡地形轮廓独特塑造的抽象纹理，建筑物和周边地形轮廓被刻在材料面板上，融入浓郁的当地特色，使设计变得更加有趣。

该项目包含 20 套公寓，每套占据一个楼层。它将传统住宅塔楼的方形模块拆解开，塔楼核心简单侧排布，预留出大空间的中央起居室，起居室外侧一圈布置面积较小的房间和宽阔的贝壳状阳台。公寓上下堆叠，底层为架空花园，景观绿化通过交替的阳台贯穿整座建筑，形成一系列双层层高的空间，宽敞的阳台上种满精心挑选的 20 余种热带植物。

每套公寓除了种植绿色植物以外，阳台上的植物还沿着建筑物立面悬挂下来，使建筑外观变得更加柔和。室内装饰采用和外部设计相同的理念，运用了自然材料的面板。公寓内的人字形木地板与阳台石板相连，通过深浅不一的板岩瓷砖将室内的中性色调延续到室外。每个公寓的入口外立面延续使用了胡桃木肌理的面板。

该建筑结合了"主动式节能"和"被动式节能"的特点，旨在节约能源和加强自然通风，创造舒适的空间，同时通过大进深的悬臂阳台达到遮阳效果，并设计了通高折叠玻璃门将自然光最大限度地引入室内，其三面开窗也保证了有效的通风。设计师经过 6 年的设计和研究，将带有独特纹理的不同材料运用在建筑

中，避免同质化设计，呈现出绿色生态的最终效果。阳台的弯曲形状模拟一种生长着丰富叶子的种子荚外观，呼应了新加坡"城市花园"的设计策略。■

（翻译：徐婉清；审校：王莎莎）

项目信息

竣工时间：2019 年 12 月
建筑高度：105 m
建筑层数：26 层
建筑面积：6521 m²
主要功能：住宅
业主 / 开发商：太古地产（Swire Properties Limited）；天堂财富有限公司（Celestial Fortune Pte. Ltd.）
建筑设计：赫斯维克建筑事务所（Heatherwick Studio）；RSP 建筑规划工程有限公司（RSP Architects Planners & Engineers）
结构设计：RSP 建筑规划工程有限公司
机电设计：RSP 建筑规划工程有限公司
总承包商：Unison 建筑公司（Unison Construction Pte. Ltd.）
其他 CTBUH 会员顾问方：迈进（Meinhardt）（立面）；利比有限公司（Rider Levett Bucknall）（工程造价）

图 2-33 伊甸园大厦外观

图 2-34　室内装饰用品（包括浴室水槽）结合阳台造型轮廓定制

图 2-35　核心筒置于建筑一侧，20 套公寓每套占据一个楼层

图 2-36　阳台模拟种子荚外观设计，建筑物最终会被绿色植物覆盖，打造生机盎然的外观效果

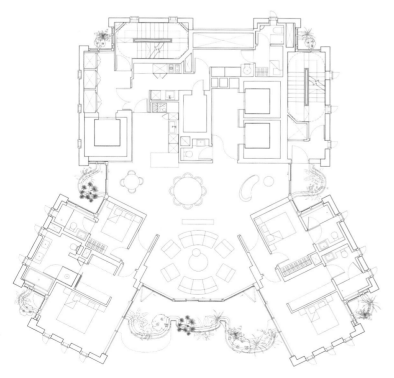

图 2-37　公寓标准层平面，房间围绕宽敞的中央起居室分布

" 宽敞的阳台上种满了 20 余种热带植物。"

■ 2019 年度全球最佳高层建筑（100~200 m）

麓湖·麒麟荟

中国，成都

麓湖·麒麟荟（Crystal Laputa Towers）由两座高层塔楼和一座多层建筑组成，位于成都麓湖生态城内。麓湖生态城是一个可容纳多达 10 万人的垂直型居住社区。

规划后的麓湖生态城占地约 1200 hm^2，位于成都百里中轴天府大道两侧，沿中轴可直通城市中心。作为一个高端生态示范区，它已成为野生动物们的自然栖息地，其长达 45 km 的湖岸线内汇集了丘陵、湿地、湖泊等自然地貌。

麓湖生态城的设计方案从一个集思广益的讨论开始，经过建筑师们的"头脑风暴"后不断更新完善。

设计送审后，地方政府决定为麓湖生态城修建一条主路，最终形成其主要交通通道。其景观元素，包括一个生态湖泊也被建造起来，使得住户可直接步行进入滨水区。

麓湖生态城的建筑植根于片区内的生态湖泊、自然绿景，通过一系列空中花园、陆桥及水道形成一个多尺度的居住系统，并与人行道、车行道及水上巴士码头相连接。

高层住宅往往会因其高度的限制逐渐将住户与环境隔离。相比之下，麒麟荟的人行天桥系统却能缓解这种状况的发生，其设计旨在鼓励住户与周围环境建立联系，并最大限度地提高住户的社会参与度。位于三层的空中花园将三座塔楼紧密相连，鼓励住户走出室外，享受开放式设计带来的乐趣。一系列附带游戏空间和跑道的人行路径，使该项目与户外空间产生了更紧密的联系。

三个相连的塔楼单元以天台为中心呈放射状向外扩展，并共享一个高层无边泳池。每个单元的入口与核心筒之间都设计了一个专用的露台，直观地将别墅式田野生活模式上移至建筑高层。

每个单元的住户都私享一个向外悬挑、具有 270° 全景视野的阳台；90% 的复式案例还在客厅中配置了旋转楼梯。阁楼套房和底层的单元则采用相反的空间布局：客厅和门厅安排在卧室之上。

从远处看，塔楼幕墙的形式随单元布局而改变，通过挑出与收回区分不同住户单元，其布局错落却又紧密相扣的建筑体量巧妙地将建筑与周围环境联系成一个整体。■

（翻译：施旖婷；审校：胡毅）

项目信息

竣工时间：2017 年

建筑高度：塔 3，112 m；塔 1，111 m；塔 2，89 m

建筑层数：塔 3，30 层；塔 1，31 层；塔 2，26 层

建筑面积：塔 1、塔 3，22000 m^2；塔 2，17000 m^2

主要功能：住宅

业主 / 开发商：成都万华房地产开发有限公司

建筑设计：5+design

结构设计：深圳机械院建筑设计有限公司

机电设计：深圳机械院建筑设计有限公司

总承包商：四川省佳宇建筑安装工程有限公司

图 2-38 麓湖·麒麟荟外观

" 每个单元的住户都私享一个向外悬挑、具有270°全景视野的阳台；一些特殊的复式案例还在客厅中配置了旋转楼梯。 "

图 2-39 配置了旋转楼梯的双层通高客厅

图 2-40 占地约 1200 hm² 的麓湖生态城也是野生动物们的自然栖息地，其长达 45 km 的海岸线内汇集了丘陵、湿地、湖泊等自然地貌

图 2-41 第 3 层平面图（下）和第 25 层平面图（上），展示了室外公共区域的泳池、SPA 疗养和娱乐设施

■ 2020 年度全球最佳高层建筑（100~200 m）

英皇道 K11 ATELIER

中国，香港

英皇道 K11 ATELIER 办公项目位于香港东区长久以来的传统住宅区，距离大众公共轨道交通（MTR）步行仅 5 min 的距离，位置极佳。出于加强周边社区联系的设计初衷，建筑的地面层餐厅及酒吧等皆采用了开放式的布局，以吸引八方来客及邻里居民。裙房部分带有展览空间及活动场所，经常会举办一些面向公众的文化艺术活动。靠近主出入口的室外部分在周末也会向公众开放，提供休闲及娱乐空间。建筑在三个方向的街面皆有后退，在高楼林立的城市峡谷之间尽可能地为行人提供舒适感。温馨的景观设计也被融入其中，以丰富街道及邻里的体验。整座大厦共可提供可租赁办公空间 40877 m²，同时还将智能科技与绿色设计、艺术及先进工艺结合，为不同年龄层的使用者提供了多种配套设施。

整座建筑通过其形态、绿色立面及富有变化的突出方块设计元素来回应城市肌理。塔楼由大量的"方块"组成，层层堆砌于裙房"漂浮"的盒子之上。二层的展览空间设计采用茂盛的绿植墙及雨篷绿植包裹，提升视觉冲击力的同时也能起到净化周边空气的作用。位于地面层的主入口大堂相对"盒子"下沿覆盖的区域后退，拓宽了街景，为行人预留出通透、通风的空间。塔楼的体量被分成多个方块，以避免形成任何有害的视觉影响，通过看似随机的前后错落，从立面一直到建筑的顶端，在建筑表皮及露台上形成了丰富的肌理，帮助建筑更好地融入周边的环境。大楼的主屋顶空间中还设有绿色设施，例如风力涡轮、太阳能电池板和城市蔬菜农场等，屋顶还设有一条慢跑跑道。

除了融合大量的绿色空间以外，更全面的措施也被应用在英皇道 K11 ATELIER 办公项目上，以达到严苛的节能要求。整座建筑提供的绿色空间达 6700 m²，一种名叫 CEILINGREEN 的专利设计也是第一次投入使用，它可以将植物种植在各种表面的底面，以此来将项目的绿色覆盖率最大化。安装在屋顶的混合太阳能电池板，是亚洲商用建筑应用中最大的，每年能够产生 70000 kW·h 的可再生能源。另外，一系列的评估手段也被应用在加强住户舒适度方面，包括空气循环评估、计算流体动力学模拟及眩光影响研究等，为项目的节能表现提供严格的评估，为方案设计阶段衡量各种因素的潜在影响提供了帮助。■

（翻译：宫本丽；审校：胡毅）

项目信息

竣工时间：2019 年 6 月
建筑高度：126 m
建筑层数：26 层
建筑面积：45290 m²
主要功能：办公
业主 / 开发商：新世界开发有限公司
建筑设计：巴马丹拿集团（P & T Group）
结构设计：黄志明建筑工程师有限公司（CM Wong & Associates Limited）
机电设计：奥雅纳
总承包商：新世界建设有限公司
其他 CTBUH 会员顾问方：奥雅纳（立面、可持续设计）

图 2-42　英皇道 K11 ATELIER 外观

图 2-43　裙房由"漂浮的盒子"组成，外层被绿色植物包裹

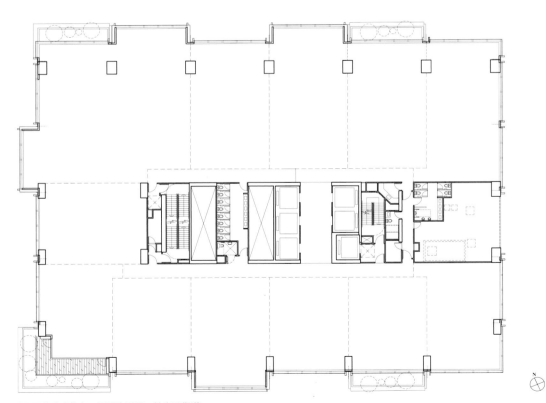

图 2-44　平面图显示整座建筑在三面皆有退界，扩宽了街道

图 2-45   主电梯大堂从裙房边沿后退，为行人预留活动空间，但仍能够通过其透光的材质，吸收充足的自然光线

"
整座建筑通过其形态、绿色立
面及富有变化的突出方块设计
元素来回应城市肌理。
"

图 2-46   各个方块变化的进深帮助柔化了立面的视觉影响

■ 2020 年度全球最佳高层建筑（100~200 m）

长沙华中心二期

中国，长沙

华中心二期工程位于长沙老城区的中心地带，靠近湘江，是一座大型文化创意综合体的一部分。这个"城市生活中心"位于长沙解放西路、太平街和坡子街的繁华交汇处，拥有跨层的零售空间、多样化的垂直动线、办公空间、空中大厅、电影和音乐工作室、烘焙工作室等一系列社区设施。

方案的灵感来源于世界文化遗产地——张家界。张家界是湖南著名的旅游胜地，风景如画，以其独特的沙岩柱、洞穴、水峡谷、古村落和崎岖风化的山岩景观而著称。华中心二期的建筑方案旨在唤起人们对张家界的群山印象，山体相互连接，又拥有各自独特的形态，展现了湖南长沙人与生俱来的独立、积极与互助的精神。裙房在建筑四周设有退台，并在顶部拟构了一个巨大的玻璃穹顶，黄色明亮的照明设计模仿了黄龙洞内的钟乳石及岩柱。在裙楼和塔楼之间有一个金属材质的过渡平台，建筑师试图用现代化设计手法重新诠释古老村庄的经典轮廓。塔楼体块因错位布局预留出退台的位置，自然地形成了屋顶花园和观景平台。一座透明的玻璃天桥连接南北两座塔楼，为建筑群内的使用者提供了更为便捷的步行体验。

华中心二期的表皮设计是建筑的显著特征。裙房铝板玻璃幕墙包裹着零售空间，不规则陶板装饰了横向玻璃展示窗。塔楼立面特意选择垂直线条来呼应裙楼的横向线条，并同时形成视觉对比。整个项目的内在逻辑更加强调建筑与城市空间的联系和提升用户体验。半开放的穹顶为自然通风与充足的日照提供了可能。阶梯式的退台，既是城市会客厅，也是当地市民和游客新的休闲目的地。塔楼 4.5 m 的层高为空间利用提供了多种可能性，可作为开放式办公室或阁楼式公寓空间。

首层入口特意与太平街和坡子街的商业走廊相连，目的是围合出一个吸引人的公共广场。裙房的中庭为艺术展览、活动及文化表演预留了相当大的公共空间，圆形购物中心拥有多条垂直动线引导人流。艺术中庭旨在扩大不同收入水平和年龄层的用户范围，从而提升整个社区的包容性。■

（翻译：施旖婷；审校：王莎莎）

项目信息

竣工时间：2019 年 12 月
建筑高度：北塔 138 m；南塔 106 m
建筑层数：北塔 28 层；南塔 21 层
建筑面积：81287 m²
主要功能：办公
业主 / 开发商：华远地产股份有限公司
建筑设计：Aedas
结构设计：中国电子工程设计院
机电设计：中国电子工程设计院
总承包商：中建三局

图 2-47　长沙华中心二期外观

图 2-48　在裙楼和塔楼之间有一个金属材质的过渡平台，建筑师试图用现代化设计手法重新诠释古老村庄的经典轮廓

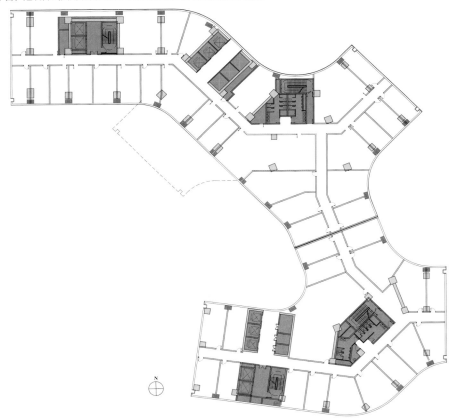

图 2-49　第 14 层的平面图（包含空中连廊）

" 华中心二期的建筑方案旨在唤起人们对张家界的群山印象，山体相互连接，但又拥有各自独特的形态。 "

图 2-50 电影工作室大厅空间

图 2-51 塔楼体块因错位布局预留出退台的位置，自然地形成了屋顶花园和观景平台

■ 2020 年度全球最佳高层建筑（100~200 m）

京桥美术馆大厦

日本，东京

坐落于东京站（Tokyo Station）附近京桥地区的京桥美术馆大厦（Museum Tower Kyobashi），主要由高级办公楼及 Artizon 美术馆（Artizon Museum，前身为普利司通美术馆）构成。项目的业主方是日本一家跨国自动化零件制造商，这家企业的创始人因受到现代西方建筑的启发，亲自设计了公司上一座总部大楼，一度成为著名事件，其设计理念是"与科技和设计相融合的最先进的建筑"。因此，对于新总部设计的要求之一就是要达到甚至超越之前的设计理念。此项目对设计的两大主要指导原则是：第一，要营造一个水平方向上开放的平面，既要在物理空间上将建筑与周边城市语境融为一体，也要形成相应的隐喻效应；第二，办公空间要与美术馆在垂直方向上联合统一，以达到不论是办公楼的日常使用者还是美术馆的参观者都能无缝衔接地享受两部分空间。

这座摩天大楼的低层部分由堆积的盒子形态的结构构成，此处的灵感来源于东京错综复杂的城市形态，而建筑高层部分的形态则将建筑本身定位成城市的文化符号。每一个盒子都有其独特的功能、物质性及环境表现特征，同时，它们又采用了统一的标志性的竖向设计风格。建筑顶端标志性的曲线元素是通过对摩天大楼盒子形态进行一个圆弧形的剪切而成。建筑信息模型（BIM）技术也被应用在项目中，以帮助优化结构中半径达 62 m 的圆弧，成功将几何形态的优雅与功能的完美相结合。28 m 跨度的结构系统将楼板完全打开，形成毫无阻隔的空间，为办公空间和美术馆提供了空间的灵活性、动线的简洁性及整体空间的开放式感觉。空中花园位于顶层，夹层的上方，形成一个三维立体的空间。尽管建筑坐落于人口极其稠密的东京中心地带，但建筑整体的宜居策略及自然的环境体验还是为人们带来了轻松和平静的体验。

美术馆大厦带有百叶的立面设计使用了先进的基于大量环境指数的计算机分析技术。每一个百叶都由 6 个相同的铝制框架构成，以不同的角度在不同的位置连接而成。通过反射及散射，百叶可以协助进行阳光遮蔽且不断适应变化的太阳光线。这个立面系统不仅节省能源，还能降低建筑表面的眩光、风压及城市噪声。百叶的设计给建筑表皮带来了独特的动态特征，同时也提高了室内的功能及环境价值。京桥美术馆大厦特意致敬这一地区的文化和历史遗迹，这些历史遗迹可追溯到江户时代，它通过为当地社区提供艺术及文化设施，强调了历史街区及路网的格局，也增强了对自然灾害的抵抗能力。在建筑的低层部分，Artizon 美术馆的设计灵感也源于京桥地区紧密排列的街道纹理及宽敞的开放空间。美术馆的访客活动也经过精心设计，以激活公共空间的活力。■

（翻译：宫本丽；审校：胡毅）

项目信息

竣工时间：2019 年 7 月
建筑高度：149 m
建筑层数：23 层
建筑面积：41830 m²
主要功能：办公 / 美术馆
业主 / 开发商：Nagasaka 公司（Nagasaka Corporation）；石桥财团（Ishibashi Foundation）
建筑设计：日建设计（NIKKEN SEKKEI LTD）
结构设计：日建设计
机电设计：日建设计
总承包商：Toda 公司（Toda Corporation）

图 2-52　京桥美术馆大厦外观

图 2-53　外部百叶系统会不断跟随外部条件的变化，达到反射、散射强光，减少眩光、风压及城市噪声的作用

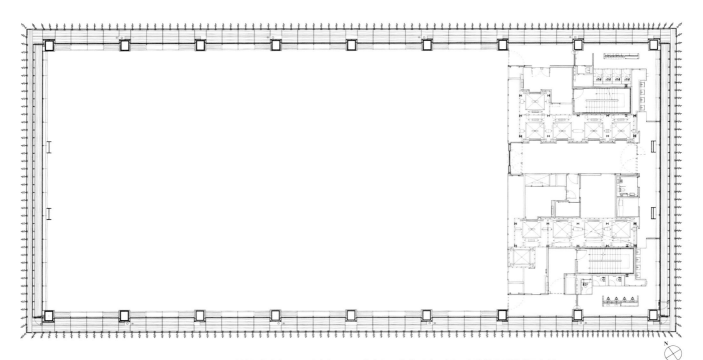

图 2-54　标准层平面采用 28 m 跨度的结构系统，将楼板完全打开，形成毫无阻隔的空间，为办公室灵活、宽敞的布局提供了条件

> 办公空间及美术馆在垂直方向上联合统一，以达到不论是办公楼的日常使用者还是美术馆的参观者都能无缝衔接地享受两部分空间。

图 2-55　美术馆的入口大堂充分反映了京桥地区的风貌：紧凑的街道纹理与开放空间相结合

图 2-56　空中花园位于夹层的上方，形成了一个三维立体的空间

■ 2020 年度全球最佳高层建筑（100~200 m）

曼谷瑰丽酒店

泰国，曼谷

坐落于曼谷黄金地段的中央商务区及旅游区，曼谷瑰丽酒店（Rosewood Bangkok Hotel）以极具创新的方式将自然与城市的律动融为一体。酒店经由空中室外连桥直接与轻轨奔集站（Phloen Chit Skytrain Station）相连。鉴于曼谷街道繁忙拥堵，这样的设计不仅鼓励人们更多地使用公共交通，同时也提供了与周围建筑的连接，免除人们受拥堵交通及风雨天气的烦扰。瑰丽酒店是近期围绕无线路（Wireless Road）发展起来的城市节点的重要部分，周围环绕着多国使馆、新建住宅塔楼、办公楼及零售商场。

该项目秉承"场所感"的设计哲学，参考当地的文化标准，打造出一个映射泰国丰富的传承与习俗的酒店。酒店建筑外形的灵感源于双手合十礼优雅的手部动作——一种简洁、优雅的泰式手势，代表问候与欢迎。两座相连的高层结构富有技巧地结合在一起，形成颇具动感的外部形态的同时，营造出内部高挑的中央开放空间。为了与热带的气候相呼应，中庭设计了大量茂盛的垂直露台花园。这座酒店拥有包括 159 间客房、餐厅及屋顶"地下风格"酒吧（"speakeasy"bar）在内的各种设施，所有的空间都可一览曼谷这座城市的全景风貌。宽敞的空中别墅采用退台设计，还带有可跳水的私人泳池及悬挑式的花园，不仅提供了额外的遮阴效果，也使人们能在空中呼吸新鲜空气。

整座建筑采用了多种可持续性策略。中央庭院将室外空气及柔和的光线引入中心地面层。中庭中设置了垂直水景，水流向室外水池，让人们联想起泰国著名的岩洞，它为室内提供壮观的视觉效果的同时，还能帮助建筑降低制冷能耗。地面层种有大量植物的花园空间，保证了充足的雨水排放。建筑的表皮由复杂的幕墙构成，外部紧密排列的百叶结构可有助于减缓建筑从外部吸收热量，同时也能使光线散射进入建筑内部的客房及公共区域。由电梯及楼梯间构成的核心筒被设置在建筑物后侧，帮助减少从南侧及西侧因日晒带来的热量吸收。

当地规划部门在项目审批过程中提出了几点规定，除了关于日照时间的规定及该地块较高的绿色覆盖率的要求外，缓解交通堵塞及改善人行交通的需求也被纳入规划环节。

从项目伊始，主要的焦点就不仅仅是为居住在酒店内部的客人提供最佳体验，将酒店融入曼谷的大环境中也是该项目的重要目标。酒店的两个餐厅及空中酒吧皆设置了酒店外的公共入口，访客与住客体验从来就不是完全割裂的，而是细心地兼顾公共到达性与私密性。在几处重点空间，建筑设计为公共领域和私人领域提供了视觉上的联系，这样既能让访客体验到建筑内部环境的私密与亲切，也保证了住客们与曼谷忙碌的城市生活之间几步之遥的便捷距离。■

（翻译：宫本丽；审校：胡毅）

项目信息

竣工时间：2019 年 3 月
建筑高度：154 m
建筑层数：32 层
建筑面积：24000 m²
主要功能：酒店
业主 / 开发商：Rende 开发公司（Rende Development）
建筑设计：KPF（Kohn Pedersen Fox Associates）；Tandem 建筑事务所 [Tandem Architects（2001）]
结构设计：澳昱冠工程顾问公司
机电设计：EEC 工程网络有限公司（EEC Engineering Network Company Limited）
总承包商：丽塔有限公司（Ritta Co. Ltd.）
其他 CTBUH 会员顾问方：澳昱冠工程顾问公司（土建）；迈进（Meinhardt）（立面）；Davis Langdon 工程咨询公司（造价）

图 2-57 曼谷瑰丽酒店外观

" 建筑的灵感来源于泰国双手合十礼优雅的手部动作，两座相连的高层结构富有技巧地结合在一起，形成颇具动感的外部形态的同时，营造出内部高挑的中央开放空间。"

图 2-59　入口大堂经由空中室外连桥直接与轻轨奔集站相连

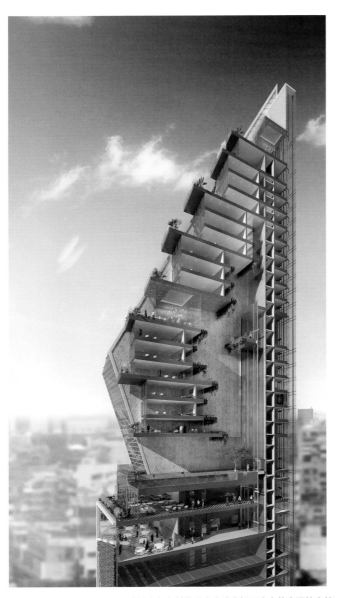

图 2-58　由纵向剖视图可见建筑内部宽敞的垂直庭院空间及南向的交通核心简，这样的布置可使暴晒吸热的效应最小化

图 2-60 室内外泳池在城市中心营造出一种热带地区的禅意氛围

图 2-61 露台上的绿色植物为大厦增添了与室外的联系

■ 2020 年度全球最佳高层建筑（100~200 m）

罗敏申大厦

新加坡

新加坡的城市借由街景、绿墙和空中花园纵横交错编织出绿色空间。罗敏申大厦（18 Robinson）项目在新加坡当地的城市文化背景下，通过设计将室外景观自然融入室内。项目场地呈"V"字形，由市场大街（Market Street）和罗敏申路（Robinson Road）两条街界定。由于场地的可见度高，地理位置优越，项目定位为地标性建筑，旨在发挥该地块最大的商业潜力，并且成为一个重要的城市公共设施。该项目主要提供办公和精品零售空间。

办公塔楼与零售裙房竖向分开，裙楼屋顶打造了一个巨大的阶梯式花园空间，使得行人从街边就可以看到。罗敏申大厦被切分成两个体量，与周围单一结构的建筑形成鲜明的对比。塔楼和裙房的多面体切割增强了自然光照，削弱了与周边建筑的直接对视，同时创造出漂浮在花园上方的水晶塔的效果。塔楼与裙房的切分拔高了建筑高度，为用户提供了更好的视野，并且通过增加低区的花园空间的设计，创造了一个更具开放性的城市空间。大楼的裙房盘旋上升，创造出广场和中庭花园空间，以增强室内外空间的流动性。中庭作为办公大厅、零售空间和餐厅的核心，将小尺度的场地最大化地利用，各功能分散在 7 层室内空间中。建筑平面开敞，核心筒偏西，使得滨海景观视野最大化，同时可减弱西边的阳光直射。

塔楼设计的重点在于可见性、与周边环境的联系，以及增加绿地公共空间的可能性。新加坡致力于提高业主和公民的办公环境，因此，新加坡市区重建局内部相关机构就该项目景观置换的新法规（以回应项目开发所导致的土地流失）开展了辩论和谈判。同时，市区重建局亦就其建筑体量和夜间照明策略提出了适当建议。新加坡建筑控制机构也代表大众就该大楼的玻璃面反射率和非玻璃材料的镜面反射议题与项目方进行了讨论和协商。为了满足景观置换区域的要求，裙房屋顶将三种不同特色的花园通过螺旋向上的流线进行串联，引导游客到达裙房屋顶的顶端。露台花园对公众开放，其设计对环境产生了很多积极的影响，例如被动式过滤空气，增加了城市的开放性、光线和空气，提高了水的利用效率，同时减少了多余的热辐射，并为公众提供了更好的视野。■

（翻译：徐婉清；审校：王莎莎）

项目信息

竣工时间：2018 年 9 月
建筑高度：180 m
建筑层数：28 层
建筑面积：23907 m²
主要功能：办公
业主 / 开发商：传慎控股集团（Tuan Sing Holdings）
建筑设计：KPF；Architects 61
结构设计：KTP 工程咨询有限公司（KTP Consultants Private Limited）
机电设计：林同棪国际工程咨询集团（TY Lin international）
总承包商：Woh Hup 有限公司（Woh Hup Pte Ltd）
其他 CTBUH 会员顾问方：迈进（Meinhardt）（立面）；凯谛思（Arcadis）（工程造价）

图 2-62　罗敏申大厦外观

图 2-63　机电设备空间位于屋顶下方，以容纳一个宽敞的空中花园

图 2-64　开放式的建筑平面，核心筒向西偏移，朝向码头的景观资源得到最大化利用

图 2-65　裙房和塔楼体量被切分拉开，中间创造出一个花园

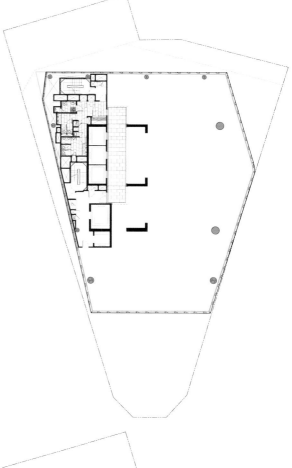

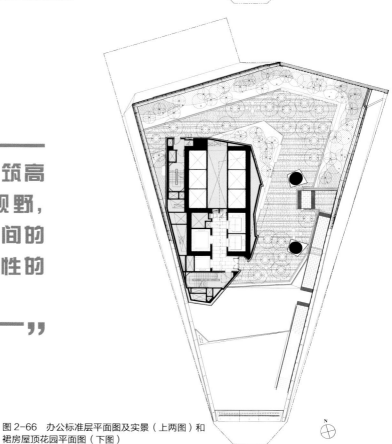

> 塔楼与裙房的切分拔高了建筑高度，为用户提供了更好的视野，并且通过增加低区的花园空间的设计，创造了一个更具开放性的城市空间。

图 2-66　办公标准层平面图及实景（上两图）和
裙房屋顶花园平面图（下图）

■ 2020 年度全球最佳高层建筑（100~200 m）

OMNITURM 大楼

德国，法兰克福

OMNITURM 大楼位于法兰克福金融区的核心区一个车水马龙的街角地块，被四周高度超过 100 m 的高层建筑环伺。建筑外观造型独特，内部功能混合，拥有办公室、住宅及公共共享空间等。该建筑对传统理解中垂直堆叠的建筑楼板进行了创造性的"平移"，从而打造出古典美学与前卫造型感兼具的塔楼。该项目面朝新建成的、直接毗邻的公园和广场，拥有充足的绿地和法兰克福壮丽的城市景观，包括邻近的陶努斯兰拉格公园（Taunusanlage Park）和美因河（Main River）。

该项目中两处建筑造型的变化是与内部功能的改变相结合的。第 1~3 层作为室外人行长廊和城市广场的延伸，具有高耸的室内空间与各类商业功能，旨在打造城市共享场所，包括创意与联合办公、技术和创业公司的使用空间、自助餐厅和向公众开放的活动场所。通过楼板的前后错动，形成面向公园的宜居露台和拱廊，将建筑物融入周围的广场中。第 3~15 层是办公空间。在塔楼的中部，楼板呈螺旋状向外错落，这里是带有退台与悬挑空间的住宅单元。建筑物的四个侧面均层层偏移，其简单的螺旋状平移是依据太阳一天的运动轨迹而设计的，从而可提供明亮的室外采光并有效改善居民的视野景观。移位后的楼板多延伸了 4 m，占建筑物宽度的 10%。塔楼的上部（23 层以上）设有办公空间，建筑体量重新回归为垂直的塔楼，与下部的垂直形体相呼应。

与 ASHRAE 90.1 基准相比，该项目通过评估不同的能源效率措施来优化设计使成本降低了 30% 以上。其节能技术措施包括高透玻璃、金属幕墙、防日光玻璃、手动开启窗；可回收热量的专用室外空气系统；雨水收集系统；低温辐射加热冷却系统；高效制冷器；LED 照明；以及相互联系的区域供热系统等。

在综合居住、商业、文化、娱乐和办公功能的高层建筑中，竖向交通的创新解决方案显得愈发重要。大楼通过高性能电梯与交通管理系统，可在入口处利用智能手机或一卡通对用户进行识别授权，为他们提供通往各目标楼层最简洁快速的路线，并召唤指定的电梯。电梯管理及目的地控制系统的智能化促进了建筑使用效率的最大化，满足了建筑物中各类用户的需求。■

（翻译：倪江涛；审校：王莎莎）

项目信息

竣工时间：2019 年
建筑高度：190 m
建筑层数：46 层
建筑面积：65000 m²
主要功能：办公 / 居住
业主：德国商业银行（Commerzbank）
开发商：铁狮门公司（Tishman Speyer Properties）
建筑设计：BIG（Bjarke Ingels Group）；B&V Braun Canton 建筑事务所（B&V Braun Canton Architekten）
结构设计：Bollinger + Grohmann；von Rekowski und Partner mbB
机电设计：TechDesign
项目管理：铁狮门公司
总承包商：Adolf Lupp 股份有限公司
其他 CTBUH 会员顾问方：Baumann 咨询公司（Baumann Consulting）（能源概念，LEED）；Wacker Ingenieure（风工程）

图 2-72 丽泽 SOHO 外观

图 2-73　中庭自下而上贯穿整栋建筑，并随着塔楼升高扭转 45°

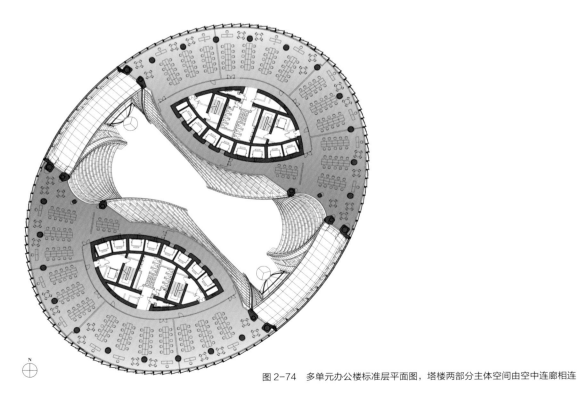

图 2-74　多单元办公楼标准层平面图，塔楼两部分主体空间由空中连廊相连

"——————————————

位于设备和避难层的空中廊桥和
双层隔热玻璃幕墙将两部分楼体
相连，使之形成一个紧密联系的
整体。

——————————————"

图 2-75　双层隔热的玻璃幕墙系统在每层玻璃组之间设计了一定角度，保证通风设施将室外的空气通过可操作的凹洞引进室内

图 2-76　建筑的流动感也被带入到内部连廊和细节中

■ 2020 年度全球最佳高层建筑（200~300 m）

1000 Museum 大楼

美国，迈阿密

位于迈阿密市中心的 1000 Museum 大楼将流动的建筑表达与先进的工程解决方案相结合，体现了设计者对高层建筑建造的最新研究。这幢外号为"蝎子塔"的建筑坐落于比斯坎湾大道（Biscayne Boulevard），在占地 12 hm² 的博物馆公园（Museum Park）对面，佩雷斯艺术博物馆（Pérez Art Museum）、菲利普和帕特丽夏·弗罗斯特科学博物馆（Philip and Patricia Frost Museum of Science）也位于该公园内。建筑物修长的体量被流动的结构性框架所包覆，并通过连续而统一的形式将塔楼与裙楼相连接，从而避免了一般塔楼立于基座之上的常规做法。建筑的外骨骼在裙楼上如雕刻般地呈现，上部和下部楼层的露台与裙楼进一步强化了支撑结构，较粗的柱子分叉展开并在拐角处收拢。哑光水泥的外骨骼从塔身上蜿蜒升起，包覆着折叠般的玻璃幕墙，创造出鲜明的对比效果，强化了形体、反射与阴影的相互作用，使整个建筑在迈阿密多变的光线条件下充满活力。

建筑顶层设有水上中心、休闲区和活动空间。建筑底部被游泳池和花园环绕，亦可隐约看到数层停车场。大堂、公共空间和居住单元的内部饰面同样体现了建筑外部的未来感和曲线美。地板、装置、照明和顶棚元素通过流畅的经典设计融合在一起。

由于该建筑的结构位于四周，因此内部空间几乎无柱，从而使楼层平面获得最大限度的灵活性。建筑外骨骼流动的曲线意味着每一个楼层平面与其上一个都稍有不同。在较低楼层，露台位于角落位置；在较高楼层，露台则从边缘退进。建筑并非斜肋构架，但其曲线形式提供了对角支撑，从而可达到结构高强度并能抵抗飓风的目标。

该项目为外骨骼开发的创新建造系统采用工厂预制的玻璃纤维增强混凝土（Glass-Fiber Reinforced Concrete，GFRC）面板，其可以同时用于建筑构造和建筑饰面。与严重依赖笨重的模板系统的传统的现浇混凝土相比，玻璃纤维增强混凝土有许多

优点。工厂预制的面板按照严格的材料和尺寸规格生产，定位夹合后填充结构混凝土，以形成外部和内部饰面。该方法在获得独特建筑效果的同时，也将外骨骼的施工时间缩短了 6 个月。此外，与现浇混凝土系统相比，玻璃纤维增强混凝土系统所需的材料和模板的损耗要少得多，从而降低了建筑物对环境的影响。计算机数控系统（CNC）的切割模具由一家迪拜工厂制造，使用的数据信息直接来自建筑师的数字模型。玻璃纤维增强混凝土面板在模具中成型，可以达到指定的表面光洁度。所有的 4800 块面板都按顺序排列交付，以便于安装，并直接从迪拜海运至迈阿密，以最大限度地减少陆路运输。■

（翻译：郭菲；审校：冯田，王莎莎）

项目信息

竣工时间：2019 年
建筑高度：213 m
建筑层数：60 层
建筑面积：88258 m²
主要功能：住宅
业主 / 开发商：Regalia Beach Developers
建筑设计：扎哈·哈迪德建筑事务所；ODP 建筑事务所（ODP Architects）
结构设计：DeSimone 工程咨询公司（DeSimone Consulting Engineers）
机电设计：HNGS 工程公司（HNGS Engineers）
总承包商：Plaza 建筑公司（Plaza Construction Corporation）
其他 CTBUH 会员顾问方：Langan 工程与环境咨询公司（Langan Engineering）（环境，岩土）；Lerch Bates（垂直交通）；RWDI（风工程）
其他 CTBUH 会员供应方：通力（电梯）

图 2-77　1000 Museum 大楼外观

" 建筑外骨骼流动的曲线意味着每一个楼层平面与其上一个都稍有不同。 "

图 2-78　塔楼顶部令人印象深刻的楼梯是公共休闲空间的一部分

图 2-79　大堂的内部饰面体现了建筑外部的未来感和曲线美

图 2-80　由于外骨骼的曲线形式，较低楼层的露台位于角落位置；较高楼层的露台则从边缘退进

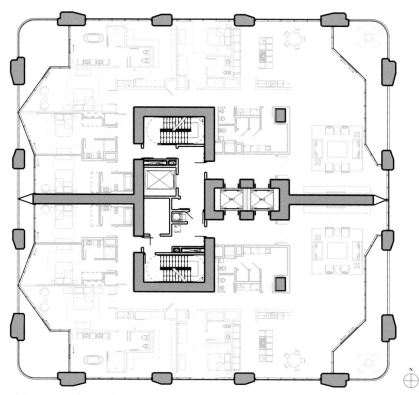

图 2-81　由于建筑的结构位于四周，因此内部空间几乎无柱，从而使平面布置获得最大限度的灵活性

迈科中心

中国，西安

迈科中心位于西安高新技术产业园区的核心区，代表着城市西南部新的中央商务中心，其毗邻三环路，周边未来将要开通地铁线路，交通便捷，往返机场方便。作为总部办公和君悦酒店的所在地，该项目旨在展现跨国公司和高端国际品牌酒店的形象。在高密度街区开发中，位于基地内部对角线的人行通道连接了主要城市交叉路口和东南方向的公园，同时营造了很好的视觉联系。一个铜色带状结构从两座塔楼底部升起，在塔楼间的空中连廊处相接，象征城市的纽带，丰富灵动的几何形体打造了迈科中心这一西安独特的地标门户的形象。

三层空中连廊是该项目设计的一大特色。连廊内部是餐厅和公共休闲娱乐区域，供酒店客人、办公人员及顾客休憩和欣赏城市景观。裙房屋顶花园设有私人餐厅，可以俯瞰整个公园的景色；还有一个独特的椭圆形、全玻璃宴会厅，有着可浏览周边景色的绝佳视野。连廊室内采用前卫奢华的设计手法，融合西安古城的历史主题，为宾客展开现代化历史名城的新篇章。

该项目整体采用了多项节能设计。西安冬季气候干燥，降雨量适中，大楼通过灰水处理系统从屋顶花园和屋面收集雨水，用于绿化灌溉和建筑物清洁。空中连廊顶部设有观景平台，供游客俯瞰城市天际线的同时也用于雨水收集。景观设计均使用本地植被，以减少灌溉需求。为了最大化地实现绿化率，该项目采用了渗透式绿化设计，并将停车位和卸货区均置于地下。塔楼设计根据外部环境调研进行了优化，锯齿形立面实心板根据主要日照方向设置角度，以减少太阳直射和眩光。此外，连接塔楼的铜带结构不仅起到装饰作用，还可用来充当遮阳设施。

作为中国的四大古都中历史最为悠久的城市，西安同时也是古代丝绸之路的起点，兵马俑的故乡，有着非常重要的历史意义。迈科中心的空中连廊为当地居民和游客提供了独一无二的城市景观，被誉为"天空广场"，贯穿古今，视觉上将现代创新与古城历史紧密连接。■

（翻译：徐婉清；审校：王莎莎）

项目信息

竣工时间：2018 年 4 月
建筑高度：办公塔楼 215 m；酒店塔楼 161 m
建筑层数：办公塔楼 45 层；酒店塔楼 34 层
建筑面积：215000 m²
主要功能：办公 / 酒店
酒店业主 / 开发商：西安迈科商业中心有限公司
建筑设计：CallisonRTKL；中国建筑西北设计研究院
结构设计：AECOM
机电设计：奥雅纳
项目管理：西安迈科商业中心有限公司
总承包商：中建三局
其他 CTBUH 会员顾问方：Langdon & Seah（工程造价）；ALT（立面）；AECOM（景观）；莫特麦克唐纳集团（Mott MacDonald Group）（LEED）

图2-82 迈科中心外观

> 空中连廊顶部设有观景平台，供游客俯瞰城市天际线，同时也可用于雨水收集。

图 2-83　大堂前台采用折线形材料，灵感来自于"大鹏展翅"

图 2-84　由下往上看，空中连廊和铜质带状结构连接了两座塔楼

图 2-85　空中连廊顶部的观景平台视野开阔，同时它也用于雨水收集

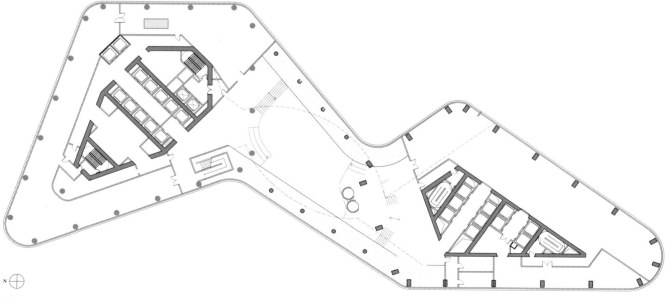

图 2-86　空中连廊平面图，其连接了两座塔楼，包括室内花园、一个酒吧和休息室

■ 2020 年度全球最佳高层建筑（200~300 m）

ARO 大楼

美国，纽约

　　ARO 住宅楼位于纽约市中城西部充满活力的剧院区西 53 街，充分回应了该区域周围拥挤的城市环境。这个造型修长的住宅楼位于该地块的中心，最大限度地增加了其与东、西向相邻建筑的距离，对城市生活提出了一种富有思考的介入方式。该建筑垂直的弧形立面使得越过邻近建筑物的上方欣赏城市全景成为可能，同时保证最大的开窗面积，以获得充足的直射阳光。建筑的高层区域和屋顶露台可欣赏到中央公园及其他周边的全景。该项目的设计采用了独特方法进行体量、组织和外部表达，在实用与美观中找到平衡。建筑的外部，看似简单的包络图案组成了独特的图形，强调出塔楼在形体上的变化。建筑外立面由一系列细节构成，体现了内部结构的尺度和比例。六种不同的模块类型将建筑表皮的两层进行平行和独立的转换，从而创造出丰富的使用空间和室内平面。

　　建筑塔楼到裙楼的体量和立面连接非常特别，巧妙地回应了场地限制和分区挑战。设计师充分利用了合理的越界，以最大限度地利用和连接建筑物。ARO 大楼非常规的造型反映了单元大小、组合和功能的变化，较大的单元位于建筑上部，较小的单元则位于较低楼层。建筑多层次、景观化的裙楼综合体现了一种功能性的响应，以满足室内各种相对非常规活动的需求，包括全尺寸篮球场、室内游泳池、自行车室、儿童游戏室、居民休息室和健身中心等。

　　建筑的玻璃幕墙上覆盖有一层浅色的金属网，形成独特的表面图案。该金属网由 46cm 深的"挡板"组成，同时也是一个集成的太阳能装置。外立面的金属和玻璃分别以不同的方式反射和吸收光线。

　　太阳是这座建筑的朋友，天空反射在玻璃幕墙上，金属挡板可以遮掉不需要的太阳能和眩光，建筑起伏的形体追逐着阳光，给立面带来令人愉悦的景深和全天不断变化的视觉趣味。

　　事实证明，本项目受到了社区的欢迎，因为其价格具有吸引力，又能满足社区改善城市生活的需求。对于居民而言，这座建筑给拥挤的城市环境带来了一种令人愉快的社区感。整个综合体的设计鼓励居民之间的互动，在曼哈顿中城创造了某种形式的"山城"。■

{ 摄影：Tectonic[罗伊斯 · 道格拉斯（Royce Douglas）]（室外）
伊内萨 · 比南鲍姆（Inessa Binenbaum（室内）}
（翻译：郭菲；审校：冯田，王莎莎）

项目信息

竣工时间：2018 年 12 月
建筑高度：225 m
建筑层数：54 层
建筑面积：50168 m²
主要功能：住宅
业主 / 开发商：Algin 管理公司（Algin Management）
建筑设计：CetraRuddy 建筑事务所（CetraRuddy Architecture）
结构设计：标赫工程顾问公司（Buro Happold Engineering）；DeSimone 工程咨询公司（DeSimone Consulting Engineers）
机电设计：Cosentini 工程咨询公司（Cosentini Associates）
总承包商：Pavarini McGovern
其他 CTBUH 会员顾问方：Langan 工程与环境咨询公司（Langan Engineering）（土木，环境，岩土，测绘）；标赫工程顾问公司（立面）

图 2-87 ARO 大楼外观

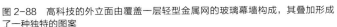

> 该建筑综合体鼓励居民之间的互动，在曼哈顿中城创造了某种形式的"山城"。

图 2-88 高科技的外立面由覆盖一层轻型金属网的玻璃幕墙构成，其叠加形成了一种独特的图案

图 2-89 健身中心的休息室打破常规，使用了温暖的木质材料、具有雕塑感的顶棚和前卫的灯具

图 2-90　较大的单元位于建筑上部，可以越过邻近的建筑物看到城市全景

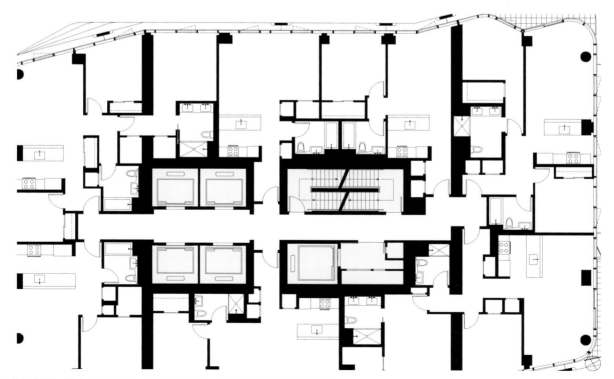

图 2-91　从标准层平面图中可以看出每一层是如何布局的　© CetraRuddy 建筑事务所

■ 2020 年度全球最佳高层建筑（200~300 m）

保利天幕广场

中国，广州

保利天幕广场是一座集办公、酒店和零售于一体的综合性建筑，它充分体现了当地的气候和珠江的重要意义，将滨江景观与更大的城市肌理融为一体。其两座塔楼的形态来自凹凸曲线之间的相互作用，办公塔楼的形态流畅，为租户提供最优的空间配置，酒店塔楼的曲线则更加微妙，楼板平面变化较小。六层裙楼与塔楼相接，提供酒店和会议设施。两座塔楼的结合，为广州东南部的琶洲新区创造了一个独特的地标。

保利天幕广场的办公塔楼呈现出弧形的形态，东西两面向外凸起，南北墙面则稍向内凹。由于有圆角，塔身在东西方向随高度上升逐渐变细，南北向则朝中心弯曲。每座塔楼顶部具有雕塑感的孔洞旨在进一步减小风力，容纳风力发电机，并提供引人注目的室内外会议和休息空间。六层裙楼将两座主楼连接在一起，采用曲线优美的高架形式，创造出宽敞的入口，并可欣赏河岸和花园景观。北部裙楼正面由大型窗户组成，可俯瞰下方的河流。一层入口区域的店铺墙面系统结构清晰，实现了对大堂、接待处和休息室区域简单而优雅的表达。

可持续发展理念和节能技术充分融入建筑的形态和功能之中。玻璃幕墙由透明的低辐射镀膜玻璃组成，由透明的玻璃翅片支撑，周围的框架则强调了立面背后的功能和建筑特色。建筑东西外立面设置了穿孔金属遮阳帘，可提供防晒保护，将光线反射到室内顶棚上。光滑的立面上切割出连续的水平槽，以打造自然通风穴。通过使外墙玻璃延伸到结合部下方并缩进层间墙面板，通风穴利用位于饰面地板上方的通风口让空气进入内部空间。在大风季节，延伸的面板还可以保护通风穴不会进水。建筑中高效的暖通空调系统具有全面的节能功能，这种一体式暖通和室外围护结构设计提高了室内舒适度，与 ASHRAE 90.1.2007 基准相比，将塔楼的能耗降低了约 4%。

该项目邻近数条地铁线路，步行 5 min 即可到达万胜围地

铁站。保利天幕广场项目与历史悠久的琶洲塔有着直接的视线联系，在回应城市肌理的同时也成为广州的鲜明地标。■

（翻译：林耀文；审校：冯田，王莎莎）

项目信息

竣工时间：2018 年

建筑高度：C2，311 m；C1，198 m

建筑层数：C2，65 层；C1，40 层

建筑面积：224000 m²

主要功能：C2，办公；C1，酒店 / 酒店式公寓

业主 / 开发商：保利地产集团有限公司

建筑设计：SOM（Skidmore, Owings & Merrill LLP）；广州市设计院

结构设计：SOM；广州市设计院；广州容柏生建筑结构设计事务所（RBS Architectural Engineering Design Associates）（同行评审）

机电设计：SOM；广州设计院

总承包商：中建四局

其他 CTBUH 会员顾问方：ALT（立面）；Lerch Bates（立面维护）；WSP（垂直交通）

其他 CTBUH 会员供应方：Armstrong 顶棚技术公司（Armstrong Ceiling Solutions）；佐敦（Jotun）（涂料）

图 2-92　保利天幕广场外观

图 2-93　六层裙楼将主楼和餐厅连接在一起，并提供会议设施和绿色景观空间

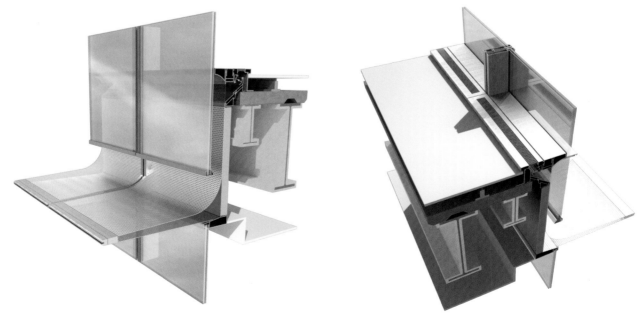

图 2-94　通过使外墙玻璃延伸到结合部下方并缩进层间墙面板，通风穴利用位于饰面地板上方的通风口让空气进入内部空间

"

每座塔楼顶部具有雕塑感的孔洞旨在进一步减小风力，容纳风力发电机，并提供引人注目的室内外会议和休息空间。

"

图 2-95 塔冠内部

图 2-96 曲线的形式延伸到建筑内部

■ 2019 年度全球最佳高层建筑（300~400 m）

南京国际青年文化中心

中国，南京

南京国际青年文化中心位于长江之滨的南京新中央商务区河西新城，该项目占地 5.2 hm²，包括一个 106500 m² 的会议中心、两座塔楼和一个广场，该广场将中央商务区的主轴线延伸到河边。两座塔楼中较高的一座包括办公楼层和卓美亚酒店，较矮的塔楼为毗邻广场的会议中心提供了一家酒店（国际青年会议酒店）。两座塔楼共用一个 5 层的多功能裙楼。会议中心于 2014 年 8 月为南京举行的青年奥林匹克运动会启用。在裙楼内部，室内空间被塑造成一个流动的设计主题，并通过在一系列不同尺寸的菱形开口中放置照明来作加强，整个结构和塔楼的外观上多次重复使用了这种设计风格。

该项目的总体规划表达了河西新城的城市环境、长江沿岸的农田与江心洲的乡村景观之间的连续性和连通性。裙楼的四个主要项目元素（会议厅、音乐厅、多功能厅和 VIP 区）是围绕中心庭院的独立体量。然后，这四个元素融合成更高的单一整体，从而使行人能够在一层穿越开放的景观。

公共区域的空间与周围环境形成了一个连续统一体，基础设施则被整合到地下。会议中心的四个"圆锥体"从地面上升 15 m，支撑着顶部的一层很深的空间，使公众能够通过这个建筑群，并使其具有视觉渗透性。

该项目的会议厅可容纳 2100 人，并配有多功能舞台，适合举办会议、文化和戏剧活动。整个一体化的塔楼设计创造了从城市中央商务区的垂直感向河流地形水平向的动态过渡，较高的塔楼呼应了南京天际线与河西新城的城市规划中广场的位置。数以百万计的 LED 灯被嵌入到立面中，形成一个沿着塔楼的外部灯光显示。

河流的自然景观通过多功能裙楼和会议中心的流畅建筑风格与新中央商务区的城市街道景观相连。在塔楼和裙楼之间的界面处，玻璃幕墙逐渐转变为菱形纤维混凝土面板的网格，使裙楼和会议中心的立面更具有立体感和雕塑感，突出了形式的动态特性，并为建筑内部提供了自然日照环境。

该项目仅用 30 个月就完成了，通过采用 3D BIM 设计和施工管理将现场施工时间缩短了一年。整个项目使用了不少于 6 个主要设计平台，设计文件在建筑师、承包商和结构工程师之间不断交换，项目的设计质量和执行速度之间的平衡依赖于参数化软件的开发和立面几何形状的优化。■

（翻译：韩杰；审校：胡毅）

项目信息

竣工时间：2018 年
建筑高度：塔 2，315 m；塔 1，255 m
建筑层数：塔 2，67 层；塔 1，61 层
建筑面积：塔 2，120000 m²；塔 1，92000 m²
主要功能：塔 2，酒店 / 办公；塔 1，酒店 / 酒店式公寓
业主 / 开发商：南京河西新城规划局
建筑设计：扎哈·哈迪德建筑事务所
结构设计：标赫工程顾问公司
机电设计：标赫工程顾问公司
总承包商：中国建筑工程总公司
其他 CTBUH 会员顾问方：标赫工程顾问公司（立面，垂直交通）
其他 CTBUH 会员供应方：CoxGomyl（立面维护设备）；通力（塔 2 电梯）

图 2-97 南京国际青年文化中心外观

> **这四个元素融合成更高的单一整体，从而使行人能够在一层穿越开放的景观。**

图 2-98 玻璃幕墙逐渐转变为菱形纤维混凝土面板网格

图 2-99 综合体包括一个礼堂和多功能厅

1—会议中心主大堂
2—会议中心
3—化妆间
4—新闻发布厅
5—VIP 休息室 & 画廊
6—VVIP 休息室
7—VIP 大堂
8—礼堂大堂
9—礼堂 & 多功能厅
10—零售和陈列室
11—下沉式广场

12—会议酒店和服务式公寓大楼
13—服务式公寓大堂
14—会议酒店行政入口
15—酒店零售入口
16—办公楼北大堂
17—五星级酒店和高端办公楼
18—办公楼南大堂
19—五星级酒店大堂
20—酒店中庭广场
21—会议酒店公共入口

图 2-100　综合体的 5 栋塔楼围绕着下沉式广场排列

■ 2020 年度全球最佳高层建筑（300~400 m）

53 West 53 大厦

美国，纽约

53 West 53 大厦独特的造型是曼哈顿摩天大楼的现代表达，体现了诸如克莱斯勒大厦和帝国大厦等先锋设计的精华。纽约市的这些标志性建筑仍是高层建筑概念设计时的参照，因为曼哈顿高层建筑形式的基本推动因素仍是天空暴露面，旨在为周边街道和人行道的公众提供所需的阳光和空气。该建筑的轮廓随着高度的升高而收窄，项目基地位于一个平面不规则的中间地块，占据了三个不同的分区，每个分区都有不同的建筑面积和体量限制。北向和南向的街道立面是建筑形态设计中的重点，分区退界要求在这里得到了严格执行。塔楼最终的形式是利用平滑的斜面，通过角度逐步收窄以满足分区退界要求，而非采用通常的直线方式。该建筑位于一处原本空置的地块，毗邻曼哈顿中城的现代艺术博物馆（Museum of Modern Art，MoMA），建筑底层区域与新翻修的现代艺术博物馆相通，可让访客穿行至东面。

塔楼的南北立面采用了独特的渐缩式几何形式，而东西立面则是完美的垂直形式。项目所处的三个分区具有各自的特殊性，加上其平面布局的要求，使建筑呈现出多顶部叠加的形态。其三个顶部通过不同颜色的处理（金、黑和银）加以区分，并利用色调的渐变过渡进行进一步强调。建筑斜肋构架式的抗风和抗震支撑可以形成坚固、高效的结构，从而最大限度地减少内部立柱的使用，无遮挡空间的比例远高于传统的线性立柱分布。建筑的整体结构使用钢筋混凝土，地面、立柱和斜肋构架的结合部分利用47 处创新定制的加强型钢节点进行固定，以实现完全不规则的三维几何形状。最后，在线性的幕墙网格嵌入超白玻璃，形成逐渐缩进的南北立面。

53 West 53 大厦是北美第一栋整体使用三层中空玻璃（有两个空气夹层）的建筑。一般而言，为了确保在纽约的气候条件下使用落地玻璃的舒适性，建筑设计过程中需要在外墙的底部引入热源以消除气流。但是，通过计算机模拟可以发现，本项目的三层中空玻璃设计可以避免使用额外的外围加热系统，从而部分地弥补因此而增加的成本。而其余增加的成本则是为三层中空玻璃所带来的声学方面的优点作出的合理折中。最终，本项目使用了 5000 多块形状各异的定制超白玻璃，以不规则的几何形式创造出极富魅力的外立面效果。■

（翻译：郭菲；审校：冯田，王莎莎）

项目信息

竣工时间：2019 年 12 月
建筑高度：320 m
建筑层数：77 层
建筑面积：67355 m²
主要功能：住宅
业主：汉斯有限合伙公司（Hines）；高盛集团（Goldman Sachs）；邦典置地集团（Pontiac Land Group）
开发商：汉斯有限合伙公司
建筑设计：让·努维尔建筑事务所（Ateliers Jean Nouvel）；AAI 建筑事务所（AAI Architects, P.C.）；SLCE 建筑事务所（SLCE Architects）
结构设计：WSP
机电设计：WSP
总承包商：联实集团（Lendlease Corporation）
其他 CTBUH 会员顾问方：Vidaris（楼宇监控，能源概念，立面，屋面，可持续性）；Langan 工程与环境咨询公司（Langan Engineering）（土木，环境，岩土，测绘）；隔而固振动控制系统公司（GERB Vibration Control Systems, Inc）（阻尼）
其他 CTBUH 会员供应方：Enclos（表层）；CoxGomyl（立面维护设备）

图 2-101　53 West 53 大厦外观
[摄影：贾尔斯 · 阿什福德 (Giles Ashford)]

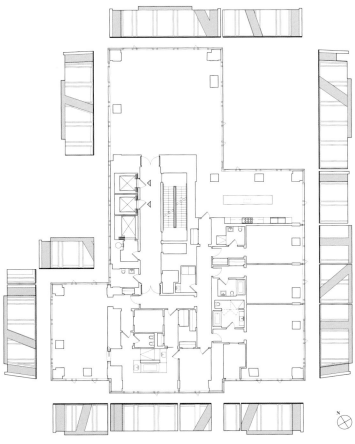

图 2-102　62 层平面图展示出建筑结构的退进以及外围斜肋防风构架的位置

> 项目所处的三个分区具有各自的特殊性，使建筑呈现出多顶部叠加的形态。其三个顶部通过不同颜色的处理（金、黑和银）加以区分，并利用色调的渐变过渡进行进一步强调。

图 2-103　塔楼的三个顶部用不同的颜色加以区分
（摄影：贾尔斯·阿什福德）

图 2-104 高效的结构省去了大多数内部立柱，从而使更大比例的清晰视野和落地窗成为可能
[摄影：斯蒂芬·肯特·约翰逊（Stephen Kent Johnson）]

图 2-105 色彩丰富的建筑大堂与著名的现代艺术博物馆相连（摄影：贾尔斯·阿什福德）

■ 2020 年度全球最佳高层建筑（300~400 m）

珠海中心大厦

中国，珠海

港珠澳大桥及其海底隧道是世界上最长的固定跨海通道，其建成使得广东珠海横琴地区成为华南主要的金融中心之一。珠海中心大厦位于珠海国际会展中心，处于珠江口西岸的黄金地段，是十字门商业集群的一部分，甲级写字楼和瑞吉酒店是此多功能项目的重点和焦点。作为珠海城市发展的核心项目，这座大型综合体由 40 多家国际顶级团队联袂担纲规划、设计和建设，会议中心和综合广场采用"城市丝带"的流畅建筑形态；塔楼恰似丝带垂直、蜿蜒升起，随着轮廓的微妙变化，其形态让人联想到一个雕花精美的玻璃花瓶。光滑的外部幕墙使塔楼好似一座闪耀在华南海岸的奖杯，LED 照明设备镶嵌在窗户之间，使塔楼的曲线在夜间更加闪耀。

这座大厦符合所有国家节能标准。项目基于朝向和遮阳等原理进行设计，以降低不同太阳周期内的能耗。玻璃幕墙面板采用先进的双银低辐射（Low-E）镀膜技术，可在日光直射下减少传热。隔声材料采用环保砂浆和蒸压加气混凝土砌块，在提高隔声性能的同时增强结构强度。蒸压加气混凝土砌块单位重量仅为普通黏土砖的三分之一，其保温性能是通过减少热负荷以降低建筑物对空调的需求来实现的。变冷媒流量（Variable Refrigerant Volume, VRV）空调系统与传统风机系统相比，可大大降低能耗，同时降低现场噪声，并确保健康的空气质量，该系统可节省 78% 的风机能耗，年度空调负荷率为类似常规设计建筑的 60%。

所有功能空间，包括停车场设计时均最大限度地利用自然通风和自然采光。在节约用水方面，则将雨水收集和水循环利用装置融为一体进行设计。

珠海中心大厦由珠海的国有龙头企业——华发集团开发，作为珠澳地区第一高楼，设计独特和功能性强是设计过程中的首要任务，因此，项目开发考虑了各种因素，整体设计概念虽然在本质上注重功能性，但也受到珠海这座城市的浪漫意向以及项目基地与河流联系的推动。可以说，这项雄心勃勃的开发计划既反映和维护了城市的独特特征，又体现了它与海岸线和环境的完美融合。■

（翻译：林耀文；审校：冯田，王莎莎）

项目信息

竣工时间：2017 年
建筑高度：329 m
建筑层数：66 层
建筑面积：146800 m²
主要功能：酒店 / 办公
业主 / 开发商：华发集团
建筑设计：RMJM；广州市设计院
结构设计：广州容柏生建筑结构设计事务所
机电设计：Parsons Brinckerhoff 咨询公司（Parsons Brinckerhoff Consultants Private Limited）
总承包商：上海宝冶集团股份有限公司
其他 CTBUH 会员顾问方：10 DESIGN（立面）；RWDI（风工程）

图 2-106　珠海中心大厦外观

图 2-107　会展中心是滨海广场的焦点，其底部形态如同一条丝带

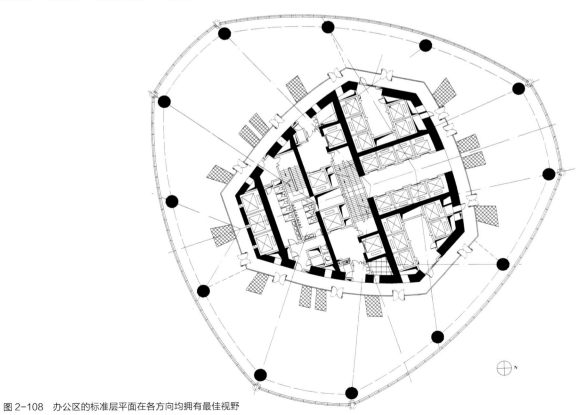

图 2-108　办公区的标准层平面在各方向均拥有最佳视野

图 2-109　塔楼的酒店餐厅可俯瞰城市全景

"

项目中使用的蒸压加气混凝土砌块单位重量仅为普通黏土砖的三分之一，其保温性能是通过减少热负荷以降低建筑物对空调的需求来实现的。

"

图 2-110　塔楼的形态随高度增加而在平面上有微妙改变

■ 2020 年度全球最佳高层建筑（300~400 m）

康卡斯特创新与技术中心

美国，费城

康卡斯特创新与技术中心（Comcast Technology Center）是美国电信集团康卡斯特在费城市中心现有总部附近建立的一个技术中心，目前是费城第一高楼，其设想是建成一个垂直园区，包括 LOFT 式工作空间、最先进的电视工作室以及位于建筑上部的 12 层酒店。该中心拥有一个位于街道平面以下的地下大厅，陈列着展示费城风景的艺术品，并将现有总部建筑、新建建筑与城市的地铁系统连接起来。地面上 4 层楼高的冬季花园体现了费城城市公共空间的优良传统，包含了大堂、广场、商店和社交空间等各种元素，为城市创造了一个新的公共领域。花园内部的球体是一个圆顶剧场，可提供沉浸式的电影体验，分享创意的力量。

建筑中部分开，创造出一个贯穿整个建筑的视觉中轴，中央骨架与建筑顶部用发光的玻璃片相连。大型开放式楼面层采光充足，LOFT 式灵活空间让员工能够自由地选择工作地点和方式。每个楼层都被一系列相连的三层空中花园环绕。公共空间中包含可容纳 550 人的大厅、咖啡厅和先进的健身中心，在办公楼内创造出一个立体的城市。艺术无处不在，珍妮·霍尔泽（Jenny Holzer）和康拉德·肖克罗斯（Conrad Shawcross）的作品为入口增添了活力；当地街头艺术家的作品则被展示在 LOFT 楼层。建筑的高层区域是四季酒店，拥有其专属入口和屋顶餐厅。

为了应对费城的气候变化，该项目充分利用了费城宜人的春、夏、秋三季引入日光，同时避免建筑受到严冬的影响。大型冷梁装置通过顶棚内管道中的冷热水来冷却或加热空气，该系统降低了能源负荷，创造了一个平衡的工作环境。为了优化和控制自然光的水平，窗户上安装了高效透光玻璃，并配备了采光传感器，可根据外部照明条件自动调节工作场所的电气照明和遮阳百叶。大楼白天容量超过 4000 人，但作为一项以公共交通为导向的开发项目，该项目仅配备了 54 个停车位。其特别之处是利用

一个新建的地下广场，形成全天候直达的人行通道与区域交通系统相连接。这个广场的建造在技术上非常具有挑战性，不仅需要诸多市政许可，还需要对 18 街上方进行彻底的重建，以将其抬高 0.6 m。项目设计方与邻近的洛根广场（Logan Square）社区的居民进行了广泛的沟通，以确保该项目不会将停车需求进一步推向社区的街道，同时征求社区的意见，探讨如何将一个如此规模的项目尽可能成功地融入城市的人行街道网格。■

[摄影：奈杰尔·杨（Nigel Young）/ 福斯特建筑事务所]
（翻译：郭菲；审校：冯田，王莎莎）

项目信息

竣工时间：2018 年 5 月
建筑高度：339 m
建筑层数：59 层
建筑面积：123560 m²
主要功能：酒店 / 办公
业主：自由地产 18&Arch 有限公司（Liberty Property 18th & Arch L.P.）；康卡斯特公司（Comcast Corporation）；自由地产信托公司（Liberty Property Trust）
开发商：自由地产 18&Arch 有限公司
建筑设计：福斯特建筑事务所（Foster + Partners）；Kendall / Heaton 事务所（Kendall / Heaton Associates）
结构设计：Thornton Tomasetti
机电设计：BALA 工程咨询公司（BALA Engineers）
总承包商：LF Driscoll
其他 CTBUH 会员顾问方：Vidaris（立面）；Lerch Bates（立面维护）；RWDI（风工程）
其他 CTBUH 会员供应方：Enclos（表层）；CoxGomyl（立面维护设备）

图 2-111　康卡斯特创新与技术中心外观

> 大楼白天容量超过 4000 人，但作为一项以公共交通为导向的开发项目，该项目仅配备了 54 个停车位。

图 2-112   无论是视觉上还是形式上，宽敞的玻璃裙楼都将这座目前费城最高的建筑与街道融合在一起

图 2-113   多样性的便利设施包括一个可容纳 550 人的大厅

图 2-114　每个楼层都被一系列相连的三层空中花园环绕，LOFT 式灵活空间让员工能够自由地选择工作地点和方式

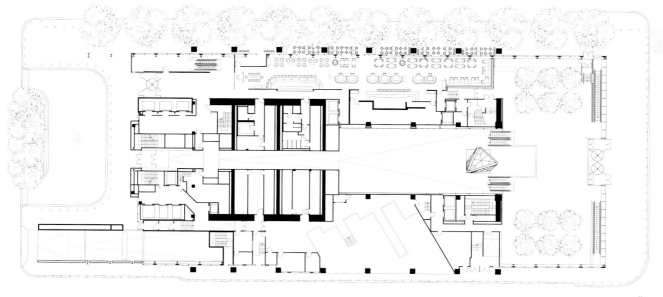

图 2-115　一层平面图上可以看到分属酒店和办公室的入口、冬季花园和餐厅

■ 2019 年度全球最佳高层建筑（300~400 m）

华润总部大厦

中国，深圳

华润总部大厦标志着深圳文化的发展，以其独特的形式和多样化用途为租户及广大市民服务。该塔楼位置优越，可俯瞰后海的深圳湾，承载着更大的商业区整体规划，与公共交通相连接，北侧为深圳湾体育中心，南侧为条状绿地。北面增加了一个公园，进一步丰富了公众对该建筑的体验。公园内有一个小玻璃展馆，过渡到一个下沉式广场，起到枢纽的作用，将华润总部大厦位于夹层的办公大厅与零售空间、博物馆、表演厅和礼堂连接起来。

受到竹笋有机形态的启发，该建筑的 56 根不锈钢外柱在顶部和底部汇聚成 28 根柱子，形成斜交系统，并进一步强调了塔的垂直性和锥形结构。斜交结构使大厦内部形成无柱空间，塔楼平面最终表达出环形放射对称布局。外柱汇聚在塔尖上，顶部是一整块组装而成的不锈钢塔尖，在"天际大厅"（sky hall）处达到顶点，塔尖的内部景观非常独特。这种几何精度反映在首层上，外立面斜交网格的立柱在首层汇聚在一起，在精确布局的锚点之间创建出一系列底层入口。大厦底部和塔顶采用多面三角形玻璃面板，打造出雕塑般的外形，在夜间，点亮的华润总部大厦在深圳湾商业区反射出宝石般的光彩。

该项目在所在地附近制造每一个钢构件，建筑师从而能够对其复杂的组装件进行逐块微调。设计团队邀请了多个合作伙伴，通过一个比对过程，密切审查原型，以确保在整个项目中使用最优质的材料和工艺。钢结构外骨骼需要与照明设计师、机电工程师和消防工程师以及制造商进行广泛的协调。这种对工艺的关注使得建筑的雕塑形式得以实现，并基于斜交网格的几何形状来保证结构的径向对齐。

塔楼的形状和连接对建筑的整体性能与效率也很重要。由于玻璃面板面朝远离太阳眩光的方向，因此圆柱形状减少了立面上的阳光照射量。背向太阳的深层鳍状结构形成了一个遮光屏障，同时还能保证良好的视线和周围的采光。再加上高性能的外幕墙，这就减少了对机械系统的依赖。从可施工的角度来看，该建筑的锥形形式及外结构系统降低了风荷载，并通过使用更少的建筑材料提高了建造效率。

该大楼位于深圳宝安国际机场的航线上，因此在报批过程中，大楼的高度进行了 3 次大的改动，在给定几何形状和固定的建筑面积下，塔楼的形状每次也随之发生改变。正如它的中文昵称"春笋"的寓意，竣工后的摩天大楼象征着深圳这座城市的持续增长和活力。■

（翻译：韩杰；审校：胡毅）

项目信息

竣工时间：2018 年 12 月
建筑高度：393 m
建筑层数：68 层
建筑面积：193220 m²
主要功能：办公
业主 / 开发商：中国华润集团
建筑设计：KPF；悉地国际
结构设计：奥雅纳；悉地国际
机电设计：WSP；悉地国际
总承包商：中国建筑股份有限公司
其他 CTBUH 会员顾问方：奥雅纳（立面，消防）；Atkins（可持续性）；Lerch Bates（出入口设计，立面维护）；Wordsearch（营销）；WSP（垂直交通）；务腾咨询公司（WT Partnership）（工程造价）
其他 CTBUH 会员供应方：中建钢构有限公司（钢材）；日立（电梯）；佐敦（油漆/涂料）

图 2-116　华润总部大厦外观

图 2-117　天际大厅位于建筑物的尖顶，顶部是一个标志性的顶棚系统

"

受到竹笋有机形态的启发，该建筑的 56 根不锈钢外柱在顶部和底部汇聚成 28 根柱子，形成斜交系统。

"

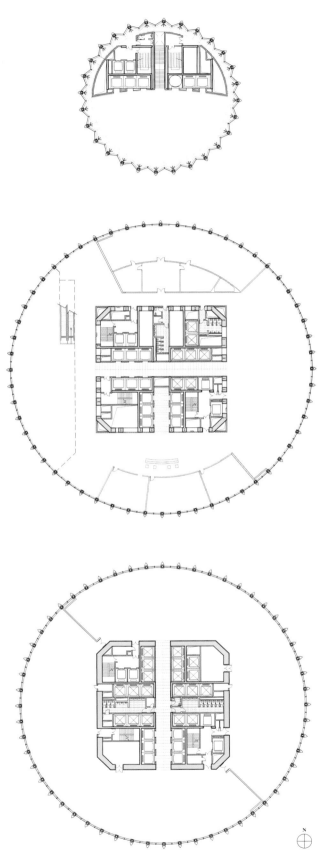

图 2-118　第 5 层（底部）、第 25 层（中间）和第 66 层（顶部）的平面图说明了塔在逐渐变细之前是如何在其中间部分变宽的

图 2-119 三角形顶棚板使立方体空间过渡到圆形塔楼围护结构

图 2-120 办公楼层在某些位置后退，以沿周边形成充满阳光的中庭

■ 2020 年度全球最佳高层建筑（>400 m）

苏州国际金融中心

中国，苏州

苏州国际金融中心（IFS）面向金鸡湖，迎水展开，银色的立面和弯曲的"尾巴"，让人联想到鱼的身躯。项目设计采用"鲤鱼跳龙门"之"鱼"作为象征主题，寓意繁荣昌盛。从形式上讲，这一设计意象特别适合苏州，因为它是一个历代王朝的文化中心，是旅游的胜地，千年悠久的水乡，蜿蜒的运河从这里穿过。国际金融中心这一超高层建筑是苏州这座城市中最高的建筑物（中国排名第十），这与具有 2500 年历史的古城形成了鲜明的对比。其寓意着鱼的造型和建筑物外立面上错时点亮的 LED 灯光，使建筑物看起来与周围的湖泊一样，闪闪发光。

这座多功能塔楼的设计可容纳多种功能业态，毗邻繁忙的东湖中央商务区，较低的楼层为甲级办公楼，拥有 215 间客房的精品酒店占据了中间楼层，最上层则是豪华的酒店式公寓，被誉为"云端村落"（Cloudtop Sky Villas），其中包含了平层和复式等不同房型。另外，裙房附楼还包括服务式公寓，其喇叭形的底座造型可提供最好的视野以欣赏湖景，并显著扩展了建筑临街的展示面。塔顶的最高楼层有一处观景平台，上面有一个空中酒吧。

除主塔外，苏州国际金融中心还有一栋 20 m 高的附楼，拥有宴会厅、婚礼厅和相关的活动空间。面对场地南侧的运河，相对较矮的辅助空间将建筑体量调节为街道尺度，使其与运河、翠绿的景观以及中央商务区的周边建筑物形成较好的关系。苏州国际金融中心与多种形式的公共交通紧密相连，可以便捷、无缝地到达地铁系统、高铁站、高速公路以及前往机场的捷运设施。

为了减少建筑物的整体能耗并最大限度地减少碳排放，多项技术策略贯穿于整个建筑物的设计和施工阶段。塔体的方向和形状结合倾斜的顶部造型，可以在建筑抵抗风荷载时发挥最佳的力学性能，从而减少了所需的结构材料用量。外立面高性能的玻璃幕墙，可最大限度地屏蔽太阳直射产生的热辐射，减少制冷和制热的总体能量负荷，同时保证充足的光线进入建筑物的内部，以降低对电气照明的需求。西晒问题是每一栋玻璃塔楼所面临的挑战，而本项目将其转化为不一样的造型和建筑的美学。■

（翻译：张翌；审校：王莎莎）

项目信息

竣工时间：2019 年 12 月
建筑高度：450 m
建筑层数：95 层
建筑面积：310000 m²
主要功能：酒店 / 办公 / 服务式公寓
业主：九龙仓中国置业有限公司
开发商：苏州高龙房产发展有限公司
建筑设计：KPF；华东建筑设计研究总院；王董建筑师事务有限公司
结构设计：华东建筑设计研究总院
机电设计：Parsons Brinckerhoff 咨询公司（Parsons Brinckerhoff Consultants Private Limited）；华东建筑设计研究总院
项目管理：苏州高龙房产发展有限公司
总承包商：中国建筑股份有限公司
其他 CTBUH 会员顾问方：RWDI（风工程，阻尼）；ALT（立面）；帕马斯迪利沙集团（Permasteelisa Group）（立面）；Lerch Bates（立面围护）；上海碧甫照明工程设计有限公司（Brandston Partnership, Inc.）（灯光）；Langdon & Seah（工程造价）
其他 CTBUH 会员供应方：Armstrong（顶棚）；PEC 集团（PEC Group）（表层）；佐敦（油漆 / 涂料）；中建钢构有限公司（钢材）

图 2-121 苏州国际金融中心外观

图 2-122　一个绚丽的悬挂雕塑构成了大堂的中心

> 塔体的方向和形状结合倾斜的顶部造型，可以在建筑抵抗风荷载时发挥最佳的力学性能，从而减少了所需的结构材料用量。

图 2-123　国际金融中心是苏州古城目前最高的建筑物

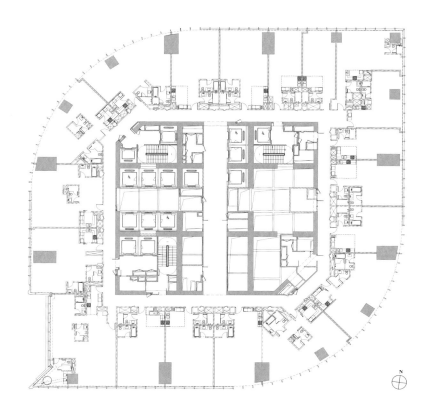

图 2-124 建筑标准层展示了酒店式公寓的平面布局和电梯厅

图 2-125 办公区位于塔楼低层区域，以满足繁华的中央商务区的需求

■ 2020 年度全球最佳高层建筑（>400 m）

拉赫塔中心

俄罗斯，圣彼得堡

坐落在芬兰湾海岸的拉赫塔中心（Lakhta Center），建在一处早先用于堆放砂石的隆起场地上，距离圣彼得堡（St. Petersburg）普里莫斯基区（Primorsky district）的历史中心约 9km，这片城区正在形成新的建筑群落与沿海天际线，包括 Gazprom 体育场（Gazprom Arena）、西部高速斜拉桥以及海港客运码头，拉赫塔中心绝佳的沿海区位为开发新的交通、基建及沿海设施提供了机遇。该区域的另一个优势是邻近主要高速公路，可确保商业区和市中心之间的便捷连接。

拉赫塔中心的建筑设计理念由地景中高耸的尖塔和寓意波浪、舰船、风帆的曲线线条构成。塔楼的几何形体由 5 个围绕核心筒的翼状形体组成，继而实现了形体从地面逐步收分直到形成尖塔。形体寓意着光、透明性和水的自然流动，以回应塔楼临水而建的区位。随着幕墙色彩在一天中的变化，建筑与周边自然风光融为一体。

考虑到俄罗斯西北部的极端气候条件，以及节能与安全的需要，塔楼的外幕墙设计旨在兼顾成本收益与可持续策略两方面。该塔楼的双曲立面安装了成千上万个经过冷弯处理的幕墙单元板块，以最大限度地减少工厂生产和安装成本。办公区的玻璃面板热工性能经过了极大优化，包括充填氩气的中空玻璃单元（Insulated Glass Unit，IGU），两层通高的边庭缓冲带，以及带有自动百叶窗、可提供自然通风的双层幕墙系统。先进的机电与废物处理系统是该建筑节能设计的亮点，建筑应用变风量的（Variable-Air-Volume, VAV）主动式冷梁系统和带无油电磁压缩机的水冷式空调，以优化室内空调效果，另外还安装有最先进的气动真空废物处理系统。塔楼的主体结构具有 4 h 的耐火等级，10 根柱子坍塌后仍可屹立不倒。整座建筑物中安装了 3000 多个传感器，通过实时监控系统保证了结构系统的完整性。

该建筑的很大一部分空间将专门用于各类公共服务。总建筑面积的 35% 以上已预留给公共设施诸如天文馆、科学教育中心、医疗中心、多功能会议厅、表演厅以及位于第 83 和第 86 层的

观景平台（这两层空间由全景电梯和围绕核心筒的中央坡道相连）。塔楼的室外空间还将设有公共花园、绿色长廊、人行天桥和一个可容纳 2000 个座位的露天剧场，以举办各类社区活动。该项目旨在通过吸引投资及创造就业机会来促进区域经济增长，开放运营后，预计将为圣彼得堡提供约 30000 个工作岗位，每天同时为 5000 名员工和约 3000 名访客提供服务。■

（翻译：倪江涛；审校：胡毅）

项目信息

竣工时间：2019 年 6 月

建筑高度：462 m

建筑层数：87 层

建筑面积：143400 m²

主要功能：办公

业主：Gazprom

开发商：Gazpromneft 东欧项目公司（Joint Stock Company Gazpromneft Eastern European Projects）

建筑设计：RMJM；Gorproject；三星集团（Samsung C&T Corporation）

结构设计：Gorproject；Inforceproject；WSP（同行评审）

机电设计：Setec Batiment；三星集团；ESD（Environmental Systems Design, Inc.）（同行评审）

项目管理：AECOM；三星集团

总承包商：Renaissance 建筑公司（Renaissance Construction Company）

其他 CTBUH 会员顾问方：奥雅纳（立面）；Priedemann Facade Experts（立面）帕玛斯迪利沙集团（立面）；NIIOSP JSC RCC（岩土工程）；Lichtvision（灯光）；RMJM（规划）；Gazpromneft 东欧项目公司（物业管理）；迅达（Schindler）（电梯）RWDI（风工程）

其他 CTBUH 会员供应方：POHL 集团（POHL Group）（表层）；林德纳集团（Lindner Group）（幕墙）；Hilti AG（幕墙）；蒂森克虏伯（thyssenkrupp）（电梯）；迅达（电梯）；安利马赫（Alimak Hek）（擦窗机）；Marioff（Marioff Corporation Oy）（灭火设施）；Sika Services AG（密封胶）；安赛乐米塔尔（ArcelorMittal）（钢材）

图 2-126 拉赫塔中心外观

图 2-127　顶视图,展示了五个旋转体组合而成的尖塔

> "拉赫塔中心的形体寓意着光、透明性和水的自然流动,以回应塔楼临水而建的区位。"

图 2-128　北侧效果,展示了拉赫塔中心这座欧洲最高塔楼的夜景之美

图 2-129　标准层平面图，展示了塔楼围绕中央核心筒的 5 组翼状空间

图 2-130　塔楼临水区位展示，为增强水陆交通及设施提供了机遇

■ 2020 年度全球最佳高层建筑（>400 m）

中信大厦

中国，北京

作为北京最高的建筑，中信大厦坐落于城市东部的 30 hm² 新中央商务区，已成为北京的标志性建筑，其优雅的曲线造型源于中国古代的一种容器——"尊"，"尊"在各种仪式和宴会中被用作礼器，其也反映了"天圆地方"的思想。从字面和实际意义上说，建筑结构使用了圆形和方形，以提供坚实稳定的结构基础和优雅的建筑形态，这也代表了中国文化的历史和深远的内涵。大厦外观被设计为一个壳体，逐渐弯曲，纹理巧妙地内收和伸展，优美曲线塑造了引人注目的轮廓，主要垂直肋的逐渐变细和变宽呼应了塔楼体量的变化。在底部，塔楼以巨大的角部结构支撑，而外立面被抬高，并向四面水平延伸，从视觉上将大厅向外扩展。在顶部，透明的围护结构使内部的喇叭状商务中心和观景台清晰可见，也在夜晚成为城市的焦点。

在地面层，大厦毗邻主要公交站点，其地下空间可直接通往庞大的多层地下交通基础设施网络，其中包括一个内含零售和移动人行道的行人通道系统，4 条地铁线路交汇的 3 个站点，以及完整的道路网络。

大楼坚固耐用，可抵抗 8.0 级地震。它的抗侧力结构系统采用巨大的外框加核心筒结构，可确保小震不坏、中震可修、大震不倒。

其他设计组件包括 9 个窗户清洁器，安装在 73 层的"腰部"和屋顶，以确保经常进行全面的楼体清洁。四层高度的双层幕墙系统（首次应用于 500 m 以上的塔楼）和高性能空气净化系统，帮助中信大厦有效阻隔室外空气污染，改善内部循环，确保空气质量。

作为中信集团总部大楼，中信大厦是一座领先的可持续和智能化超高层建筑，它建立了一个提供动态、三维虚拟环境模型的智能操作云平台。BIM 与安全监控、火灾报警、漏水报警等操作系统相连，当报警被触发时，与该位置相关联的摄像头会连接到 BIM 上，以快速定位和处理问题。大楼的"大数据"网络建立了设备分类、运行状态和合同信息，提供了操作系统的实时情况，员工可以点击智能云平台上的设备模型，或者扫描设备上的二维码，获取 BIM 数据库中存储的相关信息。此外，动态虚拟环境模型可与城市火灾应急规划软件联合运行，并可用于演练各种应急预案。■

（翻译：韩杰；审校：王莎莎）

项目信息

竣工时间：2018 年 12 月
建筑高度：528 m
建筑层数：109 层
建筑面积：350000 m²
主要功能：办公
业主 / 开发商：中信和业投资有限公司
建筑设计：TFP Farrells；KPF；北京市建筑设计研究院；中信建筑设计研究总院（同行评审）
结构设计：奥雅纳；北京市建筑设计研究院
机电设计：WSP；北京市建筑设计研究院
总承包商：中建安装集团有限公司；中建三局
其他 CTBUH 会员顾问方：务腾咨询公司（造价）；ALT（立面）；Altitude Façade Access 工程咨询公司（Altitude Façade Access Consulting Pty. Ltd.）（立面维护）；奥雅纳（消防）；上海碧甫照明工程设计有限公司（Brandston Partnership, Inc.）（灯光）；仲量联行（物业管理）；WSP（垂直交通）；RWDI（风工程）；中国建筑科学研究院（风工程）
其他 CTBUH 会员供应方：通力（电梯）；CoxGomyl（立面维护设备）；佐敦（油漆 / 涂料）；中建钢构有限公司（钢材）

图 2-131　中信大厦外观

图 2-132   动感形态的落客区为区域核心创造了一个焦点

图 2-133   观景平台围护结构

> 在底部，塔楼以巨大的角部结构支撑，而外立面被抬高，并向四面水平延伸，从视觉上将大厅向外扩展。

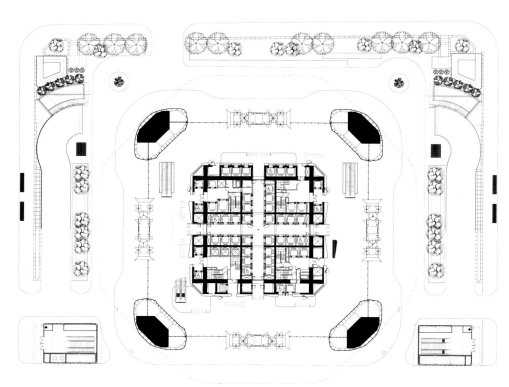

图 2-134　塔楼柔和的曲线穿过大厅的墙壁和顶棚

图 2-135　底层平面图显示了大量的角部支撑和外框＋核心筒结构

■ 2020 年度全球最佳高层建筑（>400 m）

天津周大福金融中心

中国，天津

天津周大福金融中心位于天津滨海新区，这一新区是过去几十年城市发展而产生的新兴商务核心区。超高层建筑的设计遵循了滨海新区城市设计的新原则，其中包括在人性化尺度上的高密度与步行友好的街道之间取得平衡，一系列公园设施，以及住宅、商业和公共建筑的多样化组合。最终，这一混合用途的建成项目被嵌入到具有丰富交通连接的可步行的城市网格中。

建造天津最高建筑的主要挑战是创建一座复合型塔楼，它将三种不同的功能需求（服务式公寓、办公空间和酒店功能）整合为一体，形成一种不同的建筑形式。但同时，这又是一种合乎逻辑的解决方案。大楼从下到上，从核心筒到外表皮的设计方式，将不同的内部功能集成在一个整体平滑的轮廓之中，经过优化的设计方式，可以适应不同的需求关系，其中包括租售空间的进深、变化的核心筒结构宽度以及酒店客房、公寓和办公区的立面围护等。办公空间需要较大的进深，而酒店和公寓需要较小的进深，以获得更好的视野。建筑物采用带有圆角的方形平面设计，其几何形状使三种主要用途的效率最大化，同时保持了流畅而坚实的视觉效果。

该项目采用了多种资源节约、建筑和结构技术策略。结构采用倾斜的巨柱系统，从而显著增强了建筑物的抗震能力。风洞研究提供了一种可优化建筑物表面纹理的设计方法，采取策略性的倾角，有助于降低风力的影响，从而使该建筑的风荷载减少至约同类建筑物的一半。在顶部，镂空的塔冠进一步降低了风荷载。筒中筒的结构系统形式减少了结构材料的使用，同时通过减少整体建筑体量，进一步减少了横向地震力的影响。建筑形式、高效的材料和结构系统减少了对外伸支架和阻尼器的需求，对于钢结构和混凝土的用量，分别减少了 30% 和 17%，提高了材料经济性。该建筑物的锥形立面由数百个独特的玻璃面板组成，并通过使用参数化设计工具进行了优化。建筑在上下幕墙横梁之间，置入高效的横梁适配器，使外立面可以被构造为标准化的单元式幕墙体系，并形成符合空气动力学的流畅的建筑外围护系统。归功于一系列以高性能为目标的工程技术策略的整合，整座建筑极大地降低了供暖和制冷成本。■

（翻译：张翌；审校：王莎莎）

项目信息

竣工时间：2019 年 8 月
建筑高度：530 m
建筑层数：97 层
建筑面积：291000 m²
主要功能：酒店 / 服务式公寓 / 办公
业主 / 开发商：周大福企业有限公司
建筑设计：SOM；吕元祥建筑师事务所（Ronald Lu & Partners）；华东建筑设计研究院
结构设计：SOM；华东建筑设计研究院；理雅结构工程咨询公司（Leslie E. Robertson Associates）（同行评审）
机电设计：WSP；华东建筑设计研究院
项目管理：新世界中国地产有限公司
总承包商：中建八局
其他 CTBUH 会员顾问方：Syntegrate（BIM）；利比有限公司（Rider Levett Bucknall）（工程造价）；奥雅纳（立面及其维护，交通）；吕元祥建筑师事务所（立面）；SOM（立面）；AECOM（景观）；上海碧甫照明工程设计有限公司（Brandston Partnership, Inc.）（灯光）；WSP（安保，垂直交通）
其他 CTBUH 会员供应方：Armstrong（顶棚）；陶氏公司（Dow）（表层）；CoxGomyl（立面维护设备）；佐敦（油漆 / 涂料）

图12-136 天津周大福金融中心外观

" ————————————————

建筑形式、高效的材料和结构系统减少了对外伸支架和阻尼器的需求，对于钢结构和混凝土的用量，分别减少了 30% 和 17%，提高了材料经济性。

———————————————— "

图 2-137　该建筑的外部结构采取策略性的倾角，有助于降低风力的影响

图 2-138　建筑塔冠内部

图 2-139 在顶部，镂空的塔冠进一步降低了风荷载

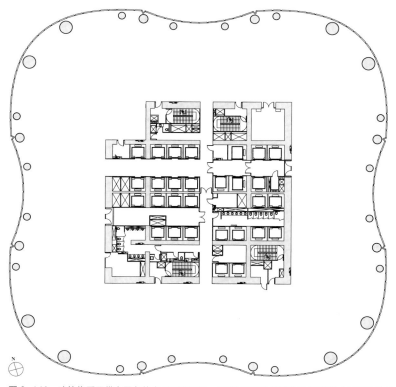

图 2-140 建筑物采用带有圆角的方形平面设计，同时有助于保障流畅而坚实的立面整体效果

■ 2019 年度全球最佳高层建筑（>400 m）

平安金融中心

中国，深圳

平安金融中心位于深圳新的中央商务区，是这座城市最高的建筑。其办公塔楼坐落于作为零售空间的南裙楼之上，南裙楼包括 8 层零售商店，零售商店的露台伸展出来，形成一个大型的高架花园空间，横跨福华三路，直接连接到办公塔楼。

这座建筑的设计理念是：既要唤起"稳定性"，又要抓住"机遇"；既象征业主平安集团的稳定发展，也要体现深圳机遇驱动的企业家精神。塔楼引人注目的外立面包括花岗石、不锈钢和高性能玻璃三种主要材料，共同创造了这种令人深思的隐喻。该建筑由 8 个巨型柱牢固地扎根于地面，其特色是富有表现力的深灰色花岗石基座，在视觉上放大了塔楼的重量，展示了力量。裸露的不锈钢巨型柱增强了整体的几何形状，最终上升并汇聚成一个单一的点，意味着无极限。

塔楼可应对台风和频繁的闪电等当地独特气候的挑战。它的外形符合空气动力学原理，逐渐变细的轮廓和突出的棱角可将风荷载降低多达 40%，立面的 V 形钢墩被连接在一起，形成一个保护"网"，保护建筑免受雷击。

建筑还通过垂直交通网络直接连接福田高铁和地铁站，为员工提供了高效服务。其电梯系统可在三层主大厅和两个空中办公大堂之间运送乘客，服务于 7 个办公区域，采用智能旋转门的目的地调度控制装置可减少停车次数，提高提升能力，并减少等待时间。此外，电梯采用了航天飞机上的减压技术以提高乘客的舒适度，并允许更高的运行速度。

平安金融中心获得了 LEED 黄金认证，实现其可持续策略的关键技术包括：一个具有 158610 kW 容量的冰存储系统；灰水回收利用系统，包括收集雨水用于灌溉；再生驱动提升技术，将垂直交通系统的制动能量转化为建筑的电能；智能楼宇控制系统，这是围绕设计和施工中使用的同一个 BIM 模型构建的，可用于未来的设备管理。

该项目的规划从其场地环境中汲取灵感，通过提供与其西部步行街相呼应的公共空间，成为更大的南北公共交通的一部分，这改善了行人流通，并为绿色空间和人行道上的咖啡馆提供了充足的机会，使综合体西侧的现有零售购物中心焕发了活力，并刺激了街头生活。益田路和福华路下的零售走廊使得到达高铁站的乘客可以直接从地下大厅到达大楼，从而避免绕行街道，缩短了出行时间。■

（翻译：韩杰；审校：胡毅）

项目信息

竣工时间：2017 年

建筑高度：599 m

建筑层数：115 层

建筑面积：459187 m²

主要功能：办公

业主 / 开发商：深圳平安金融中心建设发展有限公司

建筑设计：KPF；悉地国际

结构设计：Thornton Tomasetti；悉地国际；中国建筑科学研究院（同行评审）

机电设计：澧信工程顾问有限公司（J. Roger Preston Limited）；悉地国际

总承包商：中建一局

其他 CTBUH 会员顾问方：ALT（立面）；奥雅纳（立面，消防，LEED，生命安全，可持续性）；北京富润成照明系统工程有限公司（灯光）；澧信工程顾问有限公司（垂直交通）；仲量联行（物业管理）；LPA 照明设计事务所（Lighting Planners Associates）（灯光）；利比有限公司（造价）；RWDI（阻尼器，风工程）；三度环境标识有限公司（Sandu Environmental Signage）（路径规划）

其他 CTBUH 会员供应方：中建钢构有限公司（钢材）；道康宁公司（Dow Corning Corporation）（密封剂）；Hilti AG（表层）；佐敦（油漆／涂料）；通力（电梯）；奥的斯电梯公司（Otis Elevator Company）（电梯）；Outokumpu（表层）；迅达（电梯）；沈阳远大铝业工程有限公司（Shenyang Yuanda Aluminium Industry Engineering Co.,Ltd.）（表层）

图 2-141　平安金融中心

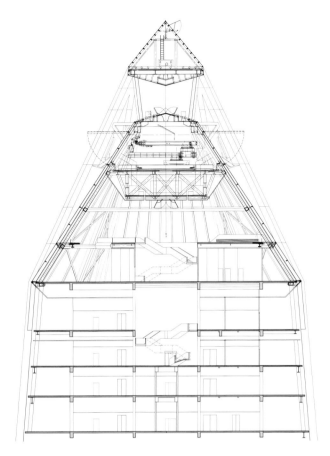

" 该建筑物由 8 个巨型柱牢固地扎根于地面，其特色是富有表现力的深灰色花岗石基座，在视觉上放大了塔楼的重量，展示了力量。"

图 2-142　顶部的细部详图，展示了尖顶下的建筑维护单元的构造

图 2-143　塔楼的材料和形式传达了一种稳定和机遇的感觉

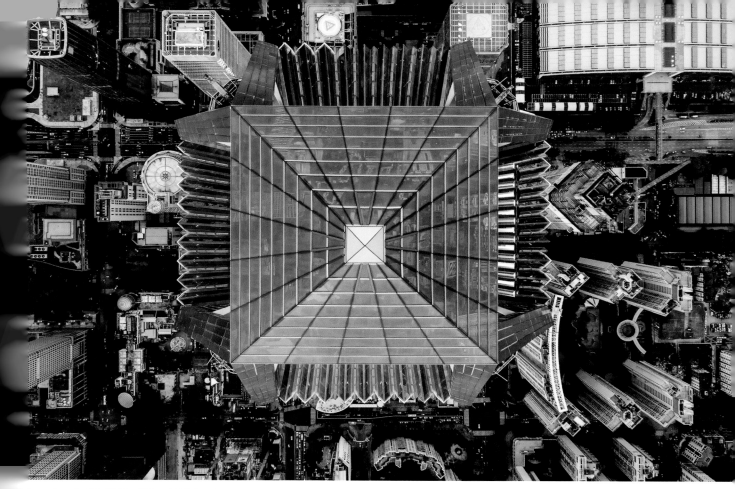

图 2-144　金字塔形的塔顶盖住了该结构的 8 个巨型柱所汇合的位置

图 2-145　多个平面上的密集的线条将人们吸引到入口处

最佳都市人居项目 *

■ 2020 年度全球最佳高层建筑人居奖（建筑尺度奖）**

双景坊

新加坡

双景坊（DUO）双子塔通过一个全天开放的公共广场与新加坡城市连接，从而形成一个新的城市纽带。作为白沙浮（Ophir-Rochor）地区最大的综合开发项目，双景坊成为该地区更新的主要催化剂。双景坊的这些塔楼并不是相互孤立的，而是通过空间的整合与一组现有建筑物结合在一起，从而建立起一个连贯的城市形象。该项目的设计对建筑体量进行了适当的弧形切割，通过一系列凹面形成城市空间。

地面上的透水性景观包括花园和风景休闲区，通过地上和地下的多个通道与城市的其他部分相联系，并构建了一条热带植物和商业活动的流线。其利用一系列专用的坡道实现架空的车辆交通体系，以确保行人的通行不受影响。地面、架空露台和屋顶上超大面积的景观区域贡献了与项目占地面积一样大的可使用绿色空间。该项目采用了多种环境策略，包括被动、主动节能设计和自然通风空间。建筑物的朝向根据日照和风向进行了优化，而内凹的建筑造型可以引导气流穿过场地，从而在有遮挡的室外空间形成凉爽的微气候。

建筑底部与地面相融合，以使透水景观得以穿越整个基地。塔楼之间的一个广场将附近的建筑物作为其边界的一部分，在历史悠久的甘榜格南（Kampong Glam）区和城市商业走廊延伸带之间形成一个新的公共连接纽带。

办公租户可以使用户外空中花园、零售商业、生活便利设施和自行车友好型场所（包括停车场、储物柜和淋浴）。这个综合体还可以提供抵达中央商务区、滨海湾和其他区域的交通，并带有直达 Bugis 地铁站的地下步行系统，且可直达机场。■

（翻译：郭菲；审校：冯田，王莎莎）

图 2-146　双景坊的透水性景观结合了花园和人行通道

---

*　按项目用地面积从小到大排序。

**　城市中的高层建筑不能像筒仓一样，否则会对生活和工作其间的人们造成不利影响。最为成功的单体高层建筑人居环境案例均采用适宜人体尺度的设计，为公共环境创造出高品质的元素，而不仅仅是介于人行道和建筑物之间的中间产物。巧妙地利用绿化、充足的照明及其他服务和便利设施，精心整合的可步行都市人居环境最终使高密度更能为大众所接受。"建筑尺度"（Single-Site Scale）是指一座或多座建筑物及其相邻区域，如距离该建筑最近的街道。

图 2-147　双景坊在地面、架空露台和屋顶上提供了超大面积的景观区域

项目信息

竣工时间：2018 年 3 月
用地面积：26670 m²
建筑面积：7710 m²
公共空间面积：26670 m²
硬景面积：13330 m²
软景面积：13340 m²
业主：安联（Allianz）；基汇资本（GAW Capital Partners）
开发商：M+S 私人有限公司（M+S Pte. Ltd.）
建筑设计：奥雷 · 舍人建筑事务所（Buro Ole Scheeren）；缔博建筑师事务所（DP Architects）
景观设计：Coen 设计事务所（Coen Design International）

" 地面、架空露台和屋顶上超大面积的景观区域贡献了与双景坊占地面积一样大的可使用绿色空间。"

■ 2020 年度全球最佳高层建筑人居奖（建筑尺度奖）

Victoria Dockside

中国，香港

图 2-148　Victoria Dockside 室外露台的栏杆上都安装了木扶手

Victoria Dockside 是香港九龙新开发的综合体项目，其垂直绿墙和地面景观提供了丰富的绿化空间。该项目多样化的公共空间合并形成一个交通便捷的区域，为著名的维多利亚港增添了活力。

Victoria Dockside 拥有一个周围环绕着座位和水墙的下沉式广场，使用 LED 照明的绿色墙壁和柱子使公共空间充满活力。原有的树木移植后与新的树木一起为场地提供了更好的遮阴。植物以本地品种为主，因此其灌溉和维护成本都非常低。葡萄牙石灰石外墙和古铜色金属确保了该项目外观的一致性，与绿墙和景观屋顶形成鲜明对比。

所有室外露台的栏杆上都安装了木扶手，木格栅下大量的户外座椅为游客提供了良好的环境，这里适合举行各类特别活动。室外与遮蔽空间的结合构成了整个开发项目全方位的公共空间，形成一个人行路网，使周边道路与滨水区相贯通。与之相连的星光大道最大限度地减少了城市与海滨长廊之间的距离，体现了香港盛行海滨漫步的悠久传统。

建筑物体量设置特意留出"城市窗口"，使城市和港口之间形成视觉上的联系。同时，裙楼屋顶上设置了半室内的景观化游戏场地和草坪，椭圆形和六角形的顶篷可以提供遮阳和座位设施空间。其屋顶有一个城市农场，专门用于当地蔬菜的有机和可持续种植，此外还有一个自然探索公园可以提供教育和美食课程。裙楼拥有世界上最大的垂直绿化墙，总面积超过 4645 m²。■

（翻译：郭菲；审校：冯田，王莎莎）

图 2-153　从桥上看到的保利绿地广场内景，其圆角多边形式与城市街区内其他建筑物相协调

项目信息

竣工时间：2018 年 1 月

用地面积：47478 m²

建筑面积：16307 m²

公共空间面积：31171 m²

硬景面积：37982 m²

软景面积：9495 m²

业主 / 开发商：保利地产集团；绿地集团

景观设计：WES 景观建筑事务所（WES GmbH Landschafts Architektur）

建筑设计：gmp

图 2-154　保利绿地广场的绿色庭院体现了空间类型的流动性

■ 2020 年度全球最佳高层建筑人居奖（街区 / 总体规划奖）

浦东金融广场

中国，上海

上海浦东金融广场是以行人为中心的开发项目，衔接起该区的旅游景点、住宅楼和通勤枢纽。该项目与两条地铁线和数条公交线路相连接，并引入了新型的多种交通方式联运枢纽，以响应该地区对到达、出发和换乘的需求。此外，它还拥有一个横跨整个街区的新广场。建筑和车辆的行进通道被巧妙地推到了场地外围，因此项目中心得以创建一个多层城市空间，为广大社区居民提供了开展各种活动的场所。

除了改善公共交通外，浦东金融广场通过减少交通负荷和汽车使用量来减少该地区的碳足迹。该项目还有助于减缓城市扩张，改善整个地区的空气质量，增加附近商业空间的人流量，以及增强和扩大公共区域。公交总站上方的墙体将天然绿化带入城市环境之中，并有助于缓解噪声。数字屏幕墙显示新闻、娱乐和体育赛事等，发光雕塑则将人群吸引到广场的中心。宽阔的楼梯也可作为座位，将用户连接到由零售店面激活的一层和二层长廊。这个风景优美的广场为熙熙攘攘的街道营造了一片宁静的休憩场所。

该项目的硬地景观从内而外由花岗石拼花铺装而成，从塔楼大堂内部向外发散，在多个室外平面上延展穿过整个场地。这一多层城市空间布置了模块化的移动式植物盆栽，种植小型花木。树丛和明亮的黑色钢制座椅在二层营造出私密的空间。项目临街种植的梧桐树与现有的景观环境融为一体。沿世纪大道布置的树木形成了宽阔的植物天棚，营造出适合人行的通廊。到达区种植了银杏树，朴树小道则在二层形成了一个花园露台。■

（翻译：郭菲；审校：冯田，王莎莎）

项目信息

竣工时间：2017 年 11 月
用地面积：48530 m²
建筑面积：21903 m²
公共空间面积：26627 m²
硬景面积：20776 m²
软景面积：5851 m²
业主 / 开发商：上海陆家嘴金融贸易区开发有限公司
景观设计：SWA 集团（SWA Group）
城市规划：上海陆家嘴金融贸易区开发有限公司
建筑设计：SOM

> "
> 建筑和车辆的行进通道被巧妙地推到了场地外围，因此项目中心得以创建了一个多层城市空间，为广大社区居民提供了开展各种活动的场所。
> "

图 2-155　浦东金融广场包括一个地下零售大厅、一个公共交通联运枢纽、三座办公大楼和一个 11 层的购物中心

图 2-156　浦东金融广场横跨了整个城市街区

长沙梅溪湖金茂广场

中国，长沙

长沙梅溪湖金茂广场由两座多功能塔楼和一个购物中心组成，南临梅溪湖，东临岳麓山，为大片绿地所环绕。为了最大限度地利用项目周围的景观资源和交通优势，其东地块延伸连接梅溪湖文化艺术中心，西北角连通长沙地铁 2 号线。一系列下沉式广场、室内中庭和地下"运河街"为项目增添了通透感和变化性。

"亲水性"是该项目贯穿始终的主题；运河街由移动通道、音乐喷泉和水上主题座位组成。在设计开发中，尽可能考虑了自然采光和通风，使广场和运河街看起来像是被钢结构和 ETFE 膜制成的"云"天窗所照亮。通过管道的方式，自然光线可以进

一步渗透到更加深入的地下区域。

景观方案源于湘江内泥沙流动与花瓣展开相交融的形态。基地被分为几个主题空间，西北角的正门以"水树"为中心，周围用灰黄色的石头铺就一圈"波纹广场"；"水滴广场"周围是圆形的发光座椅；波纹广场的边缘由茂盛的绿色植被覆盖的"沙洲"组成；水滨景观、座椅和森林形成了"氧吧广场"，打造出舒适放松的环境氛围。东南角是酒店的接待区，这里的景观墙和层叠的绿色植物营造出高贵感和精致感，酒店附近的木槿主题景观则塑造出强烈的区域特色。■

（翻译：施旖婷；审校：冯田，王莎莎）

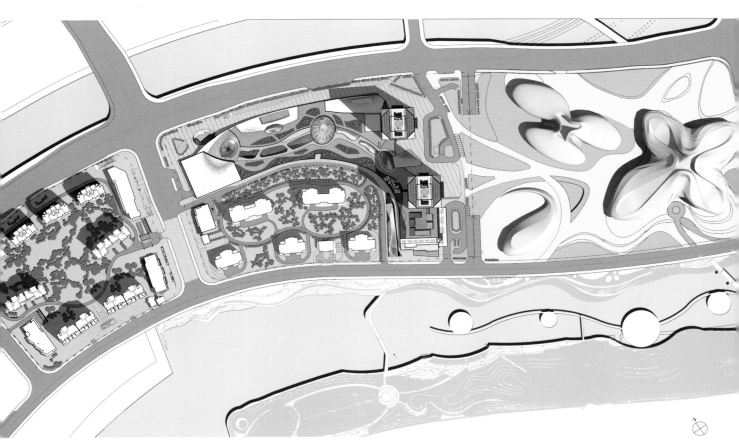

图 2-157 长沙梅溪湖金茂广场的总体规划和建筑形态受到梅溪湖的影响

图 2-158　长沙梅溪湖金茂广场景观方案源于湘江内泥沙流动与花瓣展开相交融的形态

项目信息

竣工时间：2017 年
用地面积：99600 m²
建筑面积：38700 m²
公共空间面积：60900 m²
硬景面积：13200 m²
软景面积：25500 m²
业主 / 开发商：中国金茂集团有限公司
城市规划：CallisonRTKL
景观设计：AECOM

中信大厦　© Shuhe Photo

3 案例精解

空中花园：
香港高密度城市的空中绿色共享空间

文 /Edwin (Chi Wai) Chan　Janette (Wan Ming) Chan

与香港的典型综合体建筑项目相比，空中花园（SKYPARK）项目是对于人口高密度城市中共享生活潜能的一次探索。项目所在地旺角是香港人口密度最高的区域之一，作为一座创新型的综合体建筑，空中花园包含 439 个住宅单元和一个购物中心。项目旨在为那些钟情于香港这座繁华城市生活方式的年轻单身人士和情侣创建一个充满活力的社区。同时，该项目也为高层建筑设计提供了一种新的范式，策略性地利用顶层和屋顶空间布置了一处住宅俱乐部与景观花园，作为对人口高密度和公共空间缺失的创新性回应。

作者简介

Edwin (Chi Wai) Chan　Janette (Wan Ming) Chan

Edwin (Chi Wai) Chan，新世界发展有限公司高级项目总监。他从事建筑行业 22 年有余，其中包括超过 16 年的私人住宅开发经验。他致力于提升和优化开发项目的投资潜力，同时为不同的社区类型提供定制化的绝佳环境体验。而作为一家具有国际视野的开发商，新世界发展有限公司一直在践行一站式的解决方案，与诸多富有创新精神的专业顾问一道，通过多样化的杰出设计来改善社区的品质。
e: edwinchan@nwd.com.hk
www.nwd.com.hk

Janette (Wan Ming) Chan，巴马丹拿建筑及工程师有限公司（P&T Architects and Engineers Ltd.）总监。1988 年加入巴马丹拿建筑及工程师有限公司，并于 1998 年升任总监。她拥有从设计到项目管理各阶段的丰富经验，实践领域包括办公楼、豪宅、保障性住房、商业综合体、酒店、教育建筑等。多样化的项目经历使她有能力和信心为新挑战提供最佳解决方案。Chan 始终致力于提供最高质量的建成环境设计，以提升公众生活品质，同时她还在服务性住宅社区项目上有所建树。
e: janette@p-t-group.com
www.p-t-group.com

1 项目背景

空中花园项目坐落于香港的洗衣街（Sai Yee Street）、奶路臣街（Nelson Street）和著名的花园街（Fa Yuen Street）所围合的街区，花园街因为两旁大量的运动鞋店铺而被冠以"波鞋街"（Sneaker Street）的昵称（图 3-1）。该项目是由新世界发展有限公司和香港市区重建局（Urban Renewal Authority，URA）联合开发的城市综合体项目。

项目占地约 2500 m^2，高度受香港政府规定的基准高度 100 m 的限制。这栋城市更新综合体拥有一个 3 层、约 5000 m^2 的购物中心，以及 20 层、共 17000 m^2 的 439 个住宅单元，平均每个单元的面积约 32 m^2，为喜欢热闹的年轻单身族和情侣量身打造，提供了一个充满活力的居住环境。建筑顶部拥有绿色的屋顶花园和空中俱乐部（图 3-2）。

在建筑底部，Forest 购物中心通过将大体量的裙房空间切分成较小的单元，以呼应邻近购物街的亲人尺度，同时将现有的街头购物体验延伸到购物中心的上层，从而提升城市空间的品质。

2 挑战与愿景

旺角是香港的旧城区，根据

图 3-1　空中花园项目由商业中心和高层住宅塔楼组成，紧邻"波鞋街"

图 3-2　空中花园项目深度挖掘项目潜力，为高密度城市里的小型单元住户提供了屋顶景观休闲空间

项目信息

竣工时间：2016 年

建筑高度：104 m

建筑层数：25 层

建筑面积：17346 m²

功能：居住 / 零售

业主：香港市区重建局；新世界发展
有限公司

开发商：新世界发展有限公司

建筑设计：巴马丹拿建筑及工程师有
限公司

结构设计：黄志明建筑工程师有限公司
（CM Wong & Associates Limited）

机电设计：WSP；WSP 香港有限公司

项目管理：新世界发展有限公司

总承包商：新世界发展有限公司

其他 CTBUH 会员顾问方：巴马丹拿
建筑及工程师有限公司（室内设计）

> **旺角是世界上人口密度最高的地区之一，其人口密度约 44000 人 /km²，这约等于平均每人 23 m² 的生活空间。**

香港市区重建局 2018 年的统计，超过 50% 的建筑建成时间在 50 年以上，所以城区范围内有大量的城市更新项目。许多项目场地都被高度 90 m 左右的老房子环绕，仅有最高处的几层能够享有香港岛的天际线和维多利亚港的景观视野。所以一种典型的城市更新项目开发模式是，在封闭的大体量商业中心上层建住宅，住宅的顶部建昂贵的豪宅，这样可以获取最大的资本回报率。在如此高密度的环境下，创造开放共享空间变得异常困难，这显然违背了城市更新旨在改善居民生活质量的初衷。空中花园项目的开发商和建筑师面对如此挑战，仍力求打造一种拥有可持续与高品质的生活环境新模式。

旺角是世界上人口密度最高的地区之一，其人口密度约为 44000 人 /km²（香港规划署，2018），这约等于平均每人 23 m² 的生活空间，而平均每人所享有的公共空间更是仅有 0.6 m²，远少于香港规划要求的 22 m²/ 人（香港规划署，2015）。为社区和休闲生活提供所需的公共空间是本项目的重点所在。

为了应对这些挑战，空中花园项目设计了这样一个愿景：建立一个可持续的社区，提升生活质量，并致力于尊重和强化现有的城市文脉与文化生活，通过创造一处绿色空间来重新定义城市生活的理念，在旺角上空塑造崭新的社区公共生活（图 3-3）。

3 共享生活理念

考虑到香港的高人口密度与高房价，典型的居住单元已从传统拥有 1~2 个卧室的大户型演变到将厨房、卫生间、卧室、起居室、餐厅等功能浓缩在 30 m² 空间中的小户型，这极大限制了生活的品质。为了解决这一问题，共享型生活空间被创造出来，使得居民在都市建筑丛林中，可以摆脱狭小居住单元的限制，享有额外的活动空间。"共享生活"（com-living）的理念也因此成为本项目的核心所在。

项目的共享空间设置在建筑顶部几层，将最有经济价值的楼层和最好的景观视野共享出来给整栋楼的居民，包括一处俱乐部，提供各类共享设施，一处屋顶花园，与标志性的空中楼梯整合设计，充分实现了在拥挤的街道上空，创造一处"野餐空间"的梦想。

4 屋顶景观花园

建筑屋顶空间通常被机电与通风设备占据，留给共享活动的区域少之又少。在空中花园项目的屋顶设计中，基础设施被放置在 4 组设备竖筒中，开放空间因此得以最大化释放，为各类居民提供了一系列活动场所。

屋顶景观花园提供了综合的、共享的、家庭式的场所，使得绿色、健康和卫生的城市生活价值得到了提升。居民和访客可以在城市的上空聚会、野餐甚至烧烤。对于生活在旺角 30 m² 住所中的居民来说，这一处拥有绝佳都市景观视野的屋顶花园，所带来的空间场所与惬意生活是之前绝无仅有的。

图 3-3 屋顶花园平台浓缩了本项目所营造的共享生活模式的关键组成元素

图 3-4 空中大台阶成为社交活动空间

屋顶花园种植了丰富的各季节植被，多数为常绿植物，约50种不同的品种形成了色彩与肌理的相互交织，微风吹来，徐徐摇曳；同时这里还种植了多种草药，用于教学、提香与家用，其中有20个品种贴有二维码标识，居民可以在休闲之余使用手机了解其特性与功用。

这处绝佳的屋顶花园还通过空中楼梯与俱乐部及其下方的社交空间无缝连接。空中楼梯不仅仅是供人行流动的功能性设施，更可以让住户借此欣赏迷人的都市风光，同时它也是一处开展娱乐与其他活动的社交聚会场所（图3-4）。

5　空中俱乐部

带有公共设施的住宅俱乐部位于建筑顶部两层，占地约800 m²。通常的会所俱乐部建筑设计是在"大空间里套小空间"，将不同功能环绕核心筒，布置在同一空间内。本项目的独到之处在于采用开放式平面布局，以适应共享居住理念，使居民在互动和联系时可以更灵活地共享这一场所（图3-5）。

空调与机电设备被集中放置在4个竖筒中，其他空间均被释放出来，以提供免费的共享社交设施，如配有电视的起居室、图书室、餐厅、酒吧、健身房、带有淋浴和更衣室的22 m泳池等。

俱乐部与屋顶景观花园的融合加强了室内外环境的互动，为居民与访客创造了富有活力的视觉感官、物理空间环境与美学艺术享受，同时也为营造可持续的活力社区提供了绝佳的聚集与交流的共享生活场所。

6　Forest 购物中心

项目所在的"波鞋街"热闹非凡，是游客与当地居民游览购物的必去之地。波鞋街街面狭窄，沿街密布着各家店铺。在这样的文脉背景下，空中花园项目的裙楼——Forest购物中心，力求延续该城市文化，通过细腻的城市设计手法，在新建的裙楼建筑中反映并加强街道的这种特色文化景观。

传统裙楼购物中心的设计方法是：将购物中心做成内向型、带有全空调系统与室内中庭的封闭空间。相比之下，Forest购物中心采用了一种颠覆传统集中式布局的理念，创造了一条内部街道，用以增加一楼店铺临街面与绿化种植空间。更重要的是，这一设计将室外商业街的购物体验引入购物中心，通过直通建筑上部的竖向交通，以及自然采光通风，建立了一种与街道强烈的视觉联系，顾客在购物时会自然而然地由室外街道

步入购物中心的上部楼层。

另外，首层的开放广场与内街也扩展了旺角这一最为繁忙步行街的空间，通过大台阶将入口广场与内部空间紧密相连，并将城市街道无阻碍地引入购物中心内部（图3-6、图3-7）。

在建筑上层的"街道"中，设有一个自然采光的绿色中庭，辅之以郁郁葱葱的绿荫。室外座椅、树木、盆景与垂直绿墙通过巧妙的设置，创造了绝佳的室外街道场所氛围。同时这一创新方法也为购物中心的开放空间与外部拥挤的街道间增加了绿植缓冲带，增强空气流通的同时可舒缓人行交通，从而提升了建成环境的品质。

> **为了将树木稳固于建筑屋顶，我们使用了两层重型不锈钢缆绳将树根维系在建筑主体结构上，并将树干深植于土壤内。**

图3-5　空中俱乐部的餐厅，通过大开间的空间布置，加强了视觉观感与连通性

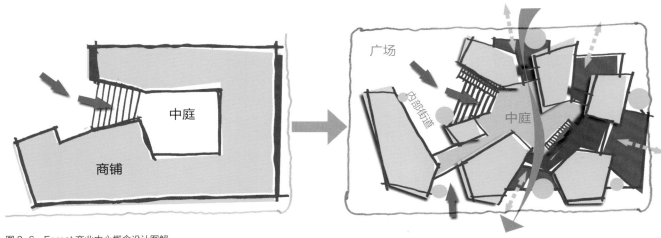

图 3-6　Forest 商业中心概念设计图解

图 3-7　剖面图解：延伸的街道体验

7　绿色可持续策略

　　在香港中心城区的钢铁森林中，空中花园项目的屋顶绿色景观可以有效缓解城市热岛效应，改善周边环境。茂盛的绿植降低了碳排放，提供了阴凉，并通过蒸发效应降低了周边空气热量。下部的建筑楼层因此可避免吸收过多热量，同时，对于空调的需求、相关能耗及碳排放量均显著减少，并可以在更大范围内缓解气候变化。

　　得益于建筑高度高于周边高密度的城区建筑，环保可持续的节能技术可以整合到屋顶公共绿色空间（图 3-8）。屋顶花园的灯光照明均由太阳能电池板与风力发电供电。另一种清洁能源是太阳能热水系统，与备用供电相结合，为空中俱乐部的泳池和淋浴房提供热水。此外，雨水收集系统回收的雨水可以用来浇灌塔楼与裙房屋顶的花园。同时建筑还有一套中水系统用来循环利用中水及清洁购物中心的卫生间设施。所有这些节能设施与设备均配备实时监控与性能显示系统，直接地展现给运营商与用户，以便及时评估与改善各设施设备，确保高水平的能源效率和管理（图 3-9）。

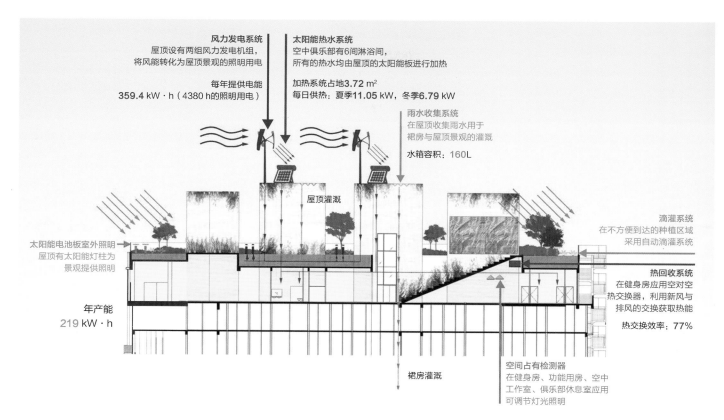

风力发电系统
屋顶设有两组风力发电机组，
将风能转化为屋顶景观的照明用电

太阳能热水系统
空中俱乐部有6间淋浴间，
所有的热水均由屋顶的太阳能板进行加热

每年提供电能
359.4 kW · h（4380 h的照明用电）

加热系统占地**3.72 m²**
每日供热：夏季**11.05 kW**，冬季**6.79 kW**

雨水收集系统
在屋顶收集雨水用于
裙房与屋顶景观的灌溉

水箱容积：**160L**

滴灌系统
在不方便到达的种植区域
采用自动滴灌系统

太阳能电池板室外照明
屋顶有太阳能灯柱为
景观提供照明

屋顶灌溉

热回收系统
在健身房应用空对空
热交换器，利用新风与
排风的交换获取热能

热交换效率：77%

年产能
219 kW · h

裙房灌溉

空间占有检测器
在健身房、功能用房、空中
工作室、俱乐部休息室应用
可调节灯光照明

图 3-8　屋顶花园与空中俱乐部的可持续性图解，绿植屋面与高效集约的设备竖筒为能源再生与休闲生活提供了支持

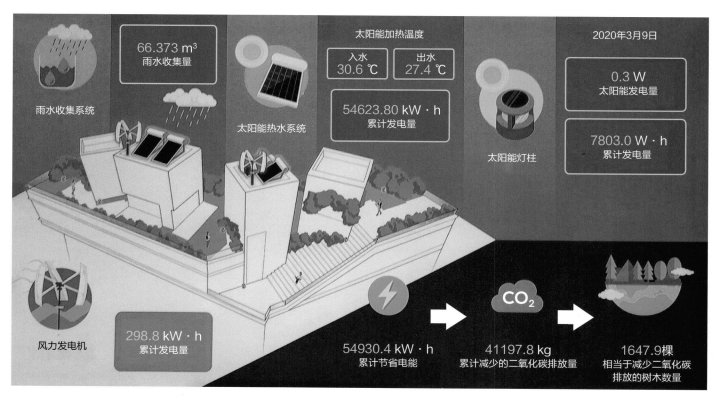

66.373 m³
雨水收集量

雨水收集系统

太阳能加热温度

入水 30.6 ℃　出水 27.4 ℃

54623.80 kW · h
累计发电量

太阳能热水系统

2020年3月9日

0.3 W
太阳能发电量

7803.0 W · h
累计发电量

太阳能灯柱

298.8 kW · h
累计发电量

风力发电机

54930.4 kW · h
累计节省电能

CO₂

41197.8 kg
累计减少的二氧化碳排放量

1647.9棵
相当于减少二氧化碳
排放的树木数量

图 3-9　塔楼绿色设备的性能可通过监控系统实时追踪

图 3-10　所有的水平楼层与大量的垂直墙面均被绿植覆盖　　图 3-11　商业中心的室内享有自然通风，完全向城市街道开敞

在空中花园项目中，绿化包含平面维度的绿植盆栽与垂直维度的绿化墙面，巧妙设置在建筑不同楼层，在提高该项目的视觉吸引力的同时，也充分改善了周边的空气质量（图 3-10）。

该项目的最大挑战之一是在香港这样的台风高发城市的建筑屋顶种植树木。首先要仔细筛选树木与植被的种类，确保它们能够在高于 100 m 的空中生存，并且易于后期维护保养。为了将树木稳固于建筑屋顶，我们使用了两层重型不锈钢缆绳将树根维系在建筑主体结构上，并将树干深植于土壤内。树木的稳固性很快就得到了验证，它们在 2017 年和 2018 年经受住了两次风速均超过 220 km/h 的 "10 级台风" 的考验。

项目在商业价值高的裙楼首层设有开敞广场与露天内街，用以缓冲城市的拥挤人流并改善周边小气候的空气流通。Forest 购物中心内部，建筑临街面运用通透的玻璃门，结合小体量的平面布局与开敞无遮挡的入口广场和内街，即使在冬季较冷的气候条件下，也可以实现自然通风（图 3-11）。在气温低于 21 ℃和湿度低于 70% 时，空调系统会被关闭。自开业以来，在秋冬气候和空气质量适宜的情况下，Forest 购物中心实施了节能模式，这种无需持续空调系统的商业中心属香港首例。建筑两侧立面的通透玻璃门设计与入口的开敞设计，使得整个街区都能享有穿过建筑内外的自然通风（图 3-12）。

> **在气温低于 21 ℃和湿度低于 70%时，骑楼和走廊的空调系统会被关闭。这种无需持续空调系统的商业中心属香港首例。**

8 结论

空中花园项目探索并优化了屋顶花园空间的潜力，把 "共享生活" 的理念整合进来。在香港高密度的城市环境中，高层住宅项目的顶层均是专属的私人空间，而空中花园项目是实践共享绿

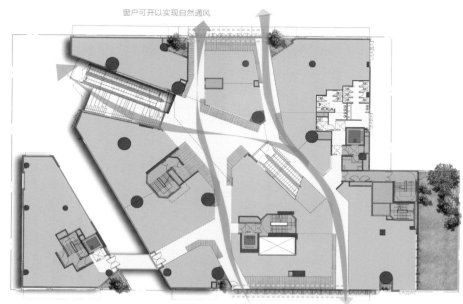

窗户可开以实现自然通风

窗户可开以实现自然通风

图 3-12　商业中心一层的多路径通风模式图解

色空间独树一帜的案例。它所应用的屋顶花园技术手段也许很常见，但使它极具原创性的是，将技术与高层可持续社区的营造及环境友好的理念相融合。这也是本案如此成功并能够优化当下纯利润驱动的地产开发模式的关键所在。

本项目裙房与屋顶花园茂盛的植被为街道及高空带来了视觉享受。商业中心内街式的购物体验，以及在冬季无需全空调系统的节能设计，在香港也属革新式的探索。空中花园项目向世人展示了在将来高密度城市的再开发项目中，真正的"都市森林"图景是可以通过类似的绿色策略来实现的。事实上，许多旺角的老建筑均已规划待拆迁，相信不久的将来，香港将会有越来越多的"空中花园"伫立在城市的上空！ ■

参考文献

CENSUS AND STATISTICS DEPARTMENT HONG KONG SPECIAL ADMINISTRATIVE REGION (C & SD). Hong Kong monthly digest of statistics, July 2017[EB/OL]. (2018-10). https://www.statistics.gov.hk/pub/B10100022017MM07B0100.pdf.

NUMBEO. Property prices in Hong Kong [EB/OL]. (2018-10). https://www.numbeo.com/property-investment/in/Hong-Kong.

URBAN RENEWAL AUTHORITY (URA). Yau Mong District study [EB/OL]. (2018-10). https://www.ura.org.hk/en/major-studies-and-concepts/yau-tsim-mong-district-study.

HONG KONG PLANNING DEPARTMENT. Recreation, open space and greening[S/OL]// Hong Kong Planning Standards and Guidelines. Hong Kong: Planning Department. (2018-10). https://www.pland.gov.hk/pland_en/tech_doc/hkpsg/full/pdf/ch4.pdf.

HONG KONG PLANNING DEPARTMENT. Projections of population distribution 2018–2026[EB/OL]. Hong Kong: Planning Department. (2018-10). https://www.pland.gov.hk/pland_en/info_serv/statistic/tables/Locked_WGPD%20Report_2018-2026.pdf.

（翻译：倪江涛；审校：王莎莎）

Amorepacific 总部大厦：
从单体建筑到场所——著名韩国公司的开放型全新总部

文 / 克里斯托夫·费尔格（Christoph Felger）

韩国最大的化妆品公司爱茉莉太平洋集团（Amorepacific）的新总部位于首尔市中心。该公司自 1956 年以来就一直拥有该地块的产权，它毗邻前美国军事基地，后者现已改建为宽敞的龙山公园（Yongsan Park）和商业区。该项目是韩国高层建筑开发规模最大的总体规划的一部分，这一规划极大程度地改变了龙山区的城市结构。通过外部可见的庭院，Amorepacific 总部大厦大尺度的开口让大自然从相邻的公园延伸到建筑物的各个部分。除此之外，这座私人办公楼还通过底层多样的功能空间发挥了重要的公共职能。

作者简介

克里斯托夫·费尔格

克里斯托夫·费尔格，大卫·奇普菲尔德建筑事务所（David Chipperfield Architects）合伙人、总经理及设计总监。在完成橱柜制作方面的教育后，他在伦敦建筑联盟学院（Architectural Association School of Architecture，AA）学习建筑，并在伦敦中央圣马丁艺术与设计学院（Central St. Martins School of Art and Design）学习产品和家具设计。自 1999 年以来，他一直在大卫·奇普菲尔德建筑事务所工作，最初是在伦敦，2000 年开始在柏林工作。2006 年，他成为柏林办公室总监。自 2011 年以来，他一直是合伙人兼总经理，负责全球众多项目和竞赛的设计及概念深化，目前的建筑项目包括苏黎世美术馆、汉堡的易北大厦（Elbtower）和斯德哥尔摩的诺贝尔中心（Nobel Center）。
e: media@davidchipperfield.de
davidchipperfield.com

1 引言

拥有 74 年历史的爱茉莉太平洋公司于 2009 年发起了新总部的设计竞赛，其原办公场所分散在首尔的数栋独立建筑之中，规模太小、不再适合使用，而周围城市正在日新月异地发生着变化。该基地位于汉江路，这是一条从历史悠久的市中心通往汉江的重要道路，至今是首尔的城市主轴之一，周围的龙山区相对来说属于新开发区。由于靠近河流，这里长期以来一直是工业和军事用地，亚洲最大的美国军事基地之一也曾坐落于此。当前计划将这个基地改造成一个大型公园（图 3-13）。当建筑师被邀请参加竞赛时，经由分析确定该建筑物将紧邻这个新的景观公园，并有可能成为通往城市内部新空间的门户。

图 3-13　Amorepacific 总部大厦的场地平面图，它位于龙山火车站（左）和龙山公园（右）间的显著位置　© David Chipperfield Architects

图 3-14　这一新建的大型建筑物发挥出巨大的优势，其减去的体量形成了新的城市绿地及核心区域，并将地面层开放给公众　© Noshe

项目信息

竣工时间：2017 年
建筑高度：110 m
建筑层数：地上 22 层，地下 7 层
建筑面积：216000 m²
主要功能：办公 / 混合功能
业主 / 开发商：爱茉莉太平洋集团
建筑设计：David Chipperfield Architects；HaeAhn；KESSON
结构设计：ARUP；CSSE
机电设计：ARUP；Himec；Sukwoo Engineering
工程监理：Kunwon Engineering
总承包商：Hyundai Engineering & Construction
景观设计：SeoAhn
其他 CTBUH 会员顾问方：ARUP（声学，外立面，消防，LEED，照明，安防，可持续性，垂直交通，风工程）；Cosentini Associates（LEED）；Daewoo E&C（风工程）；David Chipperfield Architects（室内设计）
其他 CTBUH 会员供应商：Schüco（室内隔断）；thyssenkrupp（电梯）

2 公共的私有建筑

在建筑师看来，像 Amorepacific 总部大厦这种规模和功能的建筑物始终承担着超越形式、功能或天际线优化的公共责任（图 3-14）。无论它是私人、商业还是公共委托项目，如果能超越自身特定功能而与城市和社会的更广泛议题串联并互动，那么建筑就变得更有意义。

因此在项目开始时一个基本问题是：新总部如何与首尔的城市活力互动？在这方面，建筑师和业主拥有相似的愿景。业主方的董事长要求除了为 7000 名员工提供办公场所外，还要将公司的艺术品收藏作为建筑物的核心。他的理念是，与艺术的互动可

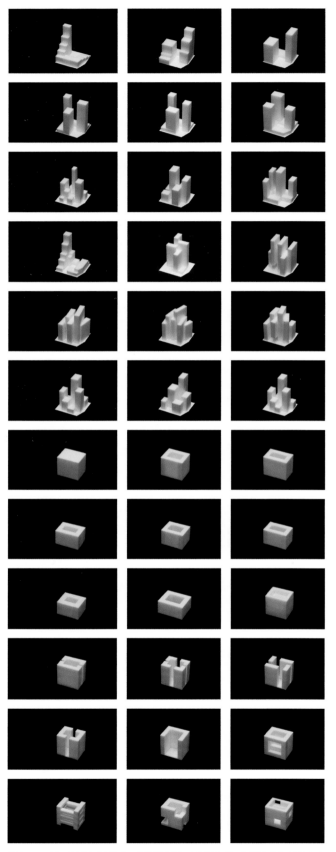

图 3-15　该项目的设计从单一的塔楼过渡到建筑集群，最终演变为具有多个开口的立方体 © David Chipperfield Architects

以激励人们开放思想，并可能为改善社会作出贡献。在设计过程中，他甚至放弃了最初打算将首层空间完全商业化的想法，取而代之的是改为玻璃博物馆式的艺术空间，包括一个提供艺术、设计和建筑书籍的公共图书馆，一家花店，一所托儿中心，一处展示公司历史的空间，以及一些茶艺空间。他希望新大楼不仅仅是公司总部，并且在设计委托中展示了其公共性的意图。建立新总部的目的是给工作和安适生活建立一个具有连通性和多样性的场所，一个进行公共活动的地方，同时具有更宏观的意义，且符合可持续发展原则。

3　环境问题

随之而来的是关于城市该如何发展和什么样的城市类型我们愿意居住其中的矛盾。一方面，拥有悠久历史的城市肌理中的单体建筑物的重要性必须服从整体城市空间的发展需求，在这种情况下场所空间的品质是由不同大小的街道、巷弄和广场以及宜人尺度的人工构筑物所定义的。另一方面，现代的方法是采用彼此忽略的大型雕塑式的单体建筑物，同时也没有宜人的尺度，在这种情况下，空间通常被漠视并且无助于城市生活质量的提升。本项目的设计意图便是建造一座在这两个对立想法之间取得平衡的建筑。

该地点毗邻首尔市最大的城市开发项目之一，这个开发项目是一个新的金融区，遍布高层建筑，其核心建筑是一幢 600 m 高的螺旋状大厦（该大厦后来被取消了），总体规划是由丹尼尔·李博斯金（Daniel Libeskind）完成的。而本项目限高 150 m，在这样的基地文脉下如何与高度是其 4 倍的塔楼共存？在一个巨大建筑的阴影下，又如何彰显其自身的可识别性和知名度呢？

设计团队决定不与巨头竞争。相反，他们开启了"从单体到场所"的旅程。在设计过程中，团队从具有表现力的雕塑感形状开始，建立建筑群，从而创造自身的城市环境。然而这些研究都没有说服力，尽管它们考虑了空间尺度、流线组织、对日光和景观的利用以及地面层的各种问题。团队最终决定重新构思这个宏大的想法，提出一个非常简洁而通透的立方体方案，这个立方体几乎占据了该公司在此发展 74 年的全部土地，其简洁的体量显

> "设计旨在创造一个项目，既符合城市历史文脉衍生出的街道层级及宜人尺度，同时又是大型的具有雕塑感的独立建筑。"

得更加轻盈，并且借机探索了超越
形式和造型的构思，以便最终凸显
建筑物的标识性（图3-15）。

4 经过雕琢的体量和基座

这一立方体简洁的大体量使建
筑物内部可以创造出通高的内庭
院（图3-16），其中心空间向公
众开放，特别是在较低层部分，而
且不同高度的三个大开口增加了日
光和视野，这种做法不仅扩大了建
筑物的规模，而且还引入了空中花
园（在项目开始时就有与邻近新建
的景观公园相联系的构思），将自
然的概念深深地融入建筑物中——
成为其环境氛围和可识别性的一部
分。之后的设计过程中提出以下问
题：如何以这种方式在地面层赋予
城市空间质量，以及如何将人流引
入建筑，以及如何在整座建筑物内

图3-16 该建筑物的剖视图，展示出建筑开口、中心庭院和楼板之间的相互关系 © David Chipperfield Architects

图3-17 多层通高的中庭及入口大厅的人群；右侧照片中的背景为图书馆 © Noshe

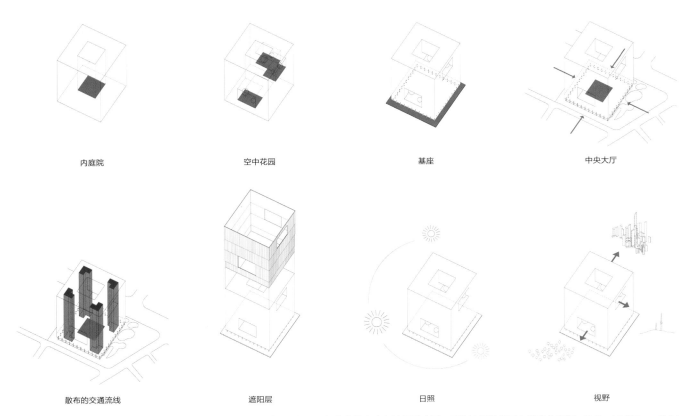

内庭院	空中花园	基座	中央大厅
散布的交通流线	遮阳层	日照	视野

图 3-18　Amorepacific 总部大厦的解构立方体设计实现了多个目标，既促使光线和空气流通到高层，又为地面提供了大型公共空间　© David Chipperfield Architects

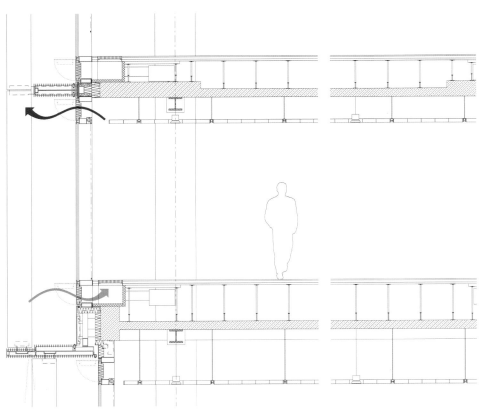

图 3-19　Amorepacific 总部大厦外墙的细部剖面图展示了办公层的自然通风策略　©David Chipperfield Architects

安排人行动线。

设计师引入了一个基座来衔接既定的地形，这是韩国人熟悉的历史元素，几乎每座历史木建筑都设有花岗石基座来支撑房屋并衔接地面。这一基座作为建筑与城市衔接的媒介，通过回溯文化记忆精妙地塑造了城市与这座私有建筑之间的区域。

为了获得最大化的可达性，设计师将主立面完全抬离地面，底层架空，人们从建筑物四面都可进入室内，无差别地到达中庭。这一中庭是一个位于空中花园下方、三层通高的日光大厅（图 3-17），向大众开放。该建筑物没有设立安全门禁，而是向所有人开放，仅在四个角落的员工入口处设置安检门。将中心开放，就能够实现分散的垂直动线方案。四个核心筒则位于日照最少的区域（图 3-18），除了提供横向稳定性和抗震支持外，它们还使建筑物的整体得房率达到了 82%。

图 3-20　外立面遮阳设计和内部中庭的相互作用体现了韩国传统的建筑文化，形成景观空间的同时，提供了庇护感和良好的视野　　© 左：Noshe；右：David Chipperfield Architects

5　气候策略与景观视线

设计师希望利用当地的气候条件，以常规的方法运用简单、低技术解决方案来实现科技、环保的目标。通过分析季节性天气数据以及研究建筑物的风动性能，设计团队决定利用庭院和空中花园在春秋季节进行自然通风，从而提高建筑物的环保性能。建筑物朝向高架花园和庭院相关的主要方向，有助于平衡直接的太阳直射和日光效益（图 3-18）。每个楼层全方位地最大化日照和视野，同时面向内部庭院和外部城市景观，增强了员工的身心幸福感。

尽管设计团队并未计划建造"玻璃"建筑，但是为了最大限度地利用日光和景观，该建筑势必会变成"玻璃"建筑。人们普遍误以为玻璃建筑物是透明的，而实际上在白天玻璃建筑物大多看起来是黑暗且不透明的。在阳光明媚的日子里，当所有的百叶窗都降下时，它们甚至会变成完全密封的建筑物。玻璃建筑物很少能实现其承诺：透明，它们只在夜晚开灯时达到此效果。

考虑到当地严酷的气候，冬季寒冷干燥，夏季炎热潮湿，以及"黄色"季节——全国有数周沙尘暴的情况下，设计团队提出了一项简单的双层立面技术（图 3-19）。内部的保温隔热层是由玻璃和钢材构成的从地板直通天花板的简洁立面（每个楼层都有一个环绕的狭窄走道，便于立面的清洁维护），而外部的遮阳层由不同尺寸的椭圆形垂直铝翅片制成，翅片的形状同时解决了通风、日照和采光的问题。当站在楼板的边缘时，外层立面还能

> **将核心筒移至外围，不但可提升水平向的稳定性，更使建筑整体得房率达到 82%。**

提供心理上的安全感。

我们还可以将外遮阳层理解为仍然存在于韩国集体记忆中的一种文化转化，它对应的是传统的纸制半透明窗户系统，用于控制日光和风。因此，通过非常简单的立面结构，可以实现建筑物多样的生动表达。根据一年中的时间以及一天中的时间和观者的位置，建筑物在开放与封闭、轻盈与厚重、透明与不透明之间转换，从而产生使用者与城市空间的对话（图 3-20）。

6　功能策略

如前所述，按照建筑设计原则，这幢大厦实现了预想中的多种功能配置。这些功能组合不仅使建筑与外部城市相互作用，其内部也相互连接。三层通高的中庭是举行各种公共活动的场所，它容纳了中央大厅、Amorepacific 艺术博物馆、博物馆的公共

图书馆、会议中心、公司历史展示区、托儿中心和客户体验区，以及商店、咖啡馆和茶室（见图 3-17）。主礼堂有 550 个座位，可俯瞰毗邻的新公园。

在公共区域和私人区域，即中庭和办公室之间，是半公共的过渡空间。它完全面向员工，设有一个可容纳约 1000 人的餐厅、一个咖啡和茶吧、健身俱乐部，以及非正式的会议区和活动空间。

所有这些功能区都面朝有着一个中央水池的空中花园，该水池位于中庭上方，可反射天空的景色并优化采光（图 3-21）。这一空中花园也面向公众开放，促进了各种动静活动，慷慨开放的花园同时丰富了员工和市民的建筑体验。

建筑物的上部完全用于公司办公，这里是需要隐私的区域。由于设计团队还负责爱茉莉太平洋公司新办公室的室内设计，因此他们延续了应用于核心筒和外立面的设计理念——找到连通开放性和私密舒适性之间的平衡。区别于旧大楼中完全开放但并不真正适合办公的空间，建筑师在此提出了半开放式的概念——"多选择性办公室"，开发了一套家具系统，使人们可以选择多种工作和会议模式，从正式到非正式，从隐秘到完全开放，从紧张到非常放松等各种环境。每层 5000 m^2 的空间在水平维度规划的基础上，还通过附加的内部开放式楼梯竖向连接，以实现最大的灵活性（图 3-22）。除了中央庭院和宽大的开口外，所有楼层都在视觉上相连，从多角度提供一种方向感及归属感。整座大

图 3-21　四楼的开敞空间为带有水景的中庭　© Noshe

厦中，3个空中花园的每一个都服务着6层一组的办公楼层，使得办公室中较为非正式的空间得到延伸，与城市和附近公园的自然环境相融。

7 结论

Amorepacific 总部大厦投入使用后，我们看到愿景实现了——它已成为具备参与性和连接性的场所，不仅是公司的工作场所，更是所有人的公共目的地，将过去与现在联系在一起，从而树立起一种根植于其时间、地点和历史的独特性。■

（翻译：张许慎；审校：王莎莎，王欣蕊）

本文选自 *CTBUH Journal* 2019 年第 3 期。

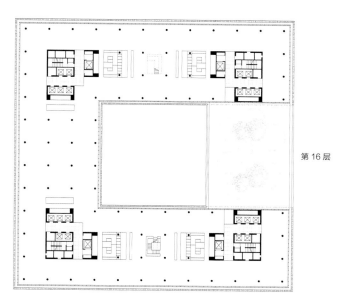

第 16 层

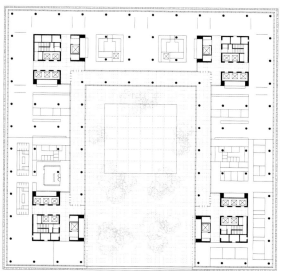

第 4 层

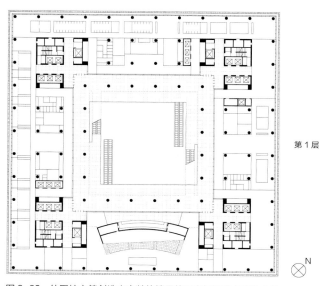

第 1 层

N

图 3-22　外围核心筒创造出宽敞的楼层使用空间和多个室外公共区域，以及一层的公共空间　© David Chipperfield Architects

百度国际大厦：
以体验为导向的设计，连接日常使用的空间

文 / 王照明　庄 葵

本案例分析了百度国际大厦的创意理念和技术细节。这座综合性大楼地处华南，是互联网巨头百度的总部，作为全球最高的互联网公司办公大楼之一，它的高度仅次于同样位于深圳的腾讯滨海大厦。在承接该项目后，设计团队意识到必须解决该项目可能给城市人口密度带来的巨大压力，设计解决方案旨在大楼用户和自然环境之间建立紧密联系，以缓解这种矛盾。这个概念的关键点是探索摩天大楼内部空间利用的新方法，以缓解这些建筑的高密度和孤立性，促使其更加系统和有效地运作。

作者简介

王照明　　　　　　　　　庄 葵

王照明，悉地国际高级设计总监、东西影工作室总建筑师。他是中国高层建筑实践中最重要的建筑师之一，在过去的几年里，先后完成了百度国际大厦、腾讯大厦、深圳航天国际中心等标志性工程。

庄 葵，悉地国际联席总裁、建筑设计高级负责人。他在大型公共建筑的创新、设计和管理方面有着丰富的经验。他密切参与全球建筑行业的现代化进程，致力于利用建筑设计在复杂的城市环境中创造出多样化的价值。

项目信息

竣工时间：2017 年
建筑高度：189 m
建筑层数：43 层
建筑面积：75994 m²
主要功能：办公
业主 / 开发商：百度集团
建筑设计：悉地国际
结构设计：悉地国际
机电设计：悉地国际
总承包商：中建四局
其他 CTBUH 会员供应商：中建钢构有限公司

1 背景和机遇

　　中国经历了 30 多年的快速发展后，随着人口的大量涌入，城市正在发生日新月异的变化。2018 年，中国有 80 多个人口超过 500 万人的城市，中国的城市居民人口总数高达 7 亿人，与整个欧洲人口数相当。被誉为"深圳硅谷"的深圳湾公园（Shenzhen Bay Park）办公开发项目就吸纳了约 50 万名员工和数千家知名企业。科技园区内土地资源日渐枯竭以及摩天大楼的数量迅速增长（图 3-23），使得城市密度不断攀升，亦对公共交通和其他城市基础设施构成巨大压力。这种焦虑紧张的氛围会对工作环境和生产效率产生负面影响。

图 3-23　百度国际大厦（中间位置）位于"深圳硅谷"——深圳湾公园内　© NBBJ

高层建筑的起源可以追溯到19世纪中期的工业革命。众所周知，摩天大楼逐渐发展成为一种反复堆叠标准层的建筑类型，这是社会经济发展的优选结果，也是在有限的土地上最高效地利用空间的办法。然而，由于高层建筑中的单一使用功能空间与使用者多样化需求之间存在冲突，整日在封闭空间中工作的模式已不再符合当代工作场所新趋势。无论是在地面还是在高处，室外空间有助于缓解摩天大楼标志性的孤立性和高密度感。人类从根本上渴望接近天空，从而拥有开阔观察周遭视野及自由活动的空间。遗憾的是，这种愿望在现代办公室中被扼杀了，因为工作场所往往被局限在相同高度和尺寸的、类似的、单调的办公室标准层中。随着空间的垂直投影面积被降低到绝对最小，即使这类空间使用了玻璃幕墙，也会像笼子一样，甚至最好的视野角度也无法满足人们与自然交流的渴望。

设计团队为此持续研究近15年。2011年底，中国主流搜索引擎运营商百度公司，为其在深圳湾公园的区域总部，举办了一场设计竞赛，让设计师们有机会将研究成果应用到现实情境中。设计团队坚信，工作场所一旦脱离了文脉环境，就会失去契机与价值。高层办公建筑面临的最大挑战是如何在不牺牲效率的前提下有效避免其被孤立的倾向。设计团队选择的解决方案是探索在垂直建筑中创建一种连续性的场景，在空间的可达性和多样性之间寻求平衡，而这种探索必须在公认的规范和操作准则的限制范围内进行。客户的知名度和场地开发条件增加了设计难度，但同时也促成了一个不错的机会：为类似的摩天大楼提供理想的范式。

2 独特的空中花园 / 天梯系统

百度国际大厦的两座塔楼分别

图 3-24 百度国际大厦的"拉链"立面朝向深圳湾公园中心的椭圆形广场

位于基地的东西两侧，大致呈"V"形平面布局，这两座建筑的体量在东西轴线上略微偏移，彼此"开放"；而裙房面向园区中心的立面呈内弧形，更加强化了这一特质。设计师希望通过这个操作来最大限度地利用景观资源，并向广场展示建筑的最佳面貌（图 3-24）。

基于之前关于互联网公司工作模式的研究，以及 2006 年设计腾讯总部的经验，设计团队提出了一个大胆又富有创造性的目标：设计一栋独特的办公大楼，让百度员工任何时候都能够走出他们的工作区域与大自然接触。这对于一个计划建造近 200 m 高的摩天大楼来说是极具挑战性的。

为了留出足够的空间来实现这个想法，东塔的核心筒偏移至建筑一侧，以便在另一侧创建一个 12 m×18 m 的梯形空中花园，这个空中花园竖向高度为 8 层。每一个 8 层的缺口在第 4 层被偏移，垂直向的外围护在一侧伸出两个窗框的宽度，在另一侧后退相同的宽度，这使得建筑正立面规整的网格看起来像是一个连续的"绿色拉链"（图 3-24、图 3-25）。

在每一个四层楼的空隙的下半部分，室外楼梯在此架起桥梁，减少了楼层之间、建筑两翼之间的交通阻碍。楼梯为人们提供了一个短暂停留或休息的场所，以及在各业务部门之间穿梭的捷径。员工可以在这些"社交阶梯"上短暂休息或闲聊（图 3-26、图 3-27、图 3-28）。

在楼梯的一侧，有绿色植物和排水系统。出于安全考虑，两侧均安装了 2.1 m 高的钢化夹层玻璃护栏，避免翻越行为，并可在保证全景视野的同时，降低外部空间的风速。通过流体动力学（CFD）模拟计算，此处的最大典型风速可被降至 1.5 m/s，方便人们在室外停留更长的时间。

室外和室内的楼梯环绕着空中花园展开，人们可步行上下。

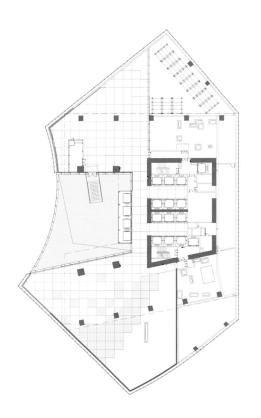

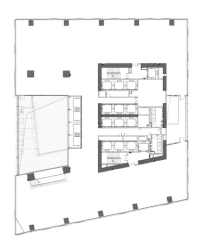 

图 3-25　三幅高楼层平面图描绘了塔楼上升的 V 形建筑体量与空中花园之间的关系

> "
> **电梯不再是人们从一个楼层到另一个楼层的唯一交通工具。如果只是去邻近楼层，楼梯更能提高效率，还为人们提供了健康步行的机会。**
> "

图 3-26　剖视图显示了社交楼梯系统、讨论空间和公共服务楼层之间的相互关系

这也意味着电梯不再是人们从一个楼层到另一个楼层的唯一交通工具。如果只是去邻近楼层，楼梯更能提高效率，还为人们提供了健康步行的机会。

除了"天梯"，在裙房顶部和整个第5层，建筑灰空间之下还有一块景观区域，增设了非正式集会空间（图3-29）。此区域只有极简的装饰及规划，仅使用绿植和木板铺地。建筑师认为，如果在设计中相对留白，使用者本身将会赋予空间新的意义和用途。

3 作为结构补充的"天梯"

由于建筑的"V"形平面设计为凹形，楼板呈不规则的四边形，与偏心的核心筒共同形成一个不封闭的框架。为满足客户对空间布局的要求，出挑平面的最大跨度达26 m，且无柱，提供了一个开放的、受欢迎且高效的工作场所。但这一设计也导致了刚度不均匀和扭转不平衡，对结构抗震设计提出了挑战。由于通高空间削弱了建筑的横向刚度，设计和工程团队使用室外楼梯作为楼层之间的对角线支撑来进行弥补，与下层平台相互作用形成有效的传力路径。这有助于确保大跨度结构的合理性，解决诸如不规则平面和偏心筒等问题，同时在建筑外观上呈现出结构韵律感。

4 提供效率和促进沟通的办公楼层

虽然在建筑两翼之间置入空中花园会使得空间利用率较传统布局减少30%，但这样凭空创造出了一个充满活力的核心空间，满足了客户希望让每个部门在空间和视觉上得以互通的需求。当然，平面的使用率仍然是最基本的要求。在传统情况下，核心筒通常位于办公室标准层平面的中心，但基于百度对办公室各异功能的需求，建筑师

图 3-27　社交楼梯位于每四层办公楼层的"讨论区"内

图 3-28　楼梯提供了休闲空间和景观视野，以及另一种连接各楼层的方式

图 3-29　除了"天梯"，在裙房顶部和整个第 5 层，建筑灰空间之中还有一块景观区域，增设有非正式集会空间

"薄化"了核心筒的平面。标准层根据特定的功能和朝向进行了规划：南北向框架梁跨度达 12 m，确保了开放办公区域的利用率，可安置 160 个工位。所有主要的辅助功能空间设计都围绕着核心筒展开。

在大楼西翼，主入口大厅与充满活力的核心空间紧密相连。走出电梯，映入眼帘的便是洒满阳光的共享区域、"天梯"以及室外空间（图 3-30）。距办公区域一箭之遥的共享（休息）区域相对独立，铺地材质改换为抛光木材，并配备了公共座位。建筑师试图将休息空间定义为各办公楼层间系统性连接的一个组成部分。虽然休息空间具有唯一识别性，但它和标准工位之间没有分隔墙或其他边界，可以鼓励人们尽可能多地接触户外自然，激发更多创意思考。

5 通风立面

百度国际大厦建筑立面上的像素化面板系统将中国古诗歌进行了二进制代码式诠释，更具数字时代气息，同时也向世界传达了百度的企业精神（图 3-31）。外立面由铝合金预制构件制成，外侧由垂直定向的带孔通风面板组成，室内一侧设计有可调控的通风百叶，将室外新鲜空气引入室内，同时不会像可开启的窗户那样对整洁统一的立面造成潜在的视觉上的破坏（图 3-32）。

> 堆叠的空中花园和外部楼梯使得建筑正立面规则的网格看起来像是一个连续的"绿色拉链"。

6 定制的垂直交通系统

在设计摩天大楼时，交通运载效率是一个大问题。传统方案是考虑优化高峰时段地面层至目的楼层所需的运能设计，然而，百度国际大厦面临着一些复杂的挑战。其中一项要求便是让大楼内近 5000 名员工可以轻松地到达分别位于 4 层、14 层和 29 层的餐厅，这三个餐厅共设有 1800 个餐位。因此在设计竖向交通时，团队不仅要考虑高峰时段的地面出发人数，还需要统筹考虑各办公楼层到任一餐厅的交通流量。

设计团队对百度员工的就餐喜好，诸如方式、地点和时间等进行了调查，发现 85% 的员工使用公司餐厅，其中七成员工选择就近前往。调查还发现，在餐厅上下各 3 层工作的员工中有 80% 的人愿意步行上下楼就餐，而较远楼层的员工则会选择使用电梯。根据这个情况，设计团队计算出进出餐厅楼层的交通需求，并最终确定了符合公司实际需求的最佳电梯方案。

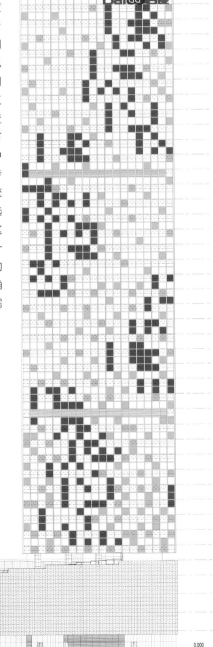

图 3-31 像素化的立面把中国古诗歌进行了数字时代的诠释

图 3-30 电梯大厅围合出一个接待区，天梯和室外空间举目可见

图 3-32 可调节的通风百叶窗从室内可见

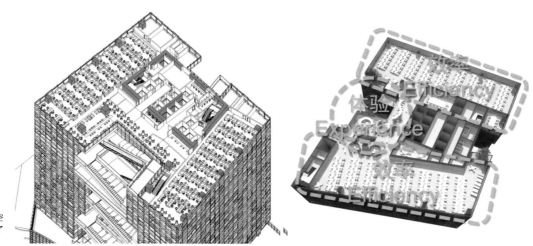

图 3-33 办公平面的两翼、空中花园和社交楼梯的界面强化了"效率与体验协同"的原则

7 支持日常需求的多样化设施

作为一座自给自足的高层大厦，百度总部在 2 层、15 层和 27 层设有会议室，此外还有 3 个餐厅，以满足中型会议和培训项目的需求。员工可通过内部在线系统查看闲置会议室列表，并提前进行预订。公司鼓励员工就近使用会议室，以提高利用效率。在裙房的一层设有一个展厅；二层设有一个 400 人规模的礼堂以及行政服务区；三层是互联网数据中心；四层的餐厅通过楼梯与五层的花园直接相连；十四层设有健身房和架空跑道。这些布局设计都经过审慎考量，统筹兼顾了使用效率与便利性，鼓励员工离开办公桌，放松身心。

8 对未来设计的思考

自诞生以来，摩天大楼便一直是人们着迷的对象，同时它们也是经过专业设计的高效运作的工程装置。不管对效率的需求有多迫切，摩天大楼的整体形象是整个城市的财富，尽管并非所有公民都能登上每幢高层建筑的顶端。这些强有力的城市符号和核心区域的设计者们应该牢记他们作为社会观察者的角色，人类行为与科技之间协同发展，相互影响。将办公空间堆叠起来的想法在 19 世纪末引入时是一种激进的做法，但在此后的一个多世纪中一直发挥着作用。

百度国际大厦的设计愿景是将其打造成为 21 世纪高层办公楼的优秀范例，将工作空间与日常体验和需求重新连接起来，通过可以灵活适应变化的设计来融合日常体验和效率（图 3-33）。在整个过程中，设计团队更关心这些空间的演化可能性，而不是创建一个精致而僵化的建筑物。在中国城市快速发展的背景下，高层建筑设计的挑战在于审视当前的需求，并为之服务。同时，设计又必须足够灵活，以适应似乎总是比预期提前到来的未来。■

（翻译：张翌；审校：王莎莎）

本文选自 CTBUH Journal 2019 年第 2 期。除特别注明外，文中所有图片版权归悉地国际所有。

城中豪亚酒店：
热带地区的一种高层建筑原型

文 / 黄文森（Mun Summ Wong）　理查德·哈赛尔（Richard Hassell）　Hong Wei Phua

作者简介

黄文森

理查德·哈赛尔

Hong Wei Phua

黄文森，WOHA 建筑事务所联合创始人。1989 年毕业于新加坡国立大学（National University of Singapore，NUS），现为新加坡国立大学的一名实践类课程教授。自 2011 年起，他在新加坡国立大学的工作室 Embedded Studio 担任实践项目的导师，并担任该校硕士课程"综合性可持续设计"的主讲。WOHA 设计的铂金级绿色认证酒店——皮克林宾乐雅精选酒店（Parkroyal on Pickering），已经成为新加坡最具标志性的建筑之一，该酒店获得了 2015 年世界高层建筑与都市人居学会都市人居大奖。2016 年，"花园型超大城市（Garden City Mega City）"展览开幕，总结了 WOHA 对 21 世纪建筑和城市的反思，随后展览在全球巡回展出。

理查德·哈赛尔，WOHA 建筑事务所联合创始人。1989 年毕业于西澳大学（University of Western Australia），2002 年获得皇家墨尔本理工大学（RMIT University）建筑学硕士学位。他曾在新加坡设计委员会、新加坡建筑师协会以及新加坡建筑与建设管理局任理事。此外，他还在多所大学授课，曾担任悉尼科技大学（University of Technology Sydney）和西澳大学的客座教授。

Hong Wei Phua，WOHA 建筑事务所总监。2006 年从新加坡国立大学毕业后即加入 WOHA 建筑事务所，2018 年晋升为总监。他参与了许多项目的设计，包括樟宜机场皇冠假日酒店、Kampong Admiralty 社区综合体、城中豪亚酒店和 Enabling Village 社区，以及一座有 340 间客房的酒店和一座有 730 个住宅单元的公寓大楼。
e: admin@woha.net
www.woha.net

城中豪亚酒店（Oasia Hotel Downtown）（图 3-34）是一个热带地区土地集约化利用的原型。与那些从气候温和的西方国家演变而来的光亮且封闭的摩天大楼不同，这个热带地区的"生命之塔"旨在柔化城市的硬度，并将生物多样性重新引入都市丛林。

考虑到客户对办公空间、酒店和俱乐部有不同的需求，塔楼包含多个葱郁的露天平台，并在不同功能的体块之间嵌入自然通风的中庭。这些灵动的内部空间柔化并远离周围高密度的城市肌理，从而为使用者提供了遍布整座高层建筑的宽敞而舒适的公共空间。

1 从垂直城市……

无情的城市化加速进程和过度拥挤导致绿色、开放性和公共空间以史无前例的速度萎缩，而长期的交通拥堵和污染进一步加剧了城市环境状况的恶化。城市已经变成了垂直结构密集、绿色空间不断减少的粗糙化混凝土丛林，建筑物也在不断地垂直延伸。私有资本和投资追求快速实现投资回报，往往导致公共空间缩小的内向型塔楼或争夺高度和象征性地位的光鲜的雕塑般建筑拔地而起，更大程度地加剧了城市的压力。

现代塔楼已经发展成为将工程解决方案和财务效率融合为一体的套餐——最大化的体表面积比，紧凑的核心筒，开放的平面，以及高性能且闪亮的立面。居住者需要通过人为手段保证生活环境的舒适性。建筑物虽然拥有高效的结构和系统，但仍然占全球能源消耗的近 40%，而这其中高达 60% 的能源消耗来自建筑物的公共区域。

在一个"垂直城市"里，人们分层居住在封闭的空间中，过着越来越与世隔绝的生活，与自然的接触少之又少。

2 ……到花园城市

自 1994 年以来，本文作者设计了一系列项目，探索将自然重新引入建筑和城市的方法，不仅是为了实现人类的舒适生活，同时也希望借此改善环境质量。

"再绿化（Re-greening）"对于解决城市热岛和全球变暖问题至关重要。再绿化可以使城市对环境和气候稳定作出积极贡献，还可以恢复城市的生物多样性，维护生态系统和野生动物栖息地的自然平衡。

现代塔楼作为城市的组成部分，可以被重新解读为拥有绿色植物和便利条件的基础设施，进而对都市整体环境作出贡献。它们可以被系统性纳入城市规划和

图 3-34 城中豪亚酒店，新加坡 © K Kopter

项目信息

竣工时间：2016 年 4 月
建筑高度：191 m
建筑层数：27 层
建筑面积：19416 ㎡
主要功能：酒店 / 办公
业主：Far East SOHO Pte Ltd
开发商：Far East Organization
建筑设计：WOHA Architects
结构设计：KTP Consultants Private Limited
机电设计：Rankine & Hill Consulting Engineers
总承包商：Woh Hup Pte Ltd
其他 CTBUH 会员顾问方：Rider Levett Bucknall（工料测量）；
Windtech Consultants Pty Ltd（风工程）

> " 由于核心筒位于角落，空中露台就可以为使用者提供独特的 360° 视野欣赏城市景观，这对于那些典型的拥有中央核心筒的塔楼而言是不可能的。"

振兴的总体设计中，通过在建筑物上置入绿色植物，营造一种生态友好的环境，在视觉和情感上吸引居民和公众。对生物友好性的研究表明，人类有一种基本的需求，那就是需要不断地接触自然以保持积极的幸福感、生产力、创造力和愉悦感，这是人类与自然之间存在的一种天然的关系。绿色环境的可得性和体验感能使城市更人性化、更健康、更宜居。

想象一下城市充满高层绿化和空中公共设施，想象一下将埃比尼泽·霍华德（Ebenezer Howard）"田园城市"的观点与新陈代谢主义中倡导的巨型结构和有机生长模式相结合，在热带城市新加坡，你可以看到这些不同寻常概念的踪影。

3 新加坡，一座花园中的城市

在过去的 50 年里，新加坡不断地进行自我改造，国家建设愿景从早期的"花园城市"（即城市中有花园）过渡到当今的"花园中的城市"（即城市坐落在一个大花园中）。

"树木百科"（Treepedia）是一个测算城市绿化密度的网站，由麻省理工学院研究机构"可感知城市实验室"（Senseable City Lab）和世界经济论坛的全球未来城市与城市化委员会共同创建，它使用谷歌街景数据来计算地表的树木和植被分布。在该网站监测的 17 个高绿化率的城市中，新加坡拥有最高的绿化密度（图 3-35），并且是唯一上榜的亚洲城市（"树木百科"，2018）。

新加坡的绿化任务已经从地表扩展到垂直绿化和空中绿化。在众多促进绿化的指导方针和机制中，新加坡市区重建局（Urban Redevelopment Authority，URA）以"重植因开发或重建而被破坏的绿化"项目为基础，于 2009 年开展了 LUSH（城市空间和高层建筑景观）项目，旨在"利用开发为城市注入更多绿色"。在最新的方案中，该项目引入绿色容积率（Green Plot Ratio，GPR）作为标准以"衡量地块内的绿化密度"（URA，2018）。

目前，新加坡全岛共有 182 个高层绿化开发项目，总面积达到 80 hm²。到 2030 年，这一数字预计将增至 200 hm²。

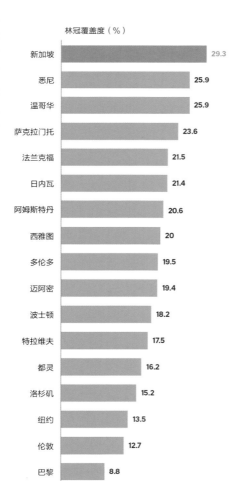

林冠覆盖度（%）

城市	%
新加坡	29.3
悉尼	25.9
温哥华	25.9
萨克拉门托	23.6
法兰克福	21.5
日内瓦	21.4
阿姆斯特丹	20.6
西雅图	20
多伦多	19.5
迈阿密	19.4
波士顿	18.2
特拉维夫	17.5
都灵	16.2
洛杉矶	15.2
纽约	13.5
伦敦	12.7
巴黎	8.8

图 3-35 由 Treepedia 调查的城市绿化密度 © The Straits Times，2017 年 2 月 22 日
来源：Treepedia

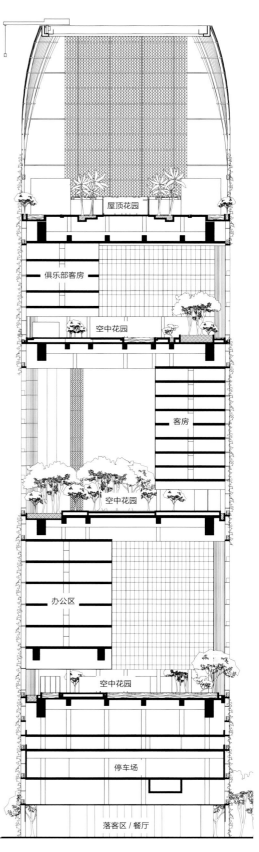

图 3-36 城中豪亚酒店剖面图

（标注：屋顶花园、俱乐部客房、空中花园、客房、空中花园、办公区、空中花园、停车场、落客区／餐厅）

将人造物和大自然的绿色植物融合，这种有趣和标志性的发展已经在新加坡的都市肌理和建筑领域开始实现。花园化的发展势头在新加坡从未减弱，这使这座城市能够实现可持续的绿色覆盖，并在创造花园中的宜居城市这一过程中始终保持领先地位。从这个角度来看，高层建筑类型学在新加坡已经从西方模式发展为一种能够更好地适应热带地区文化和气候的新模式。

4　城中豪亚酒店：一片绿洲

城中豪亚酒店位于新加坡中央商务区的心脏地带，俯瞰历史悠久的丹戎巴葛（Tanjong Pagar）区，酒店的表现形式与众不同，因此成为建筑领域一个设计与工程的奇观。

在周边高楼的包围下，城中豪亚酒店这座 191 m 高的塔楼矗立在绿树成荫的街道上，就像一座青翠的绿色高塔，在混凝土和玻璃构成的城市景观映衬下，呈现出与众不同的景象。它为热带地区摩天大楼的设计提供了一种新的类型——适应当地气候、内部有通风的中庭、多个半室外露台、空中花园和垂直绿化。

自 2016 年 4 月开放后，这座建筑很快就成为展现自然的灯塔和城市稠密环境中的绿洲。

5　混合用途集成化

该项目要求在一个占地 47 m×47 m 的紧凑地块上建造一幢包含三种不同功能——办公空间、标准化酒店客房和俱乐部客房——的单体塔楼。虽然办公空间和酒店 / 俱乐部位于同一幢建筑内，但为安全起见，并满足不同用户群体的需求，不同的功能需要彼此分开。酒店和俱乐部由连锁品牌豪亚（Oasia）运营，共同使用一个后勤区。

传统的解决方案是布置一个中央核心筒，在外围安放朝外的办公区和客房。但这种安排将不可避免地对垂直交通路线的分离造成压力，无法更好地发挥办公空间、酒店 / 俱乐部、后勤区的服务功能。

此外，为了最大化利用地面空间，该酒店设计将后勤区放置在第 3 层，将停车场提升至第 4 层和第 5 层。这样一来，底层的大部分区域被用作落客区、到达大厅、全日餐厅、酒吧和礼宾部，从而激活了建筑四面中三面的公共区域。

该设计解决了功能分隔的问题，通过简单地将核心筒分解，垂直交通和服务空间被分配在建筑的四个角落，三个大的功能区域置于数层堆叠在一起的 L 形体块中。L 形体块"肘部"的内侧朝向建筑不同的对角，即形成不同角度的城市景观朝向。由于每个体块的竖向服务空间都在建

筑角部，中心部分就可以被打开成为通风的中庭。空中露台穿插在堆叠的体块之间，它们的面积与建筑的占地面积相当，为使用者提供了丰富的景观和舒适的休憩平台（图 3-36）。

6　空中露台

由于核心筒位于角落，建筑物中的空中露台就可以提供独特的 360° 视野供使用者欣赏城市景观，这对于那些典型的拥有中央核心筒的塔楼而言是不可能的。尽管占地面积有限，但该塔楼内公共区域的面积是占地面积的 4 倍，环绕并延伸到每个空中露台边缘的植物加强了塔楼与地面层的联系。

该建筑第 1 层落客区旁的一个核心筒，专用于将使用者直接带到第 6 层的空中露台和第 7~11 层的办公区域。位于第 6 层的空中露台是一个开放式的客厅，供办公区域人员共享使用，它包含非正式和正式的会议空间、大堂、健身房和浅水泳池（图 3-37）。

另一个核心筒可将客人运送至位于第 12 层和第 21 层的空中露台。通常的酒店建筑，客人是在底层办理入住手续，但城中豪亚酒店的客人可以在这两个空中露台层登记入住。在这里，客人可以横穿天台，通过另一组电梯到达位于第 13~20 层的酒店或者第 22~26 层的俱乐部。身处高密度中央商务区的客人在空中露台的景观中自由穿梭，获得一种独特的花园式体验。

位于第 12 层的空中平台是一个花园型露台，庭院周围环绕着带凉棚的天井、休息区、活动室以及无处不在的绿色植物（图 3-38）。

图 3-37　第 6 层的空中露台为办公楼层提供了一个开敞的城市客厅　© Patrick Bingham-Hall

图 3-38 位于第 12 层的空中露台服务于酒店，形成一个城市游廊 © Patrick Bingham-Hall

图 3-39 第 21 层的空中露台为酒店楼层提供服务，并设有一个大游泳池 © Patrick Bingham-Hall

图 3-40 从建筑上方看屋顶露台的泳池和围护结构 © K Kopter

第 21 层的空中露台被设定为城市中的都市型度假胜地，阶梯状的平台连接着无边泳池、行政酒廊、开放式大厅、水上花园和花坛等（图 3-39）。

第 27 层的屋顶露台上坐落着一家特色餐厅，露台两边都有日光浴平台和浅水泳池（图 3-40、图 3-41），而通常安装在屋顶的机械和电气设备被安置在露台的两侧和下方。

通过将塔楼沿垂直方向划分成不同部分，空中露台不仅提供了多个位于高层的绿化场地和便利设施，同时在空中创造出清晰的具有人性化尺度的环境。

7 通风中庭

该建筑将 L 形的体块放在正方形的平面上，因此每个空中露台都有一个 21~35 m 高的通风中庭。空中露台也作为巨大的悬挑，为下层的露台提供遮蔽。开放式的中庭借助大自然的漏斗效应，在各个方向进行交叉通风。

每个中庭的高度与深度比约为1:1，在阳光和微风交互中，创造出明亮、通风的环境，同时水的蒸发冷却和绿色植物的遮阳带走了多余的热量。中庭还开辟了空间，提供灵动的内部花园景观，柔化并阻隔周围高密度的城市肌理。

相较于封闭、空调控温和人工照明的空间，该塔楼的半封闭中庭有令人舒适的自然光线和新鲜空气，这与中央商务区那些密闭的建筑形成了对比（图 3-42）。

8 具有生命的网状外皮

这座塔楼没有厚重墙体或通高的幕墙，层叠的体块和露台被 2.5 万 m² 的铝质网筛状外皮包裹。每层约有 1800 个预制玻璃纤维花盆，它们与网状外皮相连，藤蔓只需爬上 3~5 m，就能与上一层的

图 3-41 第 27 层的屋顶露台包含日光浴平台和游泳池，它被锥形外壳包围，延伸了塔楼的绿色表皮 © Darren Soh

图 3-42 豪亚酒店开放式、交叉通风的中庭与邻近的密封塔楼形成对比 © K Kopter

花圃交叠。随着时间的推移，藤蔓会遍布建筑表面（图 3-43 ）。

景观在这座建筑中成为建筑环境的过滤器和材料调色板，而不仅仅是一个点缀。作为围护结构，绿色植物和网状外皮发挥着过滤器的作用，提供阴凉，减少热量，减弱噪声，减少眩光和灰尘，并改善空气质量。作为建筑的表面纹理，网状外皮由五种颜色组成——红色、深红色、淡粉红色、紫红色和橙色——模拟植物在发芽、成熟和死亡过程中颜色的自然变化。网状外皮最终会被绿色植物掩盖，成为不同自然颜色的背景，就像衬托花朵的树叶。

立面的颜色和纹理随着光影、降雨和植物生命的自然循环而变化。由此，塔楼成为一个大自然中富有生命力的艺术品。

9 人工生态系统

根据日照需求、生长速度、覆盖密度、纹理和颜色，该建筑设计选用了 21 种藤蔓植物分布在立面上。有的品种会开出五颜六色的花，在不同的时节吸引各种鸟类和昆虫。爬满了藤蔓的建筑立面与现有的街道树木相邻，建筑在竖向上扩展了现有的沿街生态（图 3-44 ）。空中露台上种植着 33 种不同的树丛和灌木，整座具有生命力的塔楼内共有 54 种植物。植物的多样性保障了其具有天然的抗害能力，可以抵御致病性和破坏性昆虫的侵蚀。

为了确保绿化的实用性和易维护性，爬梯和过道与花盆一起安装，这样既安全又直接，不需要绳索、维护人员和吊舱（图 3-45 ）。所有的花盆都使用自动灌溉系统，以避免水资源的浪费。

塔楼就像一棵树一样呼吸、新陈代谢和进行光合作用，它保护并创造自然栖息地，吸引生物多样性。这种方式使塔楼同时拥有生态系统和功能空间，自然与建筑和谐共存。

10 一种具有宜居性和可持续性的建筑原型

将塔楼所有的绿色和蓝色表面合并计算，该塔楼的总绿色容积率达到了前所未有的 1100%。换句话说，它为地块提供的绿化面积是未开发前的 10 倍，有效地弥补了另外 10 个面积同等大小区域的绿地的不足。

除此之外，这座塔楼通过回馈城市来展现慷慨和良好的公民意识。在建筑内部，人们被自然包围着；在建筑周围，垂直的绿色立面和空中景观露台为城市环境提供了一个受人欢迎的休憩空间。塔楼是一个生态友好的三维环境，它能增强人类对自然的体验——在建筑内部或作为隔壁邻居生活，在城市街道上近距离接触，在城市远处观察——它为日常生活带来了美感、诗意、惊喜、发现和愉悦。

11 结论

该建筑不仅集合了养眼的形式和立面，还让人们重新关注建筑创造以人为中心的环境的能力。城中豪亚酒店成为一大引人注目的景观，同时它也实践了环境友好、文化适宜、气候可持续性。

城中豪亚酒店是一个原型，它把高层建筑重新定义为一个负责任的、可居住的、可持续发展的高层环境，在不同的层面上为城市作出贡献。

从建筑尺度上来看，高层热带空间、花园型布局和具有生命力的多孔外皮，使该建筑成为土地集约化使用具有优势的一个实证。通过整合和最大化高楼内的植被，它创造了新的先例，展示了城市和自然之间更平衡共存的可能性，让建筑内外的人们参与进来并从中受益。

在城市尺度上，它展示了高层建筑可以在地平面以上提供有意义的、令人满意的都市人居（图 3-46），同时体现了建筑可以成为提高城市绿色开放空间、社区空间和生物多样性质量的重要组成部分。它为私人房地产开发商提供了一个可以为人民、城市和气候的共同利益作出贡献的样板。

热带地区的城市不断强化自身以适应人口增长，这些城市的便利设施倚仗于每一个新开发项目的贡献。城中豪亚酒店为高层建筑和都市人居提供了一个适应性、弹性和慷慨性互动的原型，并表明密度可以是开放的、绿色的和社会性的。

在 2018 年世界高层建筑与都市人居学会（CTBUH）的颁奖典礼和晚宴上，城中豪亚酒店获得了全球最佳高层建筑奖（查看详情请浏览：awards.ctbuh.org/winners）。这个项目也被收录在 CTBUH 出版的《世界高层建筑与都市人居学会城市人居空间技术指南》中。■

图 3-43　攀缘的藤蔓种植在 1800 个沿着建筑外墙放置的玻璃纤维花盆里，它们在不到两年的时间里持续生长，覆盖了建筑物的表面　© Patrick Bingham-Hall

" 空中露台上种植着 33 种不同的树丛和灌木，整座具有生命力的塔楼内共有 54 种植物。植物的多样性保障了其具有天然的抗害能力，可以抵御致病性和破坏性昆虫的侵蚀。"

参考文献

Treepedia. Treepedia: Exploring the green canopy in cities around the world[EB/OL]. (2018-05). http://senseable.mit.edu/treepedia.

Urban Redevelopment Authority (URA). Updates to the Landscaping for Urban Spaces and High-Rises (LUSH) programme: LUSH 3.0[S/OL]. [2017-11-09]. https://www.ura.gov.sg/Corporate/Guidelines/Circulars/dc17-06.

（翻译：盛佳；审校：王莎莎）

本文选自 CTBUH Journal 2018 年第 3 期。除特别注明外，文中所有图片版权归 WOHA 建筑事务所所有。

图 3-44　塔楼的绿化延伸到街道层面，将其与现有的都市和自然生态连接起来　© Patrick Bingham-Hall

图 3-45　立面结构由维护通道、玻璃纤维花盆和网格状表皮组成

图 3-46　该建筑是三种新加坡类型学的交集：现代摩天大楼、热带环境和店铺林立的繁华街道　© Darren Soh

腾讯滨海大厦：
垂直企业园区

文 / 乔纳森·沃德（Jonathan Ward） 丁洁民 蒂姆·埃瑟林顿（Tim Etherington）

> 腾讯滨海大厦为深圳带来了一个全新的概念——"垂直办公园区"。作为全球第四大互联网公司的总部，两塔的互联设计打破了常规的横向科技园区模式，强调了互联性、创造力、知识性和健康生活。

作者简介

乔纳森·沃德

丁洁民   蒂姆·埃瑟林顿

乔纳森·沃德，NBBJ 公司合伙人，他倡导不断改善功能、空间和人的体验之间的关系。在过去的 18 年中，他已为美洲、欧洲和亚洲具有创新意识的业主设计和交付了各式各样的先进建筑。他曾参与 NBBJ 最著名的建筑创作，例如挪威电信（Telenor）全球总部和腾讯滨海大厦。
e: jward@nbbj.com

丁洁民，同济大学建筑设计研究院（集团）有限公司总工程师，他在超高层建筑和大跨度结构体系的设计和研究领域颇有建树，主要科研项目包括"超高层结构关键技术研究：全生命周期设计和维护"和"500 m+ 超高层建筑设计关键技术研究"等。
e: djm@tjadri.com

蒂姆·埃瑟林顿，Gensler 董事总经理，他对文化差异以及这些差异如何影响创意协作过程有着深入而细致的了解。他基于对建立强大品牌和提高员工敬业度的重视，从而更深入地解读客户的需求。
e: tim_etherington@gensler.com

1 引言

高密度化和城市化迫使城市规划师、建筑师和工程师们开始重新思索常规的高层建筑，也许是时候改变以外观和经济回报（通常是首要考虑的问题）来主导高层建筑设计的思维模式了。随着人口从农村向城市大规模迁移的持续进行、资源的日益匮乏以及全球对社会分工细化的重视，我们有必要对城市的发展模式以及高层建筑如何真正融入城市进行重新思考。

从人本主义的角度来看，巴黎和伦敦等城市的尺度为创造真实而充满活力的城市生活提供了有力范本。然而，这些地区逐渐显示出城市化所带来的压力，特别是来自土地成本和绿地保护方面。而新一代的高层建筑也开始出现，尤其在亚洲和中东，其中一些高层建筑的设计也预示着，它们不仅是符号和经济实力的象征，更是供人们使用的充满活力的社区空间。

图 3-47 深圳滨海区的腾讯滨海大厦 © Terrence Zhang

图 3-48 塔楼之间的橘色"连接层"为腾讯滨海大厦这一最多可容纳 10000 名员工的建筑提供了公共空间,这些"连接层"令人联想到腾讯企鹅所戴的围巾 © Tim Griffith

项目信息

竣工日期:2017 年

建筑高度:塔楼 1 为 246 m;塔楼 2 为 195 m

建筑层数:塔楼 1 为 50 层;塔楼 2 为 38 层

主要功能:办公

业主 / 开发商:腾讯科技有限公司

建筑设计:NBBJ;同济大学建筑设计研究院(集团)有限公司;深圳市同济人建筑设计有限公司

结构设计:AECOM;同济大学建筑设计研究院(集团)有限公司;深圳市同济人建筑设计有限公司

机电设计:深圳市同济人建筑设计有限公司;同济大学建筑设计研究院(集团)有限公司;WSP

总承包商:中国建设第二工程局有限公司

其他 CTBUH 会员顾问方:ARUP(交通);Atkins(LEED);Gensler(室内设计);Inhabit Group(立面);NBBJ(景观设计);Thornton Tomasetti(立面)

其他 CTBUH 会员供应商:Armstrong World Industries(顶棚);Schindler(电梯)

> "
>
> 腾讯目前拥有 30000 多名员工,员工数自 2011 年以来翻了一番。伴随着其爆炸性的发展,腾讯领导层在 2010~2011 年举行了一次国际设计竞赛,旨在打造一个最多可容纳 10000 名员工的新总部。
>
> "

"协同大厦"（The Synergy Tower）是腾讯滨海大厦的垂直园区设计理念，可应用于单一用途和混合用途的高层建筑。这一理念有助于促使商业办公楼增值，并为城市带来更多互动的方式；同时可以应用于城市市区、近郊和远郊的高密度化和重新设计，以创建一个新的充满活力的垂直城市。

诸多公司希望自身成为"创新引擎"以满足在当今经济社会中创造更大价值的需求，这也助推了协同大厦这一理念的产生。基于诸多高层建筑项目设计和竞赛经验，设计团队总结出一套独特的高层建筑设计理念，可在垂直办公园区内创造出更好的工作和生活环境，以促进人们的交流、互动和多样化的体验。简而言之，这些高层建筑能够促进推动创新、经济和文化发展的垂直城市的产生，而这仅仅是这种城市原型自然演变的开始。

2 背景

腾 讯 控 股 有 限 公 司 是 仅 次 于 Google、Amazon 和 Facebook 的全球第四大互联网公司，据估算市值超过 2000 亿美元。腾讯旗下拥有强大的媒体、社交网络和子公司，目前拥有 30000 多名员工，员工数自 2011 年以来翻了一番。

伴随着其爆炸性的发展，腾讯公司领导层在 2010~2011 年举行了一次国际设计竞赛，旨在打造一个可最多容纳 10000 名员工的新总部。目前，这座名为腾讯滨海大厦的新总部已在以制造业为重点的深圳滨海区开放，距之前的南山区腾讯总部约 2 km。短短数年间，滨海地区就已遍布摩天大楼、街道和先进的基础设施（图 3-47）。

滨海地区由填海造地而成，随着深圳地区的开发而迅速发展起来，在过去的 30 年中，深圳人口大量增长，从 1980 年的 3 万人增长到 2017 年的超过 1800 万人。滨海地区已成为科技中心，腾讯创始人曾就读的深圳大学也位于这个区域。可以说，腾讯滨海大厦项目是这一区域发展的基石。

3 设计

腾讯滨海大厦由两栋通过多层空中连廊（亦可称之为"连接层"）连接的塔楼组成（图 3-48），这些"连接层"将诸如社交区域、绿色空间和健身设施等元素带到整个建筑的各个角落。总部建筑面积达 270000 m²，使得腾讯公司的房地产持有量翻了两番。

该大厦的设计理念源于腾讯品牌的趣味性和其改善沟通与社区的企业使命，同时也是对复杂的城市场地的回应。腾讯的企业标志是一只围着红围巾的友好企鹅，它的右翼伸出，表达出具有欢迎意味的"你好"，体现了企业的创新和年轻精神。腾讯用户的平均年龄约 26 岁，而员工的平均年龄为 27 岁，其业务战略核心在于提高内部和外部的品牌知名度，其员工通过代码的设计和开发，满足客户寻求互联网娱乐、真实性和共享内容的机会。

腾讯员工／用户的价值观和需求以及腾讯的四个主要品牌目标对设计方法起着重要的指导作用：

· 树立腾讯的形象和文化；
· 为用户创建重要的门户；
· 激发员工的创新精神；
· 留住人才。

这四个品牌目标，再加上腾讯品牌的创新性和年轻化，以及一个位于快速城市化的滨海地区的场地，这些要素综合影响了该项目的设计方法。虽然有限的土地带来了挑战，但腾讯公司的企业文化和商业目标是设计理念的核心，即建立高层科技办公园区。

3.1 连体高层建筑的演变

高层办公楼随着通信系统的发展而发展，从电报和信件，发展到电话、互联网、电子邮件和云系统。20 世纪初，邮政业的兴起见证了传统高层建筑的发展，其功能分区较为离散并依附

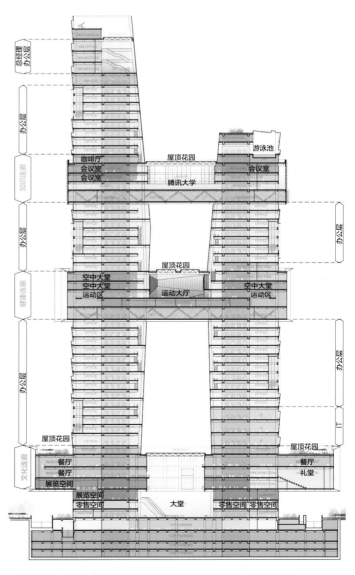

图 3-49 腾讯滨海大厦的剖面图展示了项目的复杂性 © NBBJ

于公司的主营业务。20世纪中叶，随着从电话到电子邮件的新型通信技术的采用，企业开始进行全球扩张并增加房地产覆盖范围。20世纪后期，作为一种设计类型，空中连廊的兴起使拥有多座建筑物的公司可以建立紧密物连。

通常，空中连廊不仅仅是作为连廊使用，它更是一种功能性的围护结构。它使相邻建筑物的人员可以从A点直接到达B点，而不必走出大楼和/或穿越繁忙的街道。深圳湾和香港中环地区建有许多这样的连廊，包括连接40多个办公大楼和购物中心的中央高架和中层走道系统。设计团队希望采用这种方法重新思考办公大楼的连廊，在加强沟通性、协同性和社区性的同时，打破传统高层建筑的壁垒，并捕捉充满活力和年轻气息的腾讯文化（图3-49）。

在之前针对诸如亚马逊和三星等科技公司客户的设计工作的启发下，设计团队将年轻及创新精神注入腾讯滨海大厦的主要设计理念中。典型的硅谷互联网公司拥有大量的郊区土地，依靠水平分布式、像手指一样散布在绿地中的低层建筑进行部门间的连接，而由于缺乏土地，腾讯公司希望采用一种不同的方式来提高员工、用户和品牌间的生产力、参与度、连接性、人才招聘力和知名度。但传统的摩天大楼通常是楼层堆叠并导致孤立的城市空间。

随着城市的扩张，越来越多的人口和企业迁往城市，关注改善人际关系、身心健康和创造力变得越来越重要。腾讯滨海大厦推动了这一趋势，采用了创新的空中连廊、透明的内部空间、偏心核心筒等方式构造出新一代企业办公楼的原型。

3.2 以协同大厦作为垂直园区

"协同大厦"的主要理念是采用一种混合的方式融合各种便利设

图3-50　连廊的独特效果在晚上最为明显，外立面映射出红光，玻璃窗则展示着室内活动　©邵峰建筑摄影工作室

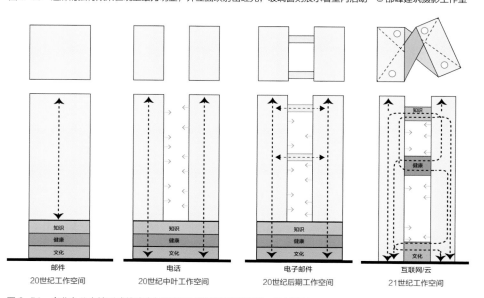

图3-51　企业办公大楼形式的演变与通信技术的发展息息相关　©NBBJ

图3-52　文化连廊最接近地面，通过一个连续而流畅的中庭空间加强了两座塔楼之间的联系。当房间正在使用时，三层高的媒体墙会亮起以进行主题展示　©Tim Griffith

图 3-53 健康连廊位于第 21 层，内部有丰富的健身设施，包括攀岩墙（左）和环绕健身房的跑道（右） © 邵峰建筑摄影工作室

图 3-54 知识连廊位于第 34 层，其内部的绿色空间适宜头脑风暴和静思 © 邵峰建筑摄影工作室

施和一系列功能，在紧凑的面积内创建更多社交联系空间以及绿色园区氛围。

协同大厦理念将独栋高层分为两个部分，一个 50 层，另一个 38 层，两者通过多个水平的空中连廊相连。这些多层的空中连廊不仅用于人员流通，而且是活动体验场所（图 3-50）。三个空中连廊分别以文化、健康和知识为主题，涵盖诸多高科技设施（图 3-51），有助于消除各区之间的障碍，并作为公共交流

区域，如同城市的市民中心、广场或其他聚集场所一样。

1）文化连廊

文化连廊最接近地面，提供一系列活动场所和公共空间。该连接层从一层开始，设有大堂和接待区、会议室、零售店、展览空间、悬挑礼堂和餐厅。整个区域包含下方的两层空间和上部的三层空间，通过对这两部分进行连接，在大厦中创造出一个开放的中庭，增强了两座塔楼之间的连通性，并创建出连续而流畅的

室内空间（图 3-52）。

设计旨在关注公司员工和企业文化，鼓励他们融入开放空间，发挥更多创新精神。设计在丰富观感的同时，通过人的活动将空间融入生活。

大堂的中庭设有三层高的媒体墙，用以展示企业信息，这也是腾讯数字化本质的体现。视觉一致的配色方案、标牌和路标将腾讯品牌元素融入园区的各个层面。室内会议室向公众展示着员工活动，对 LED 功能的广泛应用为科技公司总部的各种活动提供了恰到好处的背景。安装在内墙上的 LED 屏幕可以根据需要隐藏或激活。会议室在使用时会亮起来，沿着立面上的水平线产生活动脉冲，类似于通过互联网传输数据。自动扶梯在保证空间交通的同时还提供了有趣的视角和入门体验。

2）健康连廊

这一中部连接层始于第 21 层，设有跑道、健身房、大型篮球场、体育场等（包括北塔楼顶的游泳池）（图 3-53）。此外，该连接层还设有果汁吧和咖啡厅。健康连廊是园区的核心，对腾讯而言，员工的健康是公司健康的关键。餐饮区的健康食品、运动和健身设施与现场医生、治疗师相结合，形成一套综合的保健体系。

3）知识连廊

员工持续学习是腾讯的重要价值观之一。因此，自第 34 层起的第三个连接层主要强调知识。这里有屋顶花园、会议室、高档餐厅、被称为腾讯大学的培训中心、冥想室和图书馆（图 3-54）。知识连廊作为一种象征，位于塔楼顶部。

这些连廊构成了 21 世纪新型垂直企业园区的组成部分，先进的电梯系统保障了员工与这些连廊相连，并最大限度地提高社交互动。电梯的交通体系鼓励人们在这些连接层上进行互动。这些连接层作为中转层，亦为同事们创造了相互走动和交流的机会。

亲近大自然已被证明能够提高员工的工作效率，因此每个连接层都拥有屋顶花园，以鼓励员工参加户外会议和进行互动

> " 这三个多层空中连廊有助于消除各区之间的障碍并作为公共交流区域，如同城市的市民中心、广场或其他聚集场所一样。"

图 3-55　每个连接层都有一个屋顶花园，以鼓励员工间的深入交流和亲近自然　© Tim Griffith

图 3-56　交互式楼梯等设计元素，使得连接层成为交流互动的空间场所　© 邵峰建筑摄影工作室

（图 3-55 ）。每个连接层都在尝试解决独栋高层建筑的核心问题：在保证新一代互联网工作环境的同时，如何增加促进交流、满足健康和学习需求的空间？（Sun，2017 ）

3.3 核心筒和办公层

在建筑内部，大平层提供了空间的灵活性，适应员工对工作需求的不断变化。南塔楼的楼面跨度达 100 m，几乎是普通高层建筑 37 m 楼面跨度的 3 倍。此外，它也对较窄的北塔楼起到遮阳和散热的作用。内部升高的楼板，无柱空间和可拆卸的隔板充分体现了空间的灵活性，为部门搬迁时进行重新布置提供了可能。

两座塔楼的偏心核心筒设计均创建了独特的工作环境。核心筒一侧是宽敞且高度灵活的主要空间，大部分员工工位布置于此。它们面向外部，面向风景，面向未来。

在核心筒的另一侧，沿着塔楼的"腹地"分布着较窄的空间区域。这些空间面向内部，用于会议、茶室和其他共享功能。这些区域具有更多的互动和交流功能，同时让员工可以看到对面塔楼里的同事。

围绕核心筒分布了多个挑空和楼梯空间，将多个楼层连接在一起，有助于进一步打破传统办公塔楼中普遍存在的不连续的、堆叠的楼层空间（图 3-56 ）。这些区域允许员工轻松地跨越、融入和连接不同的楼层，从而增强互动性和创新性——工作可以在任何区域开展。工作区、连廊、花园和广场均旨在增强面对面的和数字化的工作方式。

3.4 员工掌控自己的空间

要使员工高效地工作，首先要为其个人及其工作方式提供必要的条件。协作空间、学习空间以及隔离、隔声工作空间等都为员工提供了各种方式、时间和地点的选择。由于腾讯品牌不断发展的需求，确保灵活性是每个空间设计的核心。每个楼层都具有即插即用系统，允许任何业务部门无缝交换工作区，以更好地适应不断变化的需求。业务部门可以从 3 种不同的设计 - 完成工具包中进行选择，每个员工亦可以通过工具包定制自己的工作站设置。每个办公空间的灵活性和互换性对于公司的持续创造力和成长至关重要，并会直接影响员工的满意度和生产力。

4 可持续发展

4.1 能源策略

腾讯公司首席执行官马化腾非常认可可持续发展的设计理念，因此腾讯滨海大厦在各层面都采用了可持续技术，其对可持续设计的重视在该项目获得 LEED 金级认证和中国绿色建筑二

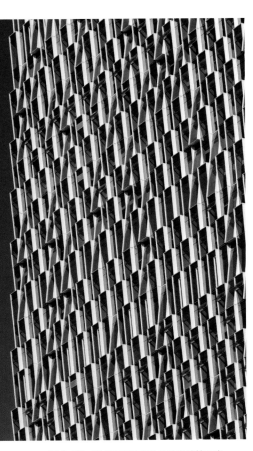

图 3-57　南立面模块向外延伸以遮挡阳光
© Tim Griffith

图 3-58　连廊铰接于塔楼外立面，其光滑表面与办公主体的"戴帽窗"图案形成对比
© Terrence Zhang

星评级上得到了体现，其绿色设计措施每年能够为腾讯公司节省80万美元。与传统设计相比，被动式节能措施将减少40%的碳排放量。大厦通过调整塔楼朝向来最大限度地减少热量吸收，并利用冷却风辅助室内中庭通风。先进的遮阳模块可根据日照轨迹进行调节，从而使每个立面都能适应光照角度的变化。建筑的东、西侧外墙均采用了先进的表皮设计，以最大限度地减少眩光和过多的热辐射。通过先进的模型计算，塔楼在关键点位进行前后倾斜设计而减少了热负荷。

4.2 外立面

腾讯滨海大厦外立面为自遮阳设计，南立面模块向外延伸以遮挡南侧阳光，而东、西立面模块则左右倾斜以遮挡早晨和傍晚的阳光（图3-57）。这些倾斜的角度是基于能源负荷／节能－成本计算模型设置的，使能源消耗比最高基准降低了20%。它们也塑造了独特的表皮效果，旨在象征数字云、信息流以及造就腾讯产品帝国的那些众多的人。此外，该独特的表皮也与连廊的光滑玻璃和红色边界形成对比与呼应（图3-58）。

对于倾斜玻璃和金属幕墙，建筑师与一家全球幕墙制造商合作，使用6种幕墙和4种天窗创造了一种定制幕墙。

高度复杂的立面需要建筑师与建造者之间紧密地合作。因此，建筑师团队参与了幕墙项目的最终招标工作，确保项目建设更好地贯彻原始设计意图，并改进设计以达到良好的施工效果，尤其是在立面细节上。来自中国的顾问团队协助项目组选择了合适的承包商，并促进了客户与幕墙顾问团队之间的沟通。

每个系统都需要制作性能模型（performance mockup，PMU），以确保细节和外观的准确无误，并且在结构和视觉上都符合预期。这些模型包括所有细节、材料、颜色和压铸工艺等。性能模型至关重要，有助于细化玻璃类型、金属面板和外墙照明的选择。

大厦立面采用常规材料，但使用一种非常规的方式组装而成。立面共包含9个系统，其中的两个主要系统非比寻常，观感较为厚重。这些铰接立面最大倾斜达到900 mm，幕墙顾问采用了全铝型材进行优化。铰接立面模块的尺寸也尽可能达到最大，以简化所需的组件数量并缩短现场施工时间。

尽管幕墙制造商的广州工厂距深圳的腾讯项目基地有两小时车程，设计团队还是尽量选择与工厂团队进行面对面沟通，因为频繁的会议和紧密的合作有助于确保所有人协同工作。

5 智慧建筑，智慧科技

腾讯滨海大厦的内部空间有着诸多腾讯产品的影子，作为对工作空间的创新与参与。该理念基于对腾讯文化、业务和产品的深入研究，并将其映射到不同工作空间的性能设置中。这有助于定义建筑的整体理念——来自室内体验和文化渊源的共同驱动。

> **"这些自遮阳立面使能源消耗比最高基准降低了20%，也塑造了独特的表皮效果，旨在象征数字云。"**

例如，互动区是腾讯博客的现实表现形式，名为"QQ空间"；以虚拟形象为主题的办公桌与流行的"QQ秀"交织在一起，QQ秀则是用户在网络互动中使用的虚拟形象。

高层园区混合设施具有一系列高科技功能，其中一个关键驱动因素是物联网（Internet of Things，IoT），其核心在于我们环境中的对象与共享数据或提供远程访问的传感器相互连接或联网。腾讯滨海大厦采用了这项技术，公司通常使用物联网技术为客户提供更细化、量身定制的服务，而腾讯也将为员工和访客提供物联网服务。

通过一个叫作"全息导览（hologram tour）"的软件，员工可以使用腾讯自主研发的导航和实用工具，实现员工定位标识和停车位提醒等功能，腾讯的专利技术使"垂直园区"得以成为一个更具数字互动性的工作环境架构。

6 结论

腾讯滨海大厦通过将园区感带入垂直空间的方式对高层建筑进行了重塑，致力于培养更有意义的员工关系，包括从入口到办公室过程中与周围的社交关系，以及对智力、体力和创造力的增进，这种"街景式"的路径鼓励而非切断联系。摩天大楼并非科技办公园区的普遍类型，因此，腾讯新总部代表着先进的新一代建筑的理念——加强旧有联系的同时，建立新的联系。■

参考文献

SUN P. Tencent Seafront Towers: Practice on binding buildings[C]//Wood Antony, Malott David & He Jingtang. Cities to megacities: Shaping dense vertical urbanism, Proceedings of the CTBUH 2016 International Conference, Shanghai, China, October 16–21. Chicago: CTBUH: 1306-1313.

（翻译：韩杰；审校：冯田，王莎莎）

本文选自 *CTBUH Journal* 2018 年第 2 期。

Vista 大厦：
芝加哥的新视野和新门户

文 / 珍妮·甘（Jeanne Gang） 朱利安·沃尔夫（Juliane Wolf）

> 位于芝加哥湖滨东区的 Vista 大厦，在建成之后将成为芝加哥第三高的摩天大楼。这座底部结构通透的多功能摩天大楼地处城市的南北景观走廊，且紧邻城市中心区 Loop 区、芝加哥河以及久负盛名的密歇根湖滨公园系统，在芝加哥城市网格中具有绝佳的地理位置，是引人注目的城市地标建筑之一，连接着芝加哥河滨区域和芝加哥湖滨东区。整座大楼是由一系列相互堆叠并连接的棱台形单元体组成，形成了凹凸有致、线条流畅的建筑形态，其主体结构为钢筋混凝土结构，外层覆盖着渐变的蓝绿色玻璃幕墙。作为湖滨东区的中心建筑，Vista 大厦也将为行人从东湖滨公园进入河滨步道提供重要的通道。

作者简介

珍妮·甘   朱利安·沃尔夫

珍妮·甘，Studio Gang 的创始人与合伙人、建筑师、麦克阿瑟奖获得者（MacArthur Fellow）。Studio Gang 是一家建筑和城市设计事务所，总部位于芝加哥，并在纽约、旧金山和巴黎设有分部。珍妮的设计源于个体、社区和环境之间的关系，其出色的设计享誉国际。她从生态系统中汲取设计视角，结合分析和创新，成功设计了一批当今最具创新性的建筑，包括 2010 年的水之塔（Aqua Tower）和现在芝加哥同一街区正在建设的 Vista 大厦（Vista Tower）。除了规模较小的文化和社区项目外，她还主导过多个美洲和欧洲的重大设计项目，包括纽约美国自然历史博物馆的理查德·吉尔德科学、教育和创新中心，美国驻巴西使馆，芝加哥的奥黑尔国际机场（O'Hare International Airport）新国际航站楼，以及纽约、旧金山、多伦多和阿姆斯特丹的多座高层建筑。

朱利安·沃尔夫，Studio Gang 设计总监与合伙人、建筑师，她倡导同时为社区及其环境服务的建筑设计理念。朱利安将其在可持续发展和低能耗结构方面的专业知识融入了 Studio Gang 设计的作品中。凭借其在综合访客服务组织、高层建筑和其他大型项目方面的经验，她主导了工作室一些著名的项目，包括作家剧院（Writers Theatre）、Vista 大厦以及该工作室迄今为止最大的项目——奥黑尔国际机场新国际航站楼。

e: marketing@studiogang.com

www.studiogang.com

1 引言

由于高层建筑从地基向天空伸展所必需的大型结构，以及内向性的运营模式，它们在城市建筑群中往往呈现封闭的形态。Vista 大厦的设计提出了新的可能性：为何不使摩天大楼成为向公众开放的城市连接体，而不是城市屏障呢？Vista 大厦重新塑造了城市边缘的这片区域，它前所未有地将芝加哥湖滨东区社区与周围的景观资源紧密连接在一起，加强了河滨区域对公众的开放性。三个高耸且错落有致的主体单元和第四个较低的连通单元体构成了 Vista 大厦的主体。大楼的内部空间可容纳 396 间公寓、一个拥有 191 间客房的五星级酒店、餐厅以及其他便利设施。Vista 大厦所采用的创新结构系统通过减少结构的落地面积，在建筑单元体中创造了一个全挑空空间，作为河滨步道和附近的社区公园之间公众通行的重要连接通道（图 3-59）。

图 3-59 该建筑物由四组体量组成，使建筑形体与场地的几何形状相协调，同时在建筑物的东北和西南侧创造了一个宽敞的入口广场

项目信息

竣工时间：2020 年
建筑高度：363 m
建筑层数：101 层
建筑面积：176516 m²
主要功能：住宅 / 酒店
业主 / 开发商：Parcel C LLC
建筑设计：Studio Gang（设计）；bKL Architecture
（深化）；Gensler（酒店设计）；HBA（室内设计）
结构设计：Magnusson Klemencic Associates
总承包商：James McHugh Construction Co.
土木工程：Mackie Consultants

图 3-60　从芝加哥河北岸看 Vista 大厦　© Tom
Harris, courtesy of Studio Gang

> "
> **建筑从内到外都使用棱台单元来构建具有多个方向和角度的组合体结构。**
> "

　　这座建筑的基本组成单元是一个 12 层楼高的平顶金字塔状结构，称为棱台。正反堆叠的棱台塑造了建筑整体流动的外观形态。这些棱台单元使建筑立面形状从传统的四角变成了八角，从多个方向为大楼内的居民和用户提供阳光与新鲜空气，为大楼在不同高度配置绿地空间。为了加强建筑表面的流动形态效果，该建筑的幕墙采用了一种高性能玻璃，这种玻璃根据照射面积变化对太阳能利用效果进行了优化。伴随着 Vista 大厦的逐步建成，它已经成为芝加哥市民所熟知的城市地标，让市民见证了城市摩天大楼如何由封闭的传统形态向开放化、公众化的现代形态转变。

2 设计概述与灵感来源

　　设计这座芝加哥第三高的建筑是为芝加哥建立一座醒目的城市地标、一个地面公共空间连接体的绝佳契机。因为芝加哥的特殊之处在于它的城市地面有三个层次（Upper Wacker Drive，Lower Wacker Drive，Lower Lower Wacker Drive），复杂的多层道路系统在过去几十年间一直限制了河滨区域对公众的开放度（图 3-60）。从一开始，Vista 大厦就被设想为是可以提供公共服务的城市基础设施，所以它的每版设计方案中都会包含在其中心建立一个公共的地面开放空间，连通公园和河滨区域（图 3-61）。

　　这座建筑的整体轮廓设计平衡了连接城市空间和优化室内体验两方面的需求。建筑从内到外都使用棱台单元来构建具有多个方向和角度的组合体结构。叠合的 12 层的四棱台体单元组成了这些被称作"枝干（stem）"的垂直体量（图 3-61、图 3-62），形成起伏的独特外观。

　　这些枝干从东到西一字排开，每组体量会相对相邻体量进行偏移以与芝加哥河岸平行。最东端最低的体量是 10 层楼高，紧邻河边。紧接着，第一组枝干高 47 层，包括 4 个棱台单元。第二组枝干比第一组高两个棱台体，有 71 层。第三组也是最后一组枝干比第二组枝干又多 2 个棱台，有 95 层。该建筑的设计体系是基于一个具有梯度的"三塔杆"组合，不仅从侧面横向显示了形态的多样变化，还增加了沿其高度的变化。堆叠的棱台单

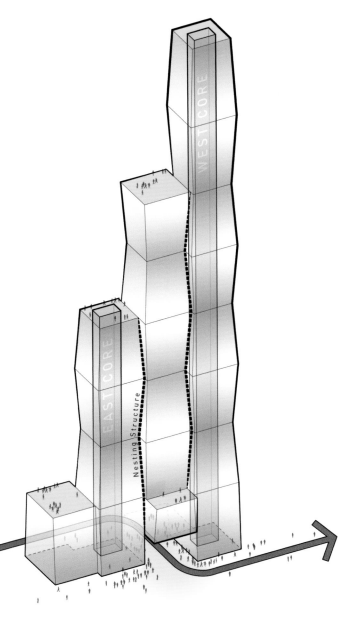

图 3-61　两侧的枝干体量由中心式核心筒支撑，而中央枝干不承担任何侧向荷载，也没有核心筒，因此可以架在路面之上

元使每层楼都有 8 个角，而不是传统立面的 4 个角。如此一来，改善了自然采光和通风，并拓宽了建筑内部的视野。

　　"枝干"的概念与建筑项目和场地用途需求相对应。相互嵌套并连接的枝干在较低层的横向连接处形成一块较大的平台空间以容纳酒店所需的双侧走廊，同时与建筑周围的场地尺度保持协调。而随着建筑高度的升高和高层区域住宅功能的需求，单元体量也逐渐变小。

　　建筑内的酒店和住宅部分直接落地，位于 Upper Wacker 的公共广场一侧是酒店入口和餐厅，另一侧是住宅入口和大堂。在第 47 层（第一组枝干的顶端），在娱乐空间与外部露台相连处设有一个宽敞的公共室外空间。而在建筑内部，两组相连的枝

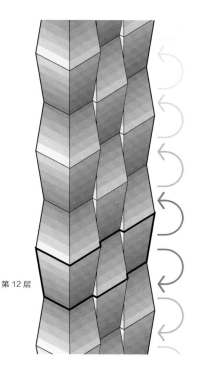

图 3-62 迭代模型展示了"三组枝干"概念的几何模型优化研究

干体量的平面形式非常适合用作住宅，每间公寓的阳光照射都将十分充足。随着高度的上升，住宅单元的面积和卧室的数量会随之增加，顶层的复式公寓占据了完整的两层。在第 71 层，第二高的枝干顶端，这个私人住宅露台拥有这座城市最高的私人游泳池。

与附近的水之塔大厦一样，Vista 大厦的休闲空间也同时开放给居民和酒店客人，以此营造一个活跃的社交环境，让人们除了日常搭乘电梯之外还能互相交往。这些休闲空间包括一个室内游泳池、健身房和餐厅，集中位于第 10 层和 11 层，以及 11 层的室外平台（最低的体量顶端）。这个开放区域被视为建筑的社交中心，建筑师在设计过程中一直反复思考休闲空间要如何参与构建并支持社区生活。

3 结构

三组枝干的设计策略贯穿设计的整个过程，建筑团队与结构工程师们一直紧密合作，以同时满足高度要求和对城市开放的要求，体量在设计过程中经过了多轮调整。

最初的设计概念要求棱台从最大的 27.4 m²（90 ft²）平台面积逐渐缩小到最小的 21.3 m²（70 ft²）平台面积。后来考虑到经济需求，建筑需要更大的楼层面积和更少的公寓面积变化，最小的平台面积被修改为 24.7 m²（81 ft²）。但是这样的修改增加了风力对建筑物的影响。为了解决这一问题，设计团队在建筑第 83 层处设置了一个两层楼高的"中空"结构层，让风在高空穿过大楼（图 3-63）。此外，分别位于第 83 层、93 层和 94 层的调谐阻尼器也将增强建筑结构对风振的抵抗力。

图 3-63 83 层的"中空"结构层 © Tom Harris, courtesy of Studio Gang

图 3-65　倾斜的柱子支撑着位于中心的酒店悬空结构，形成了独特且宽敞的内部空间

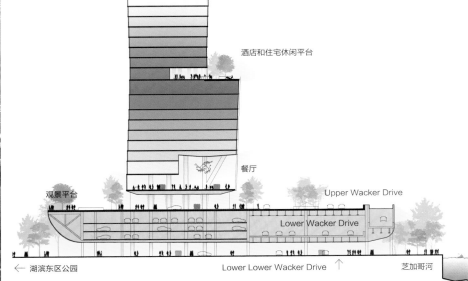

图 3-64　为了构造建筑物的阶梯状边缘，混凝土柱错落有序地设置在楼板外围 © Nick Ulivieri, courtesy of Magellan Development

图 3-66　Vista 大厦摒弃了许多超高层建筑中典型的堡垒般的基础，通过与 Upper Wacker Drive 的新连接点加强了与地面的连接，在公园和河流之间建立了宽阔的通道。此外，整座建筑中都分布有公共空间

为了实现阶梯状的外立面和多变的楼板，设计团队尝试使用倾斜的混凝土外围柱。最终柱子设置为垂直于楼板，且每层的柱体相比下层会向内或向外移动 127 mm（5 in），楼层越高，柱子尺寸越小。这样的设计能增加楼层空间的利用率，尤其使酒店层（第 1~11 层）的角落空间更加干净（图 3-64）。

为了支撑中心体量，建筑物的两个主要承重核心筒被设置在两边的枝干中，它们像桥梁一样承载着中心枝干的重量。与外立面平行的倾斜翼墙从核心筒中伸出以增强结构的稳定性。在酒店落客区和人行道之上，第 2~6 层的大型公共空间，比如大堂和酒吧，处在一个被混凝土斜柱包围的空间中（图 3-65、图 3-66），这些斜柱将外围荷载传递到核心筒上，不仅使中间枝干体量"漂浮"在这个空间上，还在建筑北立面上强调了酒店的公共空间。

4　立面

Vista 大厦的玻璃外层采用了吊挂式和坐地式相结合的混合幕墙系统。玻璃面板从上层楼板外沿悬挂而下，但是这些幕墙框架并没有采用典型的吊挂式做法延伸到板边缘之外，而是采用坐地式幕墙做法固定在下层楼板上。这种做法让玻璃垂直放置在框架中，同时有助于增强立面的整体韵律感。

立面形式在最终确定前经历了不断的优化。建筑师希望尽量避免斜面，以免相邻的建筑遭受眩光。此外，要降低玻璃的反射率以保护经过密歇根湖迁徙的候鸟。同时，要保证室内的良好采光，并降低室内的受热程度，提升建筑的环境性能。

为了在每个楼层同时保证低反射率以及理想的室内采光 – 受热比例，在面积更小的楼层上需要更优性能的玻璃，面积更大楼层的玻璃则可以更清透无色。为了满足这些环境要求，设计团队选取了一系列具有性能梯度的玻璃，它们还将在视觉上增强塔楼的几何流动性（图 3-67、图 3-68），以实现每个楼层的玻璃性能以及颜色之间的渐变和过渡。这样的立面设计成功地将建筑形式、环境性能和优美生动的外观融为一体。

最初，玻璃制造商的早期试验并未达到预期的效果。生产过程中，由于各种变量的复杂性，无法使不同楼层所需要的 6 种玻璃形成颜色梯度。在制定规格和招标过程中，团队在设计早期联系过的德国制造商 AGC Interpane，告诉设计团队他们已做好生产定制涂层玻璃的准备，可以满足所需的产量（图 3-69）。

于是项目设计与业主团队前往德国，在 AGC 工厂进行了数天的数字建模、模型制作和批次测试，最终选出了满足要求的 6 种玻璃。每种玻璃都经过性能调整，具有独特的蓝绿色彩，成功构成了整体上的颜色和性能梯度。随着外立面逐步被玻璃幕墙覆盖，建筑物的形态逐渐清晰，高楼表面似乎在微微地起伏着，与芝加哥湖的色调和周围建筑物立面产生呼应（图 3-70）。建成后，Vista 大厦还将成为拥有世界上最大规模的定制玻璃幕墙的建筑。

5 底部流通性

为了更好地理解 Vista 大厦在芝加哥这座城市中扮演的角色，我们需要将它放在这片区域的

城市历史背景下。过去 50 年中，芝加哥河南岸这片西至密歇根大道、东至湖滨大道的区域经历了从港口、铁路用地到拥有大量绿地的混合功能高层社区的转变。在这里，20 世纪 60 年代末伊利诺伊中心（Illinois Center）的建造标志着从西向东推进的开发项目的开始。一些较著名的写字楼接踵而至，包括保德信大厦（Prudential Center）、怡安中心（Aon Center）等，接着是各种酒店，最终形成了一个大型居住综合体——芝加哥湖滨东区。

现在对这片区域进行再开发不仅仅是用新功能替换旧功能。由于在街区和河滨之间有三个层次的"地面层"：最上层的

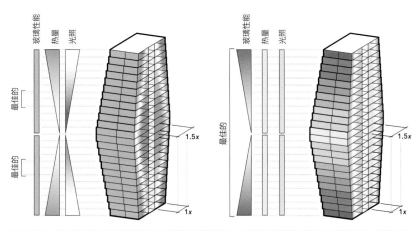

图 3-67　渐变的有色玻璃特别适用于阶梯形建筑体量，能提高建筑物的整体环境性能。随着平面缩小，玻璃颜色逐渐变深、性能提升，以此使各楼层的光热吸收水平保持一致

图 3-68　安装好的玻璃幕墙

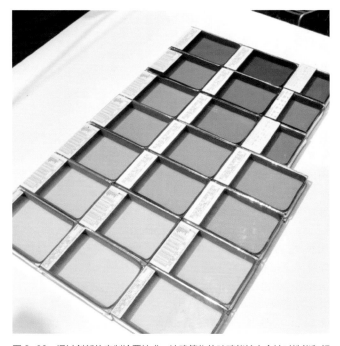

图 3-69　通过创新的定制涂覆技术，该建筑物的玻璃能够完全针对性能和颜色梯度定制。项目团队对生产线上产出的玻璃进行了大量的测试

图 3-70　从湖滨大道看 Vista 大厦，玻璃安装后呈现出蓝绿色渐变的效果

Upper Wacker Drive 与密歇根大道和湖滨大道上的桥面齐平，主要街道连接芝加哥河两岸；底部的 Lower Lower Wacker Drive 与真正的地面或者说河面齐平；中间的 Lower Wacker Drive 与哥伦布大道的桥面齐平。这种分层的结构使得交通车辆可以畅通无阻地穿过复杂的建筑群下方，进入较低层的 Wacker Drive、密歇根大道和湖滨大道。而芝加哥河滨区拥有自行车道和水上出租车，是重要的城市休闲游憩区域，虽然人们可以依靠导航，但这样的多层道路系统导致长期以来连接格兰特公园、千禧公园和芝加哥河滨的步行道路非常容易让人迷路。

　　因此，Vista 大厦的设计面临的挑战是，不仅要在车行落客层（Upper Wacker Drive）上，也要在河滨所在的界面（Lower Lower Wacker Drive）上创建人行通道。此前，这里的 Upper Wacker Drive 尽头是一条死胡同，在该项目完工后，

道路拐角将被改造成带有缓坡台阶和坡道的阶梯景观平台（图 3-71）。中层将为车辆提供通往停车场的通道，以及为行人提供地下人行道通往 Pedway（芝加哥市中心的地下人行道路系统）。下层设计的挑战最大，因为它必须从湖滨东区的下沉式公园内部穿过到达河滨步道。为此，设计采用一条宽阔的林荫道延续湖滨大道建立的南北向城市轴线。建筑物下方的通道顶部被设计成弧形曲面，并铺有反射金属制成的面板用来采光（图 3-72）；晚上，通道将被照亮，同样备受人们欢迎。

6　结论

　　Vista 大厦继承了芝加哥摩天大楼一贯的创新性，同时预示着这座城市的光明未来，也为周围区域注入了新的城市活力。这

图 3-71 上层的步道和落客环路由一个景观露台衔接

图 3-72 Field Boulevard 地下通道连接了湖滨东区公园和芝加哥河,通道内别具特色的灯光和曲面设计使此建筑门户更为吸睛

座摩天大楼改变了芝加哥河滨长期以来所处的可望而不可及的状态,并进一步塑造着独特的城市天际线。同时,它也创造了新的城市门户,为芝加哥河滨区域的休闲娱乐和交通发展带来了新机会。它还用一个入口和一堵街墙在多层道路界面为城市区域带来了前所未有的新转变。不论从城市维度还是人文维度,Vista 大厦的成就都将惠及几代芝加哥人。■

(翻译:毛雯婷;审校:王欣蕊,王莎莎)

本文选自 *CTBUH Journal* 2019 年第 4 期。除特别注明外,文中所有图片版权归 Studio Gang 所有。

> "
> **Upper Wacker Drive 尽头的死胡同被改造成带有缓坡台阶和坡道的阶梯景观平台。**
> "

迈科中心　© Marcus Oleniuk

4 前沿研究

空中连廊高层建筑的模态响应评估

高层建筑的低层公共空间对健康和行为的影响

人工智能技术模拟都市垂直增长

建立行业广泛认可的高层建筑面积测量标准

空中连廊高层建筑的模态响应评估

文 / 费德里科·卡尔迪（Federico Caldi）　彼得罗·克罗塞（Pietro Croce）　Jenna Wong　Zhaoshuo Jiang　大卫·舒克（David Shook）　Joanna Zhang

美学特征、新材料、结构配置和建筑技术正在推动建筑环境的边界不断扩展。在城市范围内，建筑师越来越多地考虑将高层建筑通过空中连廊相互联系起来，以解决住宅和商业建筑之间对可达性日益增长的需求。但是，这种需求不仅给建筑物的外部特征和高度带来了复杂性，而且给建筑物的结构动力特性（特别是刚性连接时）带来了复杂性。迄今为止，有关这些相互连接结构及其组合行为影响的研究还很有限。本文研究了通过空中连廊连接的两个典型高层建筑的动态响应模态，将连廊理想化为具有不同刚度的梁。本研究使用 3D 有限元分析模型来检查各个建筑物与连接的建筑物系统之间的模态振型和质量参与系数。

作者简介

费德里科·卡尔迪　意大利比萨大学
（University of Pisa）研究生研究员
（Graduate Researcher）

彼得罗·克罗塞　意大利比萨大学结构工程和桥梁设计教授
e: p.croce@ing.unipi.it
www.unipi.it/

Jenna Wong　博士，旧金山州立大学工程学院土木工程助理教授
e: jewong@sfsu.edu

Zhaoshuo Jiang　博士，旧金山州立大学工程学院助理教授
e: zsjiang@sfsu.edu
www.sfsu.edu

大卫·舒克　SOM 设计事务所副总监，P.E.，LEED 认证专家
e: david.shook@som.com

Joanna Zhang　SOM 设计事务所理事，S.E.，P.E.，LEED 认证专家
e: joanna.zhang@ som.com
www.som.com

1 引言

在世界范围内，高层建筑的高度正在迅速增加，以解决城市密集化的问题，这导致了建筑师、规划师和开发商对高层城市环境中的可达性的关注。城市规划师不仅在寻求改善日常可达性的方法，而且还不断寻求改善社区连通性和紧急出口的方法。为了解决这个问题，人们越来越多地考虑通过空中连廊将高层建筑物相互连接（Wood，Safarik，2019）。但是，这样的元素给结构系统带来了复杂性。为了最大限度地减少这种复杂性，通常使用滑动轴承将空中连廊的廊桥结构从一个或两个塔楼框架上"解耦"，在减轻结构动力复杂性的同时，这种通用方法消除了两塔楼之间结构动力增强的潜在效应。

简而言之，耦合塔楼（不带滑动轴承）往往会使相连塔的位移同步或在建筑物之间传递荷载。因此，相互连接的建筑系统值得研究，以更好地了解这些系统的耦合动力学行为。塔拉尔森（Taraldsen，2017）曾评估了空中连廊耦合结构行为的有效性，其研究通过评估准静态风荷载下不同的连廊结构和位置，研究了互相连接的双子建筑的动态行为，其研究结果提出了一个问题，即是否可以将其改进方法应用于地震下的结构。本文将研究，与未连接的塔楼相比，当两座高层建筑物或塔楼连接在一起的时候，它们倾向于通过改变其固有频率（natural frequency）、质量参与系数（participating mass ratio）和模态振型（modal shape）来相互影响。

2 建筑设计

本研究中考虑的钢筋混凝土建筑是基于 Taraldsen 研究中的结构，并进行了一些修改。首先，中央核心筒被扩大以更能代表现代高层建筑设计。其次，为了在更普遍范围内了解建筑物的动力特性是如何被影响的，这里考虑了两座不同高度的高层建筑。最后，为了将

表 4-1　在研究中塔 1（T1）和塔 2（T2）的结构细节

	楼层	柱（cm）	梁（cm）	剪力墙（cm）
塔 1	40~45	70×70	50×70	40
	32~39	80×80	50×70	70
	22~31	90×90	50×70	100
	15~21	120×120	60×90	120
	7~14	150×150	60×90	150
	1~6	180×180	60×90	180
塔 2	25~30	70×70	50×70	30
	19~24	80×80	50×70	50
	12~18	90×90	50×70	70
	7~11	120×120	50×70	90
	1~6	150×150	50×70	120

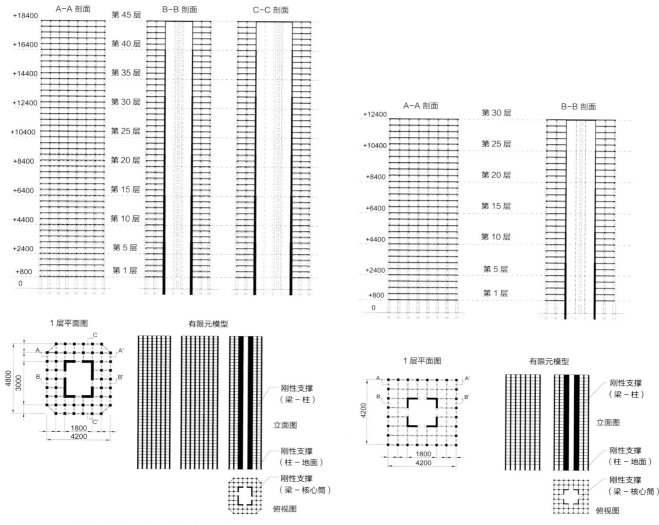

图 4-1 塔 1 的平面图、剖面图和有限元（FE）模型（单位：cm）

图 4-2 塔 2 的平面图、剖面图和有限元模型（单位：cm）

注意力集中在刚性连接上，结构系统是线性的，并具有特定的材料特性（表 4-1）。在两座建筑中，每个钢筋混凝土楼板层都施加了额外的重量（3D 模型仅由中央核心筒、柱和梁组成），塔楼使用 SAP 2000（CSI，2018）进行建模。

两座建筑中较高的一座是塔 1（T1），它是一座 45 层、高 184 m 的典型办公大楼（图 4-1）。这种塔楼的结构框架由核心筒结构形式组成，其中重力和水平载荷由每层楼板传递，楼板由单一核心筒和外围柱（刚性核心筒加上抗弯框架）支撑。柱的横截面随层高而变化，下层的横截面最大，并遵循强柱、弱梁设计方法。较大的中央核心筒遵循相同的规则，核心筒在下层最厚，在顶部最薄。此外，为了使设计更逼真，将第一层的高度增加了一倍，达到 8 m，从而创建了一个高大的门厅，而其他所有楼层都保持在 4 m 的高度。

塔 2（T2）是一座典型的住宅建筑，有 30 层，高度为 124 m（图 4-2）。该塔的框架与塔 1 的框架相同，即由刚性核心筒和抗弯框架组成。因此，塔 2 表现出相似的结构构件分布，而构件尺寸和高度与塔 1 不同（表 4-1）。同样，第一层的高度增加了一倍，达到 8 m，从而形成了一个高大的门厅，其他所有楼层的高度均为 4 m。

最后，使用 30 m 长的梁模拟廊桥进行建模，该梁代表廊道两端的建筑物之间的耦合连接。第一种情况，连梁位于两座相同的塔 2 之间（图 4-3）；第二种情况，连梁将塔 1 与塔 2 连接起来（图 4-4），这是连梁连接建筑物时的两种可能的情况。第一种情况的双塔系统（twin-tower system，TTS）描述了一种有序的场景，在对称位置实现连接，并且两座建筑物具有几乎相同的质量、高度和占地面积，但是，这些条件并不总是给定的，因此，对模型的任何更改都会使新增变量的计算处理时间增加。实际上，代表非有序场景的第二种情况，即两座完全不同的塔楼以不对称的构型连接在一起，即双塔 / 不对称（twin-tower/asymmetric，TTA）系统无疑比第一种情况更有实际意义，但是为了更好地理解此类结构的行为如何变化，将简单的模式与一个相对复杂的模式进行对比是至关重要的。

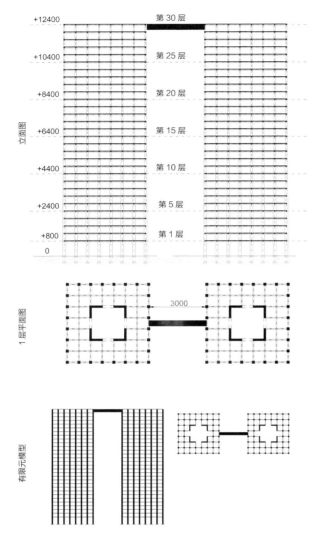

图 4-3   双塔系统的平面图、立面图和有限元模型

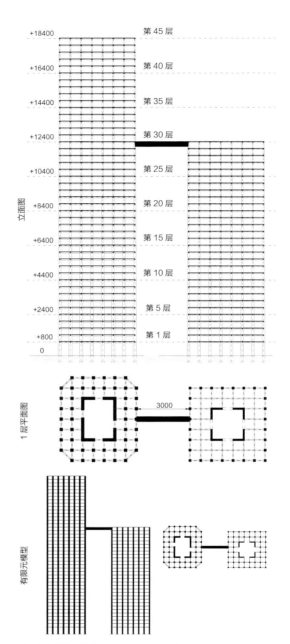

图 4-4   相连接建筑系统的平面图、立面图和有限元模型

研究中还探讨了连接的刚度，并使用了两种不同的连接。第一种连接是无限刚性的，因此，它使两座建筑物的楼板连接后就像同一个单独的刚性板一样。第二种类型的连接被设计为柔性的，它连接的两座建筑物的楼板不能作为同一个刚性构件，而是存在一些相互作用，连梁就像是一根拉杆（也就是说，一座建筑物可能会拖拽另一座）。两种类型的连接，其质量均等于 0，并且具有无限抗力（它们不会倒塌或损坏）。

3 模态分析

本研究使用响应谱（模态）分析。关于模态质量评估，遵循 ASCE 7-10 的"建筑结构的抗震设计要求"一节（美国土木工程师学会，2010）。首先，对未连接的塔楼进行评估；然后，评估耦合条件下塔楼的响应。在两次实验之间，塔楼的大小和设计没有变化，而连接的刚度将从无限刚性变化为无限柔性。此外，连接的逐层位置也会变化。

3.1 独栋塔楼

为了创建结构响应行为的基准，我们研究了单个塔楼的 3D 模型。振型 1 和振型 2（图 4-5）是最重要的振型，在 x 和 y 方向上有平移运动，激发了大约塔 1 模态质量的一半。塔 1 在两个方向上都通过前 6 个振型激发了总地震质量的 75%（表 4-2）。同样，正如预期的那样，由于结构平面的对称性以及质心和刚度中心的位置重合，前两种模态的结果显示没有发生扭转效应。

与塔 1 相似，塔 2 的振型 1 和振型 2（图 4-6）沿 x 和 y 方向具有最大的质量参与因子。但是，塔 2 的行为与塔 1 略有不同（表 4-2），其前 6 种振型实现了 80% 总质量的参与。此外，与塔 1 的 3.7 s 周期相比，塔 2 的基本周期为 2.7 s，这与结构高度的差异一致。与塔 1 相似，塔 2 在第 1 和第 2 振型下仅具有平移运动。值得注意的是，两座建筑物都需要大约 12 种振型才能在每个方向上达到 85% 的质量参与度。两座塔楼的大部分质量参与（约 75%）发生在前 6 种振型中，突显了更高阶振型的影响。高阶振型对于高层建筑的影响是非常重要的，也许耦合塔可以解决这个问题。

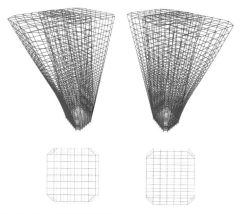

图 4-5　塔 1 振型的平面图和 3D 视图

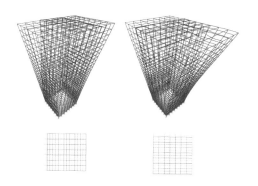

图 4-6　塔 2 振型的平面图和 3D 视图（振型 1 和 2）

表 4-2　塔 1 和塔 2 在模态分析中 $x(U_x)$，$y(U_y)$ 方向的质量参与系数汇总

模态	塔	周期(s)	U_x（%）	U_y（%）	R_z（%）
1	T1	3.771	57.84	0.00	0.00
	T2	2.766	66.26	0.00	0.00
2	T1	2.897	0.00	55.50	0.00
	T2	2.765	0.00	66.22	0.00
3	T1	2.687	0.00	0.00	58.48
	T2	2.472	0.00	0.00	68.17
4	T1	1.270	19.47	0.00	0.00
	T2	0.846	14.10	0.00	0.00
5	T1	0.955	0.00	0.00	19.73
	T2	0.845	0.00	14.09	0.00
6	T1	0.838	0.00	20.84	0.00
	T2	0.812	0.00	0.00	13.23
7	T1	0.631	0.07	0.00	0.00
	T2	0.433	0.00	0.00	0.06
8	T1	0.495	0.00	0.00	0.07
	T2	0.420	0.06	0.00	0.00

总体而言，对单个塔楼的模态分析展现了几个关键的观察结果。首先，自振周期之差为 1s。但是，由于它们的平面配置，两座塔楼都具有两个主要的平移模态振型和一个扭转振型，而没有响应的耦合。

3.2　相连接的建筑系统

本研究的这一部分，将通过两种连接形式在整个结构高度上的不同位置，来评估它们对结构响应的影响。

3.2.1　连接位置的影响

首先，我们研究了 TTS 与 TTA 中连接的位置如何影响模态响应。对于 TTS，其振型是纯平移的，没有扭转响应（图 4-7）；而 TTA 中引入了轻微的不对称性，则其第 2 振型开始在扭转方面呈现出细微的差别（图 4-8），建筑物在平面内的不对称性越强，其扭转性质就越明显、越重要。振型 1 在 TTS 和 TTA 之间的模态响应中看不到任何变化，因为它仍然是平移的。在 TTA

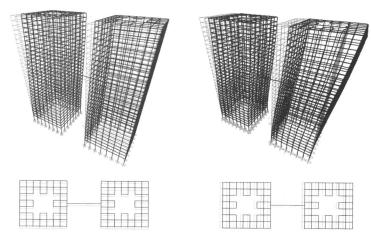

图 4-7　具有刚性连接的 TTS 振型的平面图和 3D 视图（振型 1 和 2）

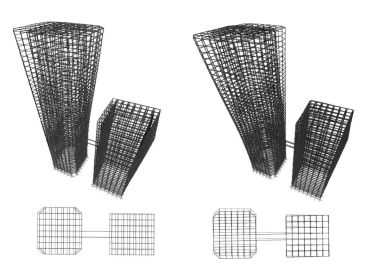

图 4-8　具有刚性连接的 TTA 振型的平面图和 3D 视图（振型 1 和 2）

方案中，振型 2 从纯平移变为平移或扭转（取决于连接位置的高度）。实际上，连接若位于建筑物的较高位置，则振型 2 的形状由塔 1 的 y 向平移驱动，塔 2 仅充当这种移动的约束。连接位置距离地面越近，塔 2 的这种约束效应就越小。最终结果是混合的 y 向平移和扭转模态，这是因为系统的模态运动由"主"模态运动引导，发生在特定的自振周期内。相连接的建筑系统的模态运动通常由一个塔的主运动加上另一个塔的伴随运动组成。

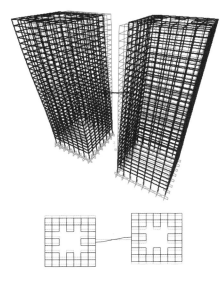

图 4-9　带有柔性连接的 TTS 振型的平面图和 3D 视图（振型 3）

3.2.2　连接刚度的影响

然后，我们研究了连接的刚度是如何影响 TTS 系统的模态响应的。总体而言，无论其放置高度如何，刚性连接都会影响并同步建筑物（TTS 和 TTA）的运动。但是，通过降低连接刚度，塔体之间的同步运动就会消失。例如，在中间高度放置柔性连接，则其无法为系统提供足够的刚度，因此，两座塔楼会朝不同的方向运动（图 4-9）。增加刚度非常大的连接后，无论其放置在何处，都会影响并同步建筑物的运动。这在具有不同特征，如高度、材料或重量的连接建筑物中尤其明显。

接下来，我们针对 6 个不同的 TTS 场景（3 个考虑了刚性连接，3 个考虑了柔性连接）对各个塔楼的振型周期进行了比较。连接放置在建筑物的第 2、第 16 和第 30 层，从中我们可以得出一些观察结果。将 TTS 与塔 2 的各个自振周期进行比较，几乎可以看到相同的周期。出乎意料的是，刚性连杆远离基部位置时产生的自振周期更接近单个塔楼的自振周期。另一方面，柔性的连接显示出 TTS 周期的增加（图 4-10）。这可能是假象，因为通过柔性连接的塔楼（例如，在 TTA 中）应表现为未耦合，但是，当双栋建筑物连接时，会产生一些副作用。要理解这一点，那这些作用必须与质量参与系数一起讨论。

3.2.3　连接刚度和位置的共同影响

在这里，TTA 用于研究加上刚性和柔性连接后，其不对称性将如何影响结构响应。通常在这些系统中，有一座建筑物质量更大且更易变形，它实际上会沿连接更有效的方向拖动另一座建筑物。我们在第一个振型中会标记该响应，其会随连接位置

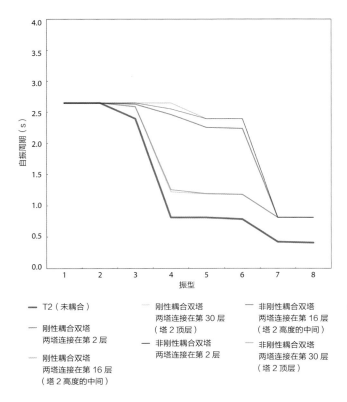

图 4-10　单个塔 2 的自振周期与 TTS 的自振周期的比较

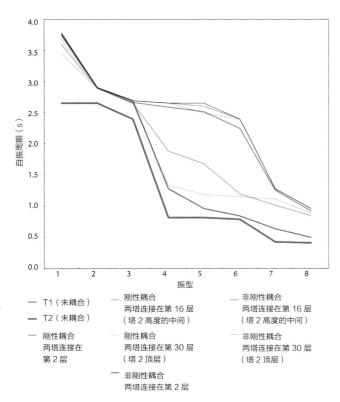

图 4-11　单塔和 TTA 的自振周期比较

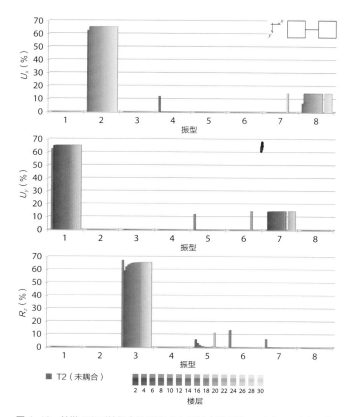

图 4-12 单塔 2 和刚性耦合的 TTS 参与质量（从顶部、x 方向、y 方向和绕 z 轴）

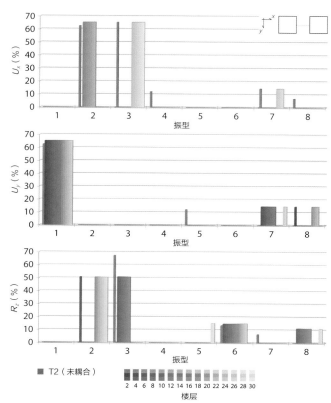

图 4-14 单塔和松散耦合的 TTS 参与质量（从顶部、x 方向、y 方向和绕 z 轴）

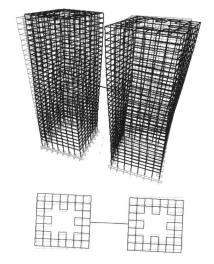

图 4-13 具有刚性连接的 TTS 振型的平面图和 3D 视图（振型 3）

而变化。一个有趣的方面是，在 TTA 系统中，扭转模态的数量不会随连接高度而变化，并且要多于相应的单个塔楼的扭转模态。对于柔性连接，这种情况实际上是不可能发生的；主要受连接影响的是通过刚性连接的塔楼，在这些系统中，连接的影响更大，因为刚性连接限制了单个塔楼的模态振型。此外，随着连接高度的增加，刚性极高的连接往往会缩短建筑物的自振周期

（图 4-11）。这是合理的，因为塔 1 具有比塔 2 更高的基本周期，因此，较硬和较短的塔 2 会限制较高和较重塔楼的主要模态形状。这种约束效果随着连接高度的增加而明显增加，因为在塔 1 顶部附近会出现更大的模态位移。另一方面，柔性的连接不会影响较高的 TTA 结构的自振周期，因为记录表明这些自振周期与塔 1 未耦合时的自振周期相同。实际上，在这种情况下，连接对刚度更大的建筑的影响有限。有趣的是，使用柔性连接时，系统的自振周期类似于各个单独塔楼的周期。对于位于底座附近的刚性连杆也是如此，这种情况下塔楼之间会产生非耦合的响应。总体而言，相连接塔楼的响应倾向于塔 1 的模态响应。就是说，较高的塔楼会引导系统的模态运动，特别是在第一个最重要的振型中，而较小的塔楼则起到约束作用。

接下来，我们讨论前 8 个振型中各个 TTS 和 TTA 系统的参与质量变化。当双子建筑 TTS 刚性连接时，参与的质量不会随连接位置的变化而变化（图 4-12）。另外，系统的参与质量遵循单个塔 2 的质量。因此，前两个振型的模态形状是平移模态，第三个是扭转模态。但是，在这种扭转模式下，由于连接改变了各个塔架的刚度中心位置，因此塔楼倾向于绕刚性连接的中间旋转（图 4-13）。

如果将刚性连接替换为柔性连接，则质量的参与会发生波动（图 4-14）。TTS 这种类型的连接方式，加之两栋塔楼相同，产生了一种有趣的情况。实际上，从沿 x 和 R_z 的参与质量趋势看

（y 并没有显著变化），似乎对于某些连接位置，第 2 和第 3 振型是平移的，而对于其他连接，结果是扭转的。但是，这是不正确的。柔性的连接会让塔楼彼此相对独立移动；因此，不可能有扭转模式。该软件将这种振型识别为"扭转"模式的原因是，两个塔楼沿相反的方向移动（见图 4-9）。实际上，第一个实际的扭转运动出现在第 6 振型下（图 4-15），这种情况在这种系统中更为合理。

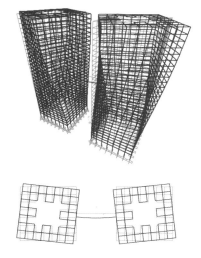

图 4-15 带有柔性连接的 TTS 振型的平面图和 3D 视图（振型 6）

当使用 TTA 代替 TTS 时，参与质量波动变得更加明显。使用柔性连接时，会注意到此变化的第一步。实际上，沿着连接方向，质量参与系数会受到连接高度的影响（图 4-16）。TTA 塔楼具有不同的高阶自振周期，彼此之间的影响比 TTS 塔更严重。在刚性耦合系统中，由于连接位置的原因，参与质量的变化可以基于灵敏度的级别细分为多个区域：区域 1 连接仅影响参与质量因子，而区域 2 连接影响参与质量或模态振型（图 4-17）。在区域 1 中，在每个可能的连接位置下唯一定义属于前三个振型的模态振型，第 2 和第 3 种振型始终为 y 向平移和扭转，同时呈现出参与质量几乎稳定的趋势。在区域 2 中，由于连接高度不同，在同一振型内可能会出现不同的模态形状。与前三种振型不同，第 4 种振型的质量参与因子和模态形状会受连接位置的影响，在较高的连接位置沿 x 方向产生平移形状，而较低和中间的连接位置则产生扭转和 y 向平移的混合形状（实际上，对于底部连接位置，它们会产生明显的 y 向平移形状）。这种模态行为符合预期，因为连接将导致未耦合的情况（塔 1 不会影响塔 2，反之亦然）。

原则上，较低的连接位置会降低模态质量的参与因子，主要是沿着连接方向。这是合理的，因为可以认为塔楼运动基本上是不耦合的，并且系统在每种振型下都可以激发更少的质量。此外，当连接放置在 TTA 系统底部附近时，观察哪些模态振型能够保持一定的可识别性是很有趣的（例如，系统模态运动仅呈现

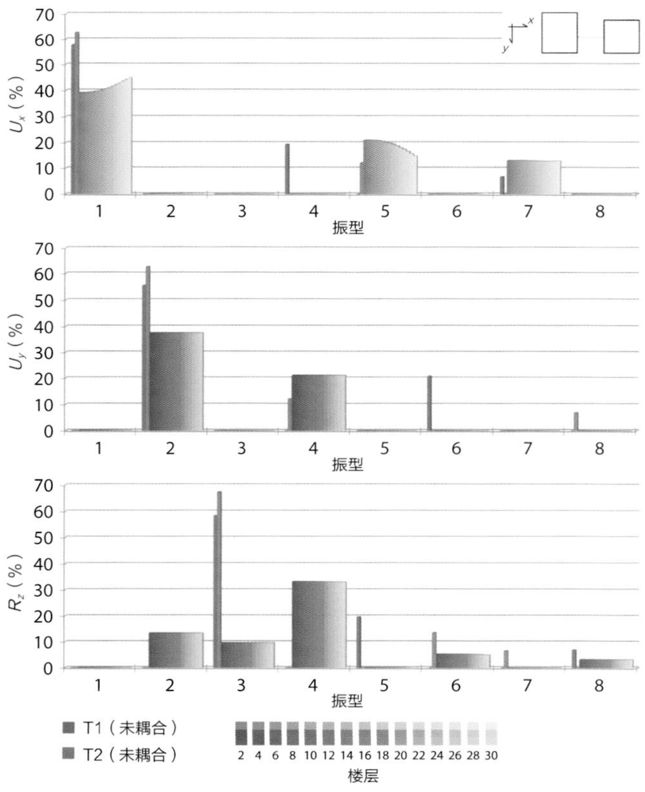

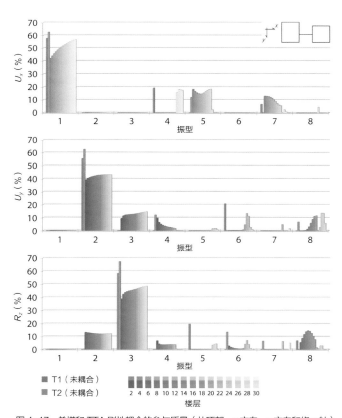

图 4-16 单塔和松散耦合的 TTA 的参与质量（从顶部、x 方向、y 方向和绕 z 轴）

图 4-17 单塔和 TTA 刚性耦合的参与质量（从顶部、x 方向、y 方向和绕 z 轴）

主要的位移或旋转，而在任何其他方向或旋转中均不显示小模态运动）。另一方面，靠近塔2顶部放置的连接会增加塔1模态运动对塔2的影响，反之亦然，从而增加了每个振型的参与质量。

最后，重要的是要注意这些图形并未考虑单塔连接在一起时的模态质量，而指的是一个总和（塔1的激发质量加上塔2的激发质量）。因此，不可能单个捕获一个塔激发的模态质量。例如，在第一种振型下，放置在T2顶部的连接产生的总参与因子为55%，但它不提供任何关于在 x 方向上单个塔1和塔2的激发质量信息。

4   结语

高层建筑中的水平耦合是一项重要的实践，需要仔细研究。如本文中的初步研究所示，随着连接刚度的增加，这些连接改变了高层建筑的模态动力特性。由于刚性连接使高层建筑物的运动同步，因此高阶的自振周期更接近较高的单塔，或者在双塔的情况下，它们根本没有变化。尽管在前四个振型中周期没有太大的变化，但在较高阶振型中，差异越来越大。同时，在 TTS 中，这些周期没有变化。在 TTA 系统中，当连接是刚性时，较小的建筑物将充当加劲肋，从而改变自然的振动模式（这对于较短的周期而言是相当大的）。

在双塔系统 TTS 中不会发生这种情况，因为两个塔都存在模态相似性。由于高度、质量和平面形状的不同，刚性连接的 TTA 系统具有的模态形状不能在主要方向上运行，尤其是在第一振型下，但它们具有混合的模态振型（ y 向平移和扭转模态）。在 TTA 中，沿 x 方向放置的刚性连接主要增加了系统在该方向上的刚度；同样，沿该方向的模态振型不与任何 y 向平移或扭转形状耦合。与 x 方向不同， y 向平移或扭转模态振型可以呈现混合形状。另一方面，柔性连接增加了塔的"个体性"，但是仍然沿连接方向受到一些"耦合效应"的影响。

这项研究通过刚性和柔性连接方式对耦合塔楼进行了探索性研究，提供了一些重要的成果，这些结果突显了刚性连接和松散连接的建筑系统的模态特征，以及这些连接是如何影响耦合塔楼结构的。尽管刚性连接和柔性连接是理想的情况，其限制了两个高层建筑物的运动，但是这些刚度变量允许对所有模态变化的轮廓进行定义。实际上，有了一个确定的刚度，一个真实的廊桥将引起系统的变化，这些变化将相应地体现在刚性和柔性连接所产生的系统变化中。■

参考文献

American Society Of Civil Engineers (ASCE). Section 12.7.2: Seismic design requirements for building structures ASCE 7-10[S].ASCE, 2010.

Computers and Structures Inc (CSI). SAP2000 Integrated software for structural analysis and design：SAP2000 v19.1.1 Student Version [CP]. Berkeley: CSI, 2018.

Taraldsen T. Master's thesis: Linking skyscrapers[D]. Trondheim: Norwegian University of Science and Technology, 2017.

Wood A, Safarik D. Skybridges: A history and a view to the near future[J]. International Journal of High-Rise Buildings, 2019, 8(1), 1-18.

延伸阅读

Behnamfar F, Dorafshan S, Taheri A, et al. A method for rapid estimation of dynamic coupling and spectral responses of connected adjacent structures[J]. The Structural Design of Tall and Special Buildings, 2015, 25(13):605-625.

Caldi F, Croce P, Wong J, Bascherini E, Buratti G, Jiang Z, Shook D & Zhang J. Master's Thesis: Altitude Life: skybridge between two skyscrapers[D]. Pisa: Department of Energy, System, Territory and Construction Engineering (DESTeC), Pisa University, 2018.

Lim J. Master's Thesis: Structural coupling and wind-induced response of twin tall buildings with a skybridge[D]. Fort Collins: Civil and Environmental Engineering Department, Colorado State University, 2008.

Pérez L, Avila S & Doz G. Experimental study of the seismic response of coupled buildings models[C]// International Conference on Structural Dynamics, EURODYN.2017.

McCall A J T. Master's Thesis: Structural analysis and optimization of skyscrapers connected with skybridges and atria[D]. Provo: Department of Civil and Environmental Engineering, Brigham Young University, 2013.

Tse K T & Song J. Modal properties of twin buildings with structural coupling at various locations[C]// The 8th Asia-Pacific Conference on Wind Engineering, Chennai, India December.2013.

Tse K T, Song J & Xie J. Dynamic characteristics of wind-excited linked twin buildings based on a 3-Dimensional analytical model[C]// The World Congress on Advances in Civil, Environmental and Material Research (ACEM14), Busan, Korea, August.2014.

（翻译：瞿佳绮；审校：王莎莎）

编者注：
有关 CTBUH 空中连廊相关研究的更多信息参见：bit.ly/38islKt。

本文选自 CTBUH Journal 2020 年第 1 期。除特别注明外，文中所有图片版权归作者所有。

高层建筑的低层公共空间对健康和行为的影响

文 / 叶　宇　王桢栋　董楠楠　周锡晖

高层建筑应成为有活力的城市环境的重要组成部分，这已是诸多亚洲城市的共识。在此背景下，本研究尝试结合新技术方法对于高层建筑低区公共空间社会效用开展定量化测度。我们将上海陆家嘴、香港中环以及新加坡滨海湾三个典型的亚洲城市 CBD 选为研究案例，通过类型学分析和实地研究总结出三大核心区中低层公共空间的典型模式和类别，通过统计调查、可穿戴设备和虚拟现实环境对其社会影响进行评估，揭示了高层建筑的低层公共空间与其社会效应之间的定量关联。这项研究对于更有效地进行场地营造，并使高层建筑地面空间产生更好的社会效益是一个有力的支持。本研究还提出了一项高层建筑的设计准则建议，旨在建立一个更加人性化的城市人居环境。

作者简介

叶宇，同济大学建筑与城市规划学院助理教授。他在香港大学获得博士学位，并曾在苏黎世联邦理工学院未来城市实验室担任博士后研究员。他的研究重点之一是利用多源城市数据和机器学习算法进行城市设计计算；另一个研究重点是使用虚拟现实技术和可佩戴的生物传感器进行人体尺度设计分析。在 Landscape and Urban Planning，Urban Geography，Environment and Planning B 和 Urban Design International 等期刊发表多篇论文。

王桢栋，同济大学建筑与城市规划学院教授、博士生导师，国家一级注册建筑师，麻省理工学院建筑系访问学者，兼任 CTBUH 中国办公室学术副总监，《国际高层建筑杂志》（International Journal of High-Rise Buildings）联合主编。他主要致力于城市综合体、高层建筑和高密度人居环境的研究，出版专著《当代城市建筑综合体研究》，发表《高密度人居环境下城市建筑综合体协同效应价值研究》等数十篇论文。

董楠楠，同济大学建筑与城市规划学院院长助理、副教授，建筑环境技术中心副主任。他于 1998 年和 2001 年在同济大学获得建筑学学士和硕士学位，2006 年在卡塞尔大学获得城市和景观规划博士学位。目前，他担任中德联合研究项目（BMBF）的中国协调员，研究中国城市的可持续发展，以及在绿色基础设施规划中实施生态系统服务框架，以促进弹性城市发展。

周锡晖，同济大学建筑与城市规划学院研究助理，致力于城市建筑综合体和城市人居环境研究。
e: caup@tongji.edu.cn
caup.tongji.edu.cn

1 引言

如何将高层建筑设计成城市人居环境的组成部分而不是远离环境的单体，这一问题已经受到人们广泛的关注。有证据表明，高质量公共空间鼓励的积极行为，例如社会交往和体育活动，可能有助于居民的身心健康和社会幸福感（Evans，2003）。由于公共空间对人们的生活质量至关重要，因此我们有充分的理由进一步研究高层建筑最基本、最具城市特色的部分，即公共空间、平台以及高层建筑与其周边环境的界面——从地面层到第五层，这里称为"低层公共空间"。

然而，定量研究的缺乏导致建筑设计不够有效，也难以据此进行以优化场所为目的的城市更新。为了填补这一空白，我们采用一种人本方法来衡量高层建筑低层公共空间的社会影响。偏好（Stated Preference，SP）调查适用于复杂场景，其中观察到的行为不充分，广泛适用于高密度建筑环境（Ulrich 等，1991）。还有三种方法用于补偿 SP 调查的缺点。首先引入虚拟现实（Virtual Reality，VR）技术，以弥补 SP 在社交互动中无法展示高密度建筑环境的复杂特征（Schofield 与 Cox，2005）的不足。第二，引入层次分析法（Analytic Hierarchy Process，AHP）来简化拥有众多特征的抽样调查过程（Lo 等，2003）。此外，探索性数据分析（Exploratory Data Analysis，EDA）被用于评估低层公共空间对参与者健康的影响，其结果用于验证离散选择模型。SP、AHP、VR 和 EDA 的结合应用将有助于对建筑环境的感知研究和行为研究进行系统和客观的评估。

2 方法论

2.1 分析框架

首先，选取三个亚洲特大城市——上海、香港和新加坡——的中央商务区（Central Business Districts，CBD）作为案例。这三个中央商务区都面临着类似的问题，街道一级的高层建筑缺乏都市气息。通过类型学分析和实地研究，总结出案例中低层公共空间的典型模式和类别。以下关于社会影响的评估是通过专家评级和 SP 调研的 AHP 实现的。VR 技术被应用于 SP 调研中，以创造一个沉浸式的三维环境，展示空间模式的不同组合。人们的感知和个人偏好被收集起来作为社会行为的表征。从访谈和生物传感器收集的数据被用于验证 SP 调查的结果。之后，我们使用离散选择模型进行统计分析。

最后，建立高层建筑低层公共空间的评价模型，并应用于这三个研究区域。我们通过互联网共邀请了 171 名参与者，其中 64 名男性，107 名女性，大多数参与者以前没有 VR 经验。

2.2 VR 场景设计

模拟真实体验对 VR 环境中的空间评估至关重要。典型模型越接近真实环境，参与者的回答就越可靠（Kuliga 等，2015）。本研究的基本场景是从三个 CBD 的典型特征中选取的。

表 4-3 和表 4-4 展示了从三个 CBD 中收集的一些建筑环境特征。根据这些数据，基本场景包括 6 个宽 212.8 m 的街区，每个街区有 4 栋高楼，建筑的基本体量为 40 m×40 m，建筑间距为 10 m。同时还添加了道路设施和标志，包括路灯、交通信号灯和标志等以增加场景的真实感。为了模拟真实的行人体验，每个场景中的公共空间模型成对放置在参与者的左右两侧。通过观察 VR 环境中的全景视频，记录参与者所陈述的对两种模型的偏好（图 4-18）。

考虑到变量的数量，不能在每组都进行两个变量的成对比较。我们进行了独立数据设计，以用最少的实验同时测试变量的影响。实验测试了来自 4 个类别的变量。VR 场景列表被导出到 SPSS 软件中。每个场景都包含一个类别中不同的变量值，每组至少有 20 个场景用于两两比较。为了确保统计有效性，变量的每个值在组中出现 4 次以上。

表 4-3 三个 CBD 中的建成环境典型特征

CBD	街区周长 (m)	人行道宽度 (m)	街道宽度	建筑长度 (m)	建筑间距 (m)
陆家嘴	160~220	6~13	4~8 车道	45~75	
中环	80~100		2~6 车道	15~60	
滨海湾	150~200	3~18	4~5 车道	30~60	8~12

表 4-4 带有平台公共空间的高层建筑的典型特征

建筑单体	IAPM（陆家嘴）	上海中心（陆家嘴）	K11（陆家嘴）	太平洋（中环）	C-03（中环）	C-111（中环）	C-67（中环）	M-04（滨海湾）	M-36（滨海湾）	M-39（滨海湾）
占地大小（m）	155×65	90×60	86×53	220×50	90×75	60×25	70×30	132×50	80×80	72×63
空间模式										

图 4-18 VR 模拟中的部分实验场景（空间属性经过调整，同时记录测试者对不同空间的反应）

2.3 变量设计

这项研究集中在提供高层建筑低层公共空间视觉感知的形态变量上。除了它们的空间类型之外，其中的物体和人工制品，以及有助于定义空间物理边界的界面，也包含在内（Mehta，2014）。考虑到公共空间可能位于高处，实验者建议从两个角度对低层公共空间进行分类：一个是从街道的地面，一个是从屋顶平台，平台高度不超过 22 m。每个类别都引入了内部值的详细测量，并对这些变量之间的潜在影响进行评估。

3 研究结果

3.1 变量的效用

图 4-19 是评估结果。根据结果，当视点在街道上时，沿

着街道的"树"权重最大；6 m 高的"跨街区连接体"和拱廊次之；街道两旁的"雕塑"和"椅子"扮演着类似的角色，权重比 20 m² 的广场稍高。结果表明，"空间类型学"中的变量可以通过提供遮阴空间和便捷的小路而使低层公共空间环境受益。小规模的广场可与每隔 3.6 m 设置的街道缓冲区有相似的效用，这两个要素为行人创造了一种合适的围合感。

与此同时，"空间元素"的变量有利于低层公共空间，如沙利文等人（Sullivan 等，2004）所写的那样，可通过提供遮蔽和休息场所、令人满意的围护空间和视觉刺激来提高空间的视觉效果。高层建筑底层的积极使用也显示出较高的权重，"商店"与 20 m² 的广场有相似的功能，与叶宇等人（2018）的研究结果相似，商店和酒吧、餐馆等小型餐饮企业被视为活力和安全的基本要素。"停车场"和 40 m² 的广场在模型中有负影响，前方

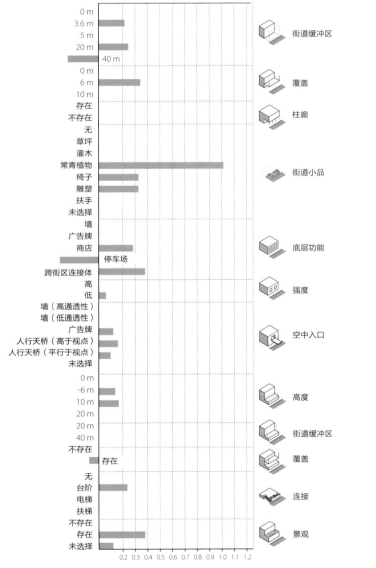

图 4-19　不同类别变量的效用，按照实验主体分类

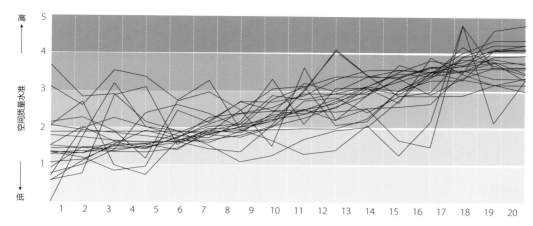

图 4-20　20 位测试者经过平滑处理的 EDA 信号

人行道的中断，以及车辆进出停车场时撞到行人的可能性会让行人感到不安全。

　　当 VR 场景的视点设置在屋顶平台时，绿色植物对空间环境的得分影响很大。根据库克和吉尔伯特（Cook & Gilbert，2015）的研究结果，绿植有助于自然和建筑环境的整合，并为社会活动分配不同的空间。其次是屋顶上的"椅子"和连接屋顶与更高公共空间的"坡道"。高层建筑的类型也有很大的影响，它们构成了低层公共空间的个性化界面。出于对特征和安全方面的考虑，使用者偏好更具围合感的形态（L 形和双塔）。屋顶平台高度以下的带有水平连接的公共空间权重也较高。这一发现表明，无论公共空间的功能是什么，高于街道视线的公共空间的可见度较低。值得注意的是，具有可停留功能的垂直连接（楼梯、坡道）比单一运输的连接（电梯）更受青睐。一些参与者认为，这些连接意味着他们背后的空间具有更高的开放性和公共性。屋顶层的广告牌有负影响，许多参与者反馈广告可能会阻碍室内外空间的交互。

3.2　生物传感的印证

　　在这项研究中，EDA 被用于验证 SP 调查的结果。生物传感器测量的 EDA 是连接到交感神经系统的小汗腺分泌汗液的指标，它能实时监测参与者的情绪反应，尤其是在压力和恢复的过程中（Boucsein 等人，2012）。实证研究表明，当人们面对交通拥挤的城市环境时，EDA 增加；而当面对自然环境或绿地时，EDA 减少（Ulrich 等人，1991；Zhang 等人，2018）。因此，它可以作为 VR 场景空间质量的一个反映指标。在这里，团队用 E4 腕带实现对参与者的测量。

　　然而，通过腕带收集 EDA 是相当耗时的。于是我们选择"单一空间类型"中的场景作为测试。共有 26 人参与了这项研究，我们测量了所有人的 EDA 值，其中 14 名男性，12 名女性，他们中没人参加过之前的实验。实验在短暂的休息后开始，这样 EDA 的起始值是稳定的。然后参与者被安排根据测量的空间质量从高到低观看 VR 场景，但他们没有被告知整个过程中场景安排的详细顺序。图 4-20 显示了有效数据的平滑 EDA 信号。当 VR 场景的空间质量变差时，大多数参与者的 EDA 信号上升。

　　多元线性回归分析验证了低层公共空间变量对参与者生理指标的影响。如表 4-5 所示，模型的 R 平方值是 0.210，调整后的 R 平方值为 0.194。F 统计量在 1% 的水平上是显著的。较低公共空间的大多数变量与参与者的压力具有微弱但显著的相关性，这反映在 EDA 信号中。结果证明，低层公共空间可影响用户的生理水平。

　　如表 4-5 所示，大多数变量在每次 t 检验中显著度为 5%，变量按照效用从低到高排列。具体来说，"街道缓冲区""盖顶高度"和"街道小品"的价值与 EDA 信号显著负相关，这意味着参与者在给出低分数时会感到更紧张。"柱子"与 EDA 信号正相关，柱廊可以更清晰地定义空间的边界，从而带来一种稳定感。总体而言，该模型与 SP 调查的结果非常吻合。

4　可视化评估和设计范式

4.1　城市尺度的评估

　　评估结果用于衡量研究地区的绩效。从 0（紫色）到 100（红色），比率较高表示低层公共空间有较好的社会影响，或者说，更鼓励积极的社会行为和对环境的使用（图 4-21、图 4-22）。

　　平均分从高到低依次为滨海湾、陆家嘴和中环。然而，中环的最大值和最小值都高于陆家嘴的对应数据。低比例的商店和超大尺度的街道使得陆家嘴的低层公共空间对行人不够友好。滨海湾的大多数高层建筑在其下部提供了拱廊和绿植，其街道缓冲区比其他两地具有更宜人的空间尺度。"商店"占中环"活力功能"的 83.8%，然而，其人行道狭窄且没有退界，缺乏城市家具和绿化，使得行人的愉悦感降低。

　　在我们研究的区域中，只有少数高层建筑在其裙房屋顶上提供了公共空间（陆家嘴 4 个，中环 8 个，滨海湾 18 个，包括共用同一平台的高层建筑）。对于裙房屋顶的得分，这三个地区是相似的。通常裙房屋顶拥有绿植（常绿植物和灌木），屋顶上的健身设备多为游泳池，然而由于这些空间缺乏与地面的紧密联

表 4-5 "单一空间类型学"中的变量系数

变量	系数	标准差	t- 统计量	假定值
恒量	5.476	1.967	2.784	0.006
街道缓冲区（左）	−0.372	0.412	−0.903	0.367
覆盖（左）	−1.569***	0.382	−4.106	0.000
柱廊（左）	1.809***	0.577	3.137	0.002
街道小品（左）	−0.269**	0.134	−2.012	0.045
街道缓冲区（左）	−0.719***	0.252	−2.852	0.005
覆盖（右）	−1.451***	0.367	−3.958	0.000
柱廊（右）	1.099*	0.616	1.784	0.075
街道缓冲区（右）	−0.476**	0.214	−2.218	0.027

***，**，* 分别代表显著值为 1%、5%、10% 时的数值。

■ 80~99　　■ 60~69　　■ 40~49　　■ 20~29　　■ 0~9
■ 70~79　　■ 50~59　　■ 30~39　　■ 10~19

* 数值越高表明低层公共空间的社会效应越好

图 4-21　实验区域中的评估结果（街道视点）（A—上海；B—香港；C—新加坡）

图 4-22　实验区域中的评估结果（屋顶平台视点）（A—上海；B—香港；C—新加坡）

系，其可见度大打折扣。

4.2 建筑尺度的评估

图 4-23 显示了高层建筑低层公共空间对行为和健康积极影响的可视化评估。该图由四个部分组成，首先，根据在 AHP 模型中计算出的效用，圆圈被分成不同的部分 [例如，对于街道视点，类别是"空间类型（单一）"、"空间类型（多重）"、"活力功能"和"街道小品"]。其次，每个类别的变量是根据其效用排列的，效用越接近 0，变量越接近圆心。

因此，如前图 4-19 所示，分数越高，在图表中占据的空间就越大。同时，弧线的长度代表每个低层公共空间的最终得分。以这种方式，这幅图被应用于建筑尺度上对较低的公共空间效果的评估。图 4-24 显示了代表性示例的结果。

滨海湾和中环的例子证明了多层步行网络对低层公共空间的重要性。滨海湾的 94 号和 96 号通过天桥与对面的另一座建筑相连。此外，在 94 号中间贯穿街区的道路提供了穿过街区的捷径，这也提高了其公共空间的质量。多层步行系统的聚集效应在中环的表现非常明显，其两个案例（一个案例中高架步行道连接 41、43、103a、103b、107 号，另一个案例是高架步行道连接 2a、2b、2c、3a 和 26 号）得分均高于其周围环境。连接这些建筑的中央高架步行道延伸了它们之间的公共空间，从而克服了狭窄街道和拥挤交通带来的缺点。

评估结果也有助于为低层公共空间的设计提供范例（图 4-25）。由于三个 CBD 的城市环境已经基本形成，设计模式需要以最小的建设或改造成本实现最大的效益。我们对三个 CBD 进行有针对性的讨论（图 4-26）。陆家嘴因其大规模和不完善的城市功能而受到批评，鉴于公共空间的改造应被视为

A

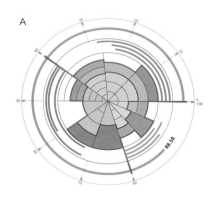

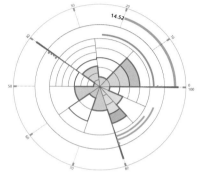

A：街道视点
（上方是高质量的案例，下方是低质量的案例）

B

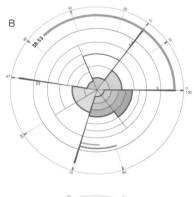

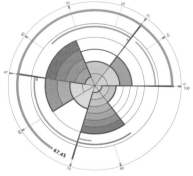

B：屋顶平台视点
（上方是高质量的案例，下方是低质量的案例）

图 4-23 高层建筑低层公共空间对行为和健康积极影响的可视化评价（弧线的长度代表每个低层公共空间的最终得分）

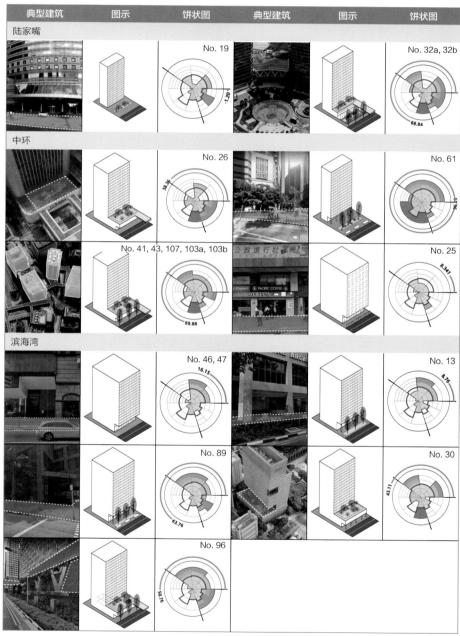

图 4-24 每个研究区域的低层公共空间（弧线的长度代表每个地点空间品质的最终得分）

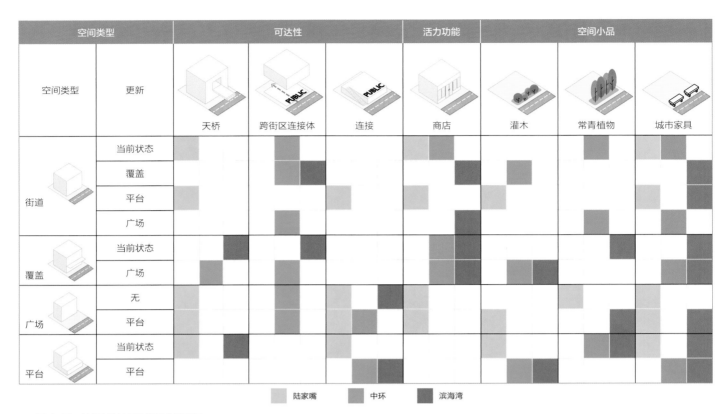

图 4-25　每个研究地区的低层公共空间

首要目标，该模型建议将现有的退界用于扩大建筑裙房面积，提供更多零售和城市设施空间。CBD 需要一个多层次的公共空间系统，包含小规模的广场和屋顶花园，而不是大尺度退界，从而将宜人尺度返还公共空间。

该模型建议，中环的高层建筑可通过场地周边的广场或小花园更积极地与周围环境连接，创造更多的开放空间及人行通道。考虑到当地气候，广场可以设计局部绿植遮阳和城市家具设施，以提供更多的社交活动场地。由于跨国公司的不均衡性和高度选择性，滨海湾正面临着一个新的转型时期（Wong, 2004），因此创建一个城市公共系统，将这个地区连接成一个整体，将能够满足其灵活性需求。以城市环境和几个低层公共空间之间的可达性作为重点的范例将会有所帮助，我们建议在地面层创造更多可通行的公共空间，同时通过自动扶梯等竖向交通与上层的花园和平台连接。考虑到气候因素，相邻建筑之间的拱廊也应该是连续的。

5 结论与展望

本研究以上海、香港和新加坡的三个 CBD 为例，提供了一种评估高层建筑低层公共空间社会影响的定量方法。偏好调查法（SP）、层次分析法（AHP）和虚拟现实（VR）方法的结合揭示了不同模式的高层建筑及其周围环境是如何鼓励社交互动和体育活动，从而积极影响用户的行为和健康的。从本研究中获得的

深入、定量的理解有助于对高层建筑地面进行有效的场所营造，促进积极的社会效益。

这项研究也有助于推进高层建筑的设计准则，旨在建立更加人性化的城市人居环境。中央商务区的公共空间不仅应该在地面上得到优化，也应该在垂直层面上得到发展。便捷的竖向步行交通可以缓解特定建筑周围拥挤的公共空间的限制。同时，在垂直维度上创造公共空间也可以缓解容积率最大化与市民活动需求之间的矛盾。本研究提出的观点可有助于实现高层建筑的社会和经济效益之间的平衡，并改善公共空间的可达性和安全性。

还有几个未解决的问题有待进一步研究。首先，参与者的范围需要扩大，以深入描述低层公共空间的社会影响。此外，公共空间的社会影响是一个多维度的复杂问题，应该包括和评估经济、管理和交通方面的因素，以建立更全面的模型。■

参考文献

Cook R, & Gilbert J. The fifth facade: Designing nature into the city[M]// Global Interchanges: Resurgence of the Skyscraper City.CTBUH, 2015: 288-293.

Evans G W. The built environment and mental health[J]. Journal of Urban Health, 2003, 80(4): 536-555.

Lo S M, Yiu C Y & Lo A. An analysis of attributes affecting urban open space design and their environmental implications[J]. Management of Environmental Quality: An International

当下的典型模式	饼状图	设计提升	饼状图

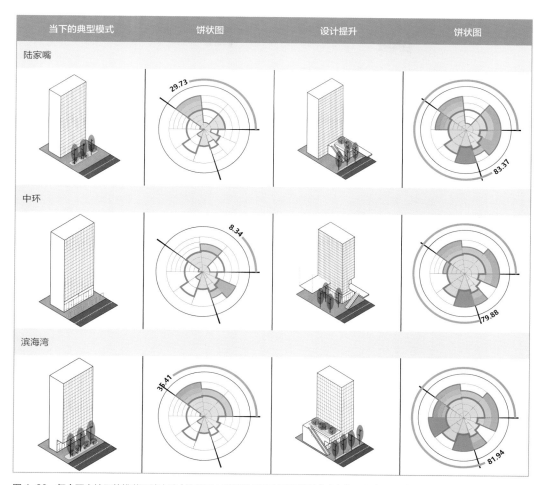

陆家嘴

中环

滨海湾

图 4-26　每个研究地区的推荐设计方法 [饼状图中弧线的长度表示现状得分（左）和潜力得分（右）]

Journal, 2003, 14(5): 604-614.

Schofield D & Cox C J. The use of virtual environments for percentage view analysis[J]. Journal of Environmental Management, 2005, 76(4): 342-354.

Boucsein, et al. Publication recommendations for electrodermal measurements[J]. Psychophysiology, 2012, 49(8): 1017-1034.

Sullivan W C, Kuo F E & Depooter S F. The fruit of urban nature: Vital neighborhood spaces[J]. Environment and Behavior, 2004, 36(5): 678-700.

Ulrich R S, Simons R F, Losito B D, Fiorito E, Miles M A & Zelson M. Stress recovery during exposure to natural and urban environments[J]. Journal of Environmental Psychology, 1991, 11(3): 201-230.

Wong T C. The changing role of the central business district in the digital era: the future of Singapore's new financial district[J]. Land Use Policy, 2004, 21(1), 33-44.

Ye Y, Li D & Liu X. How block density and typology affect urban vitality: An exploratory analysis in Shenzhen, China[J]. Urban Geography, 2018, 39(4): 631-652.

Zhang L, Jeng T & Zhang R. Protocol analysis for re-designing street space[C]//Learning, Adapting and Prototyping, Proceedings of the 23rd International Conference of the Association for Computer-Aided Architectural Design Research in Asia (CAADRIA) 2018. 2018, Volume 1: 431-440.

（翻译：王欣蕊；审校：王莎莎）

本研究为 2018CTBUH 国际种子基金研究项目，由新鸿基地产赞助。本文选自 *CTBUH Journal* 2020 年第 1 期。除特别注明外，文中所有图片版权归作者所有。

人工智能技术模拟都市垂直增长

文 / 拉斐尔·伊万·帕佐斯·佩雷斯（Rafael Ivan Pazos Perez）　阿德里安·卡巴拉（Adrian Carballal）　胡安·拉布尼尔（Juan R. Rabuñal）　马利亚·德·加西亚-维达罗扎加（María D. García-Vidaurrázaga）　奥马尔·默尔斯（Omar A. Mures）

本研究探索的是如何使用人工智能系统模拟城市的垂直增长。通过了解城市近年来的发展过程，遗传算法可以成功地模拟城市的垂直增长。2015 年，本研究被应用于预测东京港区 130 m 及以上高度的建筑，通过利用历史和经济数据，根据标准遗传算法建立城市演化计算模型，然后模拟了 2016—2019 年间东京港区 130 m 及以上高度的建筑未来的增长趋势。事实证明，模拟成果与研究区域在研究期间的实际垂直增长状况相匹配，预测建筑数量的正确率为 85.7%，预测建筑平均高度的正确率为 73.7%，预测某区域内新项目开工可能性的正确率为 96.3%。通过研究城市过去的发展历程，本模型预测了未来城市中心垂直增长的趋势。

作者简介

拉斐尔·伊万·帕佐斯·佩雷斯，Ivan Pazos 建筑事务所创始人，西班牙科鲁纳大学计算机科学博士，美国哥伦比亚大学建筑学硕士，科鲁纳大学建筑学学士。他创立了自己的事务所 Ivan Pazos Architect；在此之前，他曾在美国纽约的彼得·埃森曼（Peter Eisenman）事务所、SOM 以及日本东京的日建设计公司工作，期间积累了丰富的项目经验。他获得了美国纽约州和西班牙的注册建筑师资格。此外，他还曾在韩国的高丽大学和汉阳大学担任建筑学教学工作。
e: ip@ivanpazos.com
ivanpazos.com

阿德里安·卡巴拉，西班牙科鲁纳大学计算机科学学院信息与通信技术系副教授，博士。

胡安·拉布尼尔，西班牙科鲁纳大学建筑工程与土木工程技术创新中心（CITEEC）主任，博士。

马利亚·德·加西亚-维达罗扎加，西班牙科鲁纳大学建筑技术学院建筑工程系兼职教授，博士。

奥马尔·默尔斯，西班牙科鲁纳大学建筑工程与土木工程技术创新中心（CITEEC）
e: secretaria@six.udc.es
udc.es

1 引言

人工智能和机器学习在过去已经成功地用于预测城市将如何水平扩张，大多数用于这类目的的算法都是元胞自动机模型（cellular automata model），最初被用于模拟生物增长。而本研究提供了两种新的方法，首先，关注的是人口密集的大都市中心如何垂直增长而不是水平扩张，其次是使用了演化计算（evolutionary computation），尤其是使用了并不常用于模拟城市增长的遗传算法（genetic algorithm）。

2 演化计算

在 20 世纪 50 年代早期，艾伦·图灵（Allan Turing）（1952）使用术语"形态发生（morphogenesis）"来模拟花卉的生长，并用数学模型展示了复杂的有机体在没有任何总规划的情况下如何自然形成。他特别关注生物体增长中反复出现的形态模式。以图灵的研究为基础，进一步的计算研究推动了第一个元胞自动机模型的开发，该模型被成功地用于预测城市扩张。遗传算法最初由霍兰德（Holland，1975 & 1998）设计提出，当时他在研究与自然选择有关的逻辑规律。霍兰德的研究受到伯克斯（Burks，1960）和塞尔夫里奇（Selfridge，1958）对元胞自动机和神经网络研究的启发，特别是探索简单的规则如何导致复杂的行为。柯扎（Koza，1989 & 1992）进一步完善了这一概念，他称此为"基因编程"（genetic programming），"基因编程"由繁殖计算代码组成。最初人们并没有打算将这些算法用于模拟任何生物系统，正如该算法的名称，它是一种基于遗传学、适应性、演化和自然选择的逻辑，更确切地说是一种寻找问题最佳解决方案的方式。

目前，在机器学习的分支中，演化计算和人工神经网络能产生更好的结果，也被证明是最成功的。这两门学科都受到生物增长过程的启发，但它们并不用于模拟自然，而是被广泛地用于解决或模拟各种复杂的系统。

本研究以东京高层建筑的经济和历史数据作为遗传算法的起点，学习如何模拟一个系统，并从给定的数据中找到问题的解决方案。当所有的数据都被收集和整理，这些信息将被输入到算法中，算法可以识别数据中重复出现的模式和关系，并通过这些模式和关系进行自动模拟。

预测与模拟的差别是导致媒体对这项研究产生困惑的一个方面。这项研究提出的演化计算并没有预测城市的垂直增长，而是模拟了城市垂直增长的各种可能情景。它可以非常精确地模拟城市如何垂直增长，比如城市的哪些区域更有可能新建高楼，高层建筑的大致数量，以及可能出现的高度模式。然而，由于自组织系统不仅具有逻辑性而且具有随机性，该算法无法精确预测新建建筑的准确位置、尺寸和高度。

3　都市增长：东京港区

自韦弗（Weaver，1958）到雅各布斯（Jacobs，1961）在自然科学上的开创性研究以来，许多研究者都将城市发展比作生物增长。最近，约翰逊（Johnson，2001）、阿尔赛义德和特纳（Al-Sayed 和 Turner，2012）等作者指出了城市发展与生物有机体增长的相似之处，以及城市发展如何被演化和自组织过程（self-organizing process）所控制。

本研究始于 2015 年，并于 2017 年在《城市规划与开发》（Journal of Urban Planning and Development）期刊上发表。目的是利用人工智能（AI）来帮助城市规划者、政策制定者和城市设计师预测自组织过程如何产生垂直的城市增长，从而能够做出相应的反应。为此，我们开发了一个计算模型，它可以预测主要城市一个给定区域内最有可能新建高楼的位置、高度和数量。研究范围是东京的中心区域：港区（Minato）（图 4-27）。研究团队将东京历史发展的有关数据输入一个标准的遗传算法中，其中大部分数据来自团队之前在《亚洲建筑与建筑工程》（Journal of Asian Architecture and Building Engineering）期刊上发表的研究（Pazos，2014）。

本研究提供的算法也可应用于任何其他拥有大量高层建筑的密集型大都市。为了将本遗传算法应用于更大的区域或另一个城市，研究者首先需要收集当地过去发展的大量相关数据。本研究选择东京有如下原因。根据城市拥有 150 m 及以上高度摩天大

> **日本政府的经济刺激计划趋向于导致高层建筑的增加，3 年后经济刺激计划有了实体化的结果，这就产生了一个清晰的波形。**

图 4-27　2015 年东京港区天际线（局部）

楼的数量（326 座）来排序（CTBUH 摩天大楼中心，2019），东京是全球"第六高"的城市。此外，东京的高层建筑很少受到政府或总体规划的限制或监管（最近有几个例外出现），而是主要遵循基于个人决策的自组织过程，对于人工智能（AI）的应用而言是非常理想的环境。遗传算法可以识别一组数据中的复杂关系和循环模式。之所以选择东京港区，是因为截至 2015 年，港区容纳了东京 28.7% 的超过 130 m 高的建筑，包括东京最高的三座建筑（CTBUH 摩天大楼中心，2017）。

根据研究目的，研究团队只关注 130 m 及以上高度的建筑。按照世界高层建筑与都市人居学会高度标准，"高层建筑"并没有一个绝对的定义。真正定义高层建筑的是它相对于周围环境的高度以及建筑的纤细度——即建筑明显从周围环境中突出。对于东京港区而言，130 m 的高度是一个清晰的分界线，高于130 m 的建筑很容易被注意到（图 4-28）。港区的 3D 模型被用于记录这些建筑物，并生成数据和图表以供后续在演化模型中使用。

研究使用了两个不同的数据集和流程。第一个数据集是图形，它使用了一系列包含建筑和形态数据的概率参数地图，确定某一位置可能新建高层建筑的概率。第二个数据集是数字，可简单地将经济和建造数据相结合。

4 概率参数地图

在已有数据的基础上，我们开发了一系列灰度概率图。最终产物是图 4-29 中 4 个单独的梯度图的叠加结果：

- 公共土地与私有土地（图 4-29A）；
- 现有总体规划（图 4-29B）；
- 垂直密度（图 4-29C）；
- 公共交通密度（图 4-29D）。

最终的梯度图（图 4-30）后来被用作演化地图模型的基础。

5 经济与建造数据

我们将经济数据集与建造数据结合起来进行演化计算。更具体地说，这些数据涉及每年建造的高层建筑的数量、高度、建筑面积以及高层建筑与每年整体经济状况的关系。东京的低经济增长速度导致了高层建筑的增加，有部分原因在于政府为了振兴经济，采取维持较低土地价格、提供有利刺激经济的政策、颁布

3D 平面图   1000 m   N

3D 体块渲染图

130 m 基准线

剖面图 A   东西方向

130 m 基准线

剖面图 B   南北方向

图 4-28   东京港区天际线基本摄影测量三维图（Google Earth 2015）的渲染图，已经过后期编辑和渲染

限制较少的建筑法规（图 4-31）等手段。在东京，高层建筑更多是用作促进经济发展的工具而不是经济增长本身的结果（Pazos，2014）。自 1960 年以来，东京港区共有 51 座高度超过 130 m 的大楼建成，其中 31% 的高层建筑在 2003 年完成，主要是因为 2000 年颁布的《城市再生法案》放宽了塔楼高度限制（在东京，典型的高层建筑平均需要 3 年建成）。

因此，可以认为日本政府的经济刺激计划趋向于导致高层建筑的增加，3 年后经济刺激计划有了实体化的结果。这就产生了一种清晰的波形模式，通过这种模式，演化模型对比经济数据和建造数据来生成它的模拟结果。

6 演化计算模型：垂直增长算法

概率梯度图和经济参数（图 4-30、图 4-31）结合生成了演化计算模型，模拟了 2016—2019 年间东京港区可能新建的高度超过 130 m 的建筑。梯度图（见图 4-29）被用作遗传算法过程的基础。首先，计算模型学习了如何使用 2015 年的数据生成梯度地图。接下来，计算模型可以通过生成新的梯度地图来预测未来 4 年高层建筑的演化。

来自世界银行、包含 184 个经济指标的经济数据（2016）也被输入 1991—2015 年的演化算法中，这是日本经济泡沫破裂后的时期，也是东京多数高层建筑出现的时期。利用这些数据，该算法可以模拟未来发展。Emporis 建筑目录（2017）和 CTBUH 摩天大楼中心（2017）的建造数据也被输入到算法中。

该算法的基本操作是从数据中识别和学习范式，然后根据预测的未来经济数据创建自己的进程。本质上，它自动模拟未来几年的新建

A. 公共空间（白色）
私人空间（黑色）

B. 整合的总体规划（白色）
不受限制的地区（黑色）

C. 垂直整合梯度地图

D. 火车站可达性梯度图

低垂直整合　　　高垂直整合　　公共土地和整合后的总体规划

高可达性　　　　低可达性

1000 m　　N

图 4-29　概率地图，与新建高层建筑可能性相关的条件

高概率　　　　　低概率

1000 m　　N

图 4-30　东京港区新建高层建筑分布地区的概率图。叠加图 3 中所有图像生成了 2016—2019 年间新建高层建筑分布地区的概率图，颜色越深表明该地区新建高层建筑的可能性越大

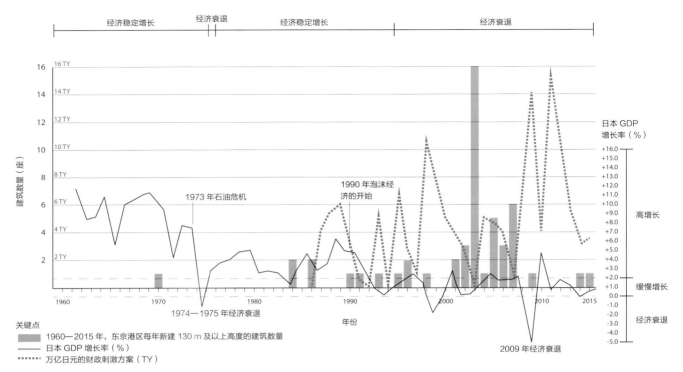

图 4-31　1960—2015 年，东京港区每年新建 130m 及以上高度的建筑数量与日本国内生产总值（GDP）增长率和经济刺激计划的关系图

表 4-6　算法的技术参数

操作符（Operators）	Add, subtract, sin, cos, tan, asin, acos, atan, log, exp, sqrt, and inverse
初始化（Initialization）	Ramped Half-and-half
适应度函数（Fitness Function）	R-Squared Correlation
重组策略（Recombination Strategy）	1-point Crossover
变异策略（Mutation Strategy）	Leave-flipping
变异率（Mutation Rate）(pm)	0.05
交叉概率（Crossover Rate）	0.90
选择策略（Selection Strategy）	Proportional Roulette Wheel
替代策略（Replacement Strategy）	Invert-fitness

高层建筑。这种混合遗传算法（Mathias 等人，1994）计算了选择和转换所有输入参数的最佳可行性组合（表 4-6）。

　　当确定了这两个预测模型后，我们在随机通用抽样法（Baker，1987）的基础上使用梯度概率图（见图 4-30）生成随机比例的选择算子。根据 2015 年的地图，我们预测了东京港区 2016—2019 年期间可能新建建筑的地点，总共进行了 100 次独立模拟。建筑物的数量和它们的高度由这两种预测模型确定。因此生成了一个概率地图，颜色越深表示当地高度 130 m 以上的新建筑被开发的可能性越大（图 4-32）。

7　结果和评估

　　2015 年 12 月，研究小组对该算法进行了测试，模拟东京港区 2016—2019 年间的垂直增长。同时，研究团队收集了东京港区正在建设的高层建筑的数据，作为一个独立的过程并每年重复，从而对天际线的演变作出人为的预测。作为对比，研究人员的第一感觉是算法是错误的，这似乎是一个正确的假设，因为最初这两组数据看起来非常不同。随着每年重复进行实地观测，到了 2017 年，算法的预测明显比人为观测要准确得多了。

　　表 4-7 显示了 2019 年 4 月的最新观测收集到的数据，并与 2015 年从计算模型获得的初始数据进行了对比。该表比较了这两组数据，并在右列显示了它们之间的差异。

　　研究团队在 2019 年初的观察发现，以下建筑已经在 2016—2019 年期间完成：住友六本木大厦（231 m，2016 年），赤坂城际航空大厦（205 m，2017 年），赤坂细野町公园大厦（170 m，2018 年），日精滨松町克雷雅大厦（156 m，2018），TGMM 芝浦大厦（169 m，2019 年）和滨离宫花园大厦（140 m，2019 年）。

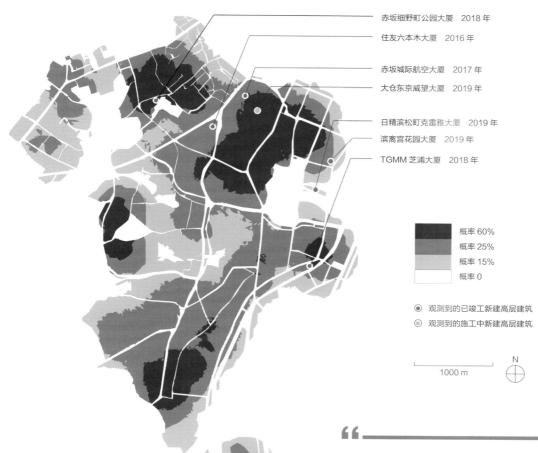

赤坂细野町公园大厦　2018 年
住友六本木大厦　2016 年

赤坂城际航空大厦　2017 年
大仓东京威望大厦　2019 年

日精滨松町克雷雅大厦　2019 年
滨离宫花园大厦　2019 年
TGMM 芝浦大厦　2018 年

概率 60%
概率 25%
概率 15%
概率 0

◎ 观测到的已竣工新建高层建筑
◎ 观测到的施工中新建高层建筑

1000 m　　N

图 4-32　遗传算法基于概率灰度图预测（颜色越深表示概率越高）

> **随着每年重复进行实地观测，到了 2017 年，算法的预测明显比人为观测要准确得多了。**

表 4-7　2016—2019 期间东京港区新建高层建筑实地观测数据与算法预测数据的对比

年份	实地观测			算法预测			差值（实地观测值－算法预测值）		
	建筑数量	累计总高度（m）	平均高度（m）	建筑数量	累计总高度（m）	平均高度（m）	建筑数量	累计总高度（m）	平均高度（m）
2016	1	231	231	0	0	0	+1	+231	−231
2017	1	205	205	2	407.4	203.7	−1	−202.4	1.3
2018	2	326	163	1	220.9	220.9	+1	+105.1	−57.9
2019	3	498	166	3	836.4	278.8	0	−338.4	−112.8
Total	7	1260	180	6	1464	244.1	+1	−204	−64.1

　　当时还有一些建筑仍在建设中，预计于 2019 年 9 月完工，比如大仓东京威望大厦（189 m，2019 年）。另外两座正在建设中的建筑是虎之门之丘商业大厦（185 m）和虎之门之丘住宅大厦（220 m），它们原本计划在 2019 年完工，但却落后于计划进度。这两座建筑已经在实地观测中被观察到，然而由于它们的官方竣工时间被推迟到 2020—2021 年，其数据并未收录在表中。

　　截至 2019 年 4 月，本进化算法在预测东京港区 2016—

2019 年期间新建 130 m 及以上高度的建筑总数时准确率为
85.7%，已完工和即将完工的高层建筑共有 7 座，而根据 2015
年遗传算法的预测为 6 座。由于施工期延长很常见，并且还有
其他几座高层建筑也正在建设中，因此最终结果到 2019 年底才
能确定。

　　4 年间 130 m 及以上高度新建建筑的累计总高度为 1260 m，
而遗传算法预测的总高度为 1464 m，准确率为 86%。这显示
遗传算法预测新建建筑总高度的准确率与预测新建建筑总数量的
准确率相似。

　　另一方面，实地观测到新建建筑的平均高度为 180 m，而
算法预测的新建建筑平均高度为 244.1 m，该项结果的准确率
仅为 73.7%，新建建筑平均高度的实地观测值与算法预测值相
差 64.1 m。尽管目前东京港区的最高建筑只有 255 m，但由于
遗传算法中设定建筑的最高高度为 300 m，因此可能导致该结
果没有其他结果精确。如对计算模型的初始参数进行修正可能会
产生更好的结果。当机器使用了错误或不精确的数据时，其模拟
将产生不正确的结果。

　　该算法预测新建建筑数量的误差范围平均每年在正负一座数
量之间，这表明，即使该算法在预测 4 年间新建建筑总数量时
非常精确，但在预测工程准确竣工时间时是不精确的，预测的竣
工时间与现实竣工时间相比通常有几个月的差别。这些偏差在总
读数中是可以接受的，因为上一年的偏移量可以抵消下一年的偏
移量。

　　东京港区地图上的 6 个红点（图 4-32）显示了截至 2019
年 4 月已经完工的 6 座建筑。橙色圆点表示的是当时正在建设中
的建筑，预计将于 2019 年 9 月完工。关于建筑物的位置，该算
法预测了新建建筑概率更高和更低的区域。遗传算法的结果如下：

- 60% 的建筑将坐落在深灰色区域（3~4 座建筑）。
- 25% 的建筑将坐落在中灰色区域（1~2 座建筑）。
- 15% 的建筑将坐落在浅灰色区域（1 座建筑）。
- 0% 的建筑物将坐落在白色区域。

　　目前实地观察到的数据与计算模型预测的数据一致，本研究
团队目前的观察结果如下：

- 57%，即 4 座建筑位于深灰色区域
- 28.7%，即 2 座建筑位于中灰色区域。
- 14.3%，即 1 座建筑位于浅灰色区域。
- 0 座建筑位于白色区域。

8 结论

　　由于东京高层建筑的建成时间较短，不断变化的天际线也一
直在重新定义东京，自组织和演化过程驱动了天际线的变化和形
态演化。本研究开发了一个具有适应性的演化模型，并通过遗
传算法进行了测试，最终成功模拟了东京港区未来的垂直增长
情况。

　　该算法模拟的结果反映了东京港区高层建筑开发的真实情
况，在 4 年的研究期间，预测 130 m 及以上高度的新建建筑总

数量的准确率为 85.7%，预测 130 m 及以上高度的新建建筑
累计总高度的准确率为 86%，预测 130 m 及以上高度的新建
建筑平均高度的准确率为 75%。130 m 及以上高度的新建建筑
坐落地点的灰度概率图也非常精确，预测数值的最大偏差仅
为 3.7%。值得注意的是，该样本非常小，4 年研究期间只有
7 座 130 m 及以上高度的建筑建成或即将完工，这意味着预测
新建建筑的总数量时如果新建建筑数量正负波动 1 座即可导致
14.3% 的误差。在今后的研究中，从评估该方法精确性的角度
来看，更大区域和更长周期的研究可能会产生更好的结果。

　　正如引言所提到的，演化计算无法预测会发生什么，但它
可以生成一个高度精确模拟现实的系统，同时提供了另一种如
何统筹高度数据和空间数据的思考方式（图 4-33）。本研究中，
演化计算从给定的数据中学习并生成了一个准确率从 73.7% 到
96.3% 的模拟系统，与 4 年研究期间东京港区垂直增长的实际
演变相一致。研究模拟城市如何像自组织系统一样发展，将令城
市规划者、设计师、政策制定者和政府更好地规划我们城市的
未来。■

参考文献

AL-SAYED K, TURNER A. Emergence and self-organization in urban structures[C]//
Proceedings of the AGILE'2012 International Conference on Geographic Information Science,
Avignon, April, 24-27, 2012.

BAKER J. Reducing bias and inefficiency in the selection algorithm[C]//Proceedings of the
Second International Conference on Genetic Algorithms and their Application. Hillsdale: L
Erlbaum Associates, 1987: 14-21.

BURKS A W. Computation, behavior and structure in fixed and growing automata[M]. Yovits M
C and Cameron S Editors. Self-organizing systems. New York: Pergamon Press, 1960: 282-
309.

THE SKYSCRAPER CENTER. Council on Tall Buildings and Urban Habitat[DB/OL]. [2019-
04-01]. www.skyscrapercenter.com.

EMPORIS BUILDING DIRECTORY. Emporis Building Map: Tokyo[DB/OL].[2017-06-10].www.
emporis.com/buildings/map.

GOOGLE EARTH. Google Maps: Tokyo, Japan[Z/OL].[2015-08-08].www.google.co.jp/
maps/@35.6471092,139. 7591565, 433a, 35y, 318.1h,72.57t/data=!3m1!1e3.

HOLLAND J H. Adaptation in natural and artificial systems: An introductory analysis with
applications to biology, control, and artificial intelligence[M]. Ann Arbor: University of Michigan
Press, 1975.

HOLLAND J H. Emergence: from chaos to order[M]. Massachusetts: Helix,1998.

JACOBS J. The death and live of the great American cities[M]. New York: Vintage, 1961.

JOHNSON S. Emergence: The connected lives of ants, brains, cities and software[M]. New
York: Touchtone, 2001.

KOZA J R. Hierarchical genetic algorithms operating on populations of computer
programs[M]// Proceedings of the 11th International Joint Conference on Artificial Intelligence.
San Mateo: Morgan Kaufmann, 1989: 768-774.

KOZA J R. Genetic programming: On the programming of computers by means of natural
selection (Vol. 1), Massachusetts Institute of Technology [M]. Cambridge: MIT Press, 1992.

MATHIAS K, WHITLEY L, STOCK C and KUSUMA T. Staged hybrid genetic search for

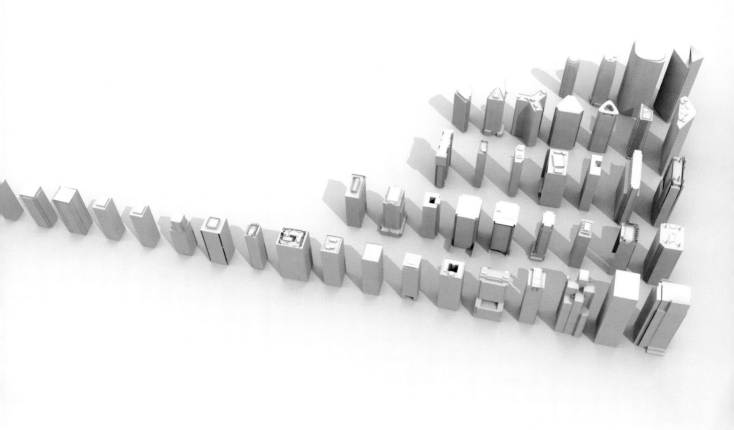

图 4-33 　2015 年东京港区 130m 及以上高度的建筑（建筑物根据高度和平面类型排列）

seismic data imaging[C]// International Conference on Evolutionary Computation. Orlando, USA. 1994: 356-361.

PAZOS R I. The historical development of the Tokyo skyline: Timeline and morphology[J]. Journal of Asian Architecture and Building Engineering, 2014, 13(3): 609-615.

PAZOS R I, CARBALLAL A, GARÍA-VIDAURRÁZAGA M D, MURES O A and RABUÑAL J R. Predicting vertical urban growth using genetic evolutionary algorithms in Tokyo's Minato Ward[J]. Journal of Urban Planning and Development, 2018, 144(1): 04017024.

SELFRIDGE O G. Pandemonium: A paradigm for learning[C]//Proceedings of the Symposium on Mechanization of Thought Processes, Teddington, UK. 1958: 511-529.

TURING A. The chemical basis of morphogenesis[J]. Philosophical Transactions of the Royal Society of London: Series B: Biological Sciences, 1952, 237(641), 1952: 37-72.

WEAVER V. A quarter-century in the Natural Sciences, Rockefeller Foundation, New York[J]. Philosophical Transactions of the Royal Society of London: Series B: Biological Sciences, 1958, 237(641): 37-72.

WORLD BANK. The World Bank Data: Japan[DB/OL].[2016-08-08].http://data.worldbank.org/country/japan.

（翻译：盛佳；审校：王欣蕊，王莎莎）

本文选自 *CTBUH Journal* 2019 年第 3 期。除特别注明外，文中所有图片版权归作者所有。部分图片由 CTBUH 重新绘制。

建立行业广泛认可的高层建筑面积测量标准

文 / 威廉·米兰达（William Miranda） 达里奥·特拉布科（Dario Trabucco）

> 整个高层建筑行业将建筑面积的测量结果作为一种精准、明确的计算数据来为各种决策提供指导，建筑师基于测量数据调整设计做法、工程师基于面积配置系统荷载、开发商以此确定资产的价值，以及物业管理者据此分析建筑各部分的使用效率等。遗憾的是，在不同地区的市场中，确定建筑面积的测量系统并不一致，进而给处于不同时期、不同地区的项目之间的对比工作造成了巨大的鸿沟，这对一个项目的成功性评估造成了阻碍，也导致我们很难在过去的决策基础上不断改进工作。目前，建立国际广泛认可的建筑面积测量标准的工作正在展开，但已经习惯各种测量方法的开发商、政府管理机构以及业内专业人士仍存有疑虑。本篇论文是由安赛乐米塔尔集团（Arcelor Mittal）赞助的为期一年的研究项目成果之一，主要研究现有管理条例中的问题，并介绍了目前建立全球广泛认可的建筑面积测量标准工作的新进展。

作者简介

威廉·米兰达 **达里奥·特拉布科**

威廉·米兰达，CTBUH 研究办公室（CTBUH Research Office）研究助理，他加入 CTBUH 伊始主要负责网站及数据库的开发工作，多次参与 CTBUH 组织的调研活动。2016 年，米兰达移居意大利，开始为威尼斯的 CTBUH 研究办公室提供编辑服务及辅助研究。除了研究工作以外，他还负责协调、管理协会的视频及建筑图纸。他毕业于美国伊利诺伊理工大学，获建筑学学士学位。

达里奥·特拉布科，CTBUH 研究办公室研究主管，威尼斯建筑大学（IUAV University of Venice）研究员。他主要从事与高层建筑有关的教学及科研活动，研究领域包括高层建筑的生命周期分析、核心筒设计及与高层建筑及创新相关的课题。他于 2009 年获得建筑技术学博士学位，研究替代性核心筒配置及与高层建筑能耗相关的核心筒替代方案的可行性，自 2014 年起一直负责 CTBUH 在欧洲的运营及研究部门的管理工作。

e: research@ctbuh.org
www.ctbuh.org

1 引言

如果说一座建筑的最终目的是在其空间范围内容纳人类的活动，那么其内部空间的建筑面积应该能够呼应这个目的。作为高层建筑高度标准及测量标准的权威，世界高层建筑与都市人居学会（CTBUH）肩负着协助建立建筑面积测量的行业共识的重任。鉴于此，CTBUH 在安赛乐米塔尔集团公司的资助下，开始仔细研究现有的测量策略及围绕建筑面积测量存在的复杂问题。建筑面积测量这项任务看似简单，但对于其测量方法的探索也产生了大量的分歧和让人分辨不清的术语。

精确的面积测量对于高层建筑领域内的所有专业都至关重要，同时它还是开展造价估算 / 比较分析，或决定规划许可、最大允许楼层占用率、能源消耗、电梯容量等指标的一项重要工具。在所有这些重要活动中，一个准确的面积测量结果是必需的，这是比较建筑或空间"单位平方米"效能及数值的基础，这个数值通常以美元每平方米、每平方米能耗、每平方米占用率、每日新建平方数等来表达。有了准确的测量结果，我们才能将不同市场内和不同时期建设的建筑放在一起作比较，而能实现这个目的的基本规定就是，测量体系必须一致、清晰且被国际社会广泛接受。

跨国物业咨询公司仲量联行的一项研究表明，由于不同市场中测量标准存在差异及变化，同一座建筑物的测量面积偏差最大可达 24%（Hall，2016）。这里

> **由于不同市场中测量标准存在差异及变化，同一座建筑物的测量面积偏差最大可达 24%。**

可能带有巨大的隐藏含义。例如，在一座办公建筑里，可能规定每个员工能够舒适工作的最小面积是 10 m²，将总建筑面积除以 10 m²，这就决定了在特定区域里能够容纳的员工数（也就是这个空间的总人口数）。有了 24% 的偏离，一个在寻找能容纳100 名员工的空间的潜在租户，其可能租到或买到的空间只能容纳 76 名员工。这种全球性的标准差异已经成为国际投资的障碍，在办公建筑投资中尤为突出（图 4-34）。

注意到国际市场间对于统一的测量方法的需求后，为了促进国际投资的开展，国际房产测量标准联盟（International Property Measurement Standards Coalition，IPMSC）在世界银行的倡导下于 2013 年成立，其唯一的使命就是发展及实施房产建筑面积测量的标准。CTBUH 也加入了这个由来自全球各地超过 80 个专业和非营利机构组成的群体，以针对高层建筑这一独特领域为制定国际公认的标准作出贡献。

2 现有标准

在每一个主要的高层建筑市场中，都有一个既定的建筑面积测量方法，但是参考的机构和标准通常有很大的不同。英国皇家特许测量师学会（Royal Institute of Chartered Surveyors，RICS）是一个全球性的专业群体，致力于推广和实施与土地、房地产、建造及基础设施等相关的各种标准。尽管由其制定的相关测量标准和规定主要被应用在英国，但对其他国家和地区的标准也有相当的影响。与 RICS 类似，美国的国际建筑业主与管理者协会（Building Owners and Managers Association，BOMA）也是国际知名的组织，自 1915 年公布办公建筑面积测量标准方案以来，一直致力于建筑测量标准的制定工作。BOMA 标准是经过美国国家标准学会（American National Standards Institute，ANSI）批准的建筑面积测量方法，它也因此成为在美国应用最为广泛的标准。尽管英美以外的国家和地区的立法机构也会参考和利用 RICS 或 BOMA 的标准，但同时他们也会采用各自政府制定的具体标准。例如，在香港，由香港屋宇署（Hong Kong Buildings Department）制定的建筑物（规划）条例被广泛使用；澳大利亚使用澳大利亚房产委员会（Property Council of Australia，PCA）的测量方法；新加坡则是使用市区重建局（Urban Redevelopment Authority，URA）制定的建筑面积手册。

在这些标准之下，一座建筑的建筑面积通常指的是总建筑面积

（Gross Floor Area，GFA）或总外部面积（Gross External Area，GEA）；然而，与之相似的还有无数的其他术语，包括总内部面积（Gross Internal Area，GIA）、净内部面积（Net Internal Area，NIA）、总租赁面积（Gross Leasable Area，GLA）、净租赁面积（Net Rentable Area，NRA）以及净使用面积（Carpet Area）等等。这些测量方法对于它们计入具体建筑元素的标准也是不同的。同时，不同的标准中同一个事物的定义也会不同，所以 NRA 在不同市场中可能有着不同的涵义。当一个潜在的租户在查看一个建筑单元的时候，需要的总花费通常由每平方米的单价乘以总面积决定，如果没有一个国际公认的面积测量方法，同样面积的价值就并不是唯一的。

2.1 现有测量方法

总的来说，GFA 和 GEA 代表建筑外壳包裹的建筑物内部的总面积，从外墙的外边开始计算。这是一种"全含"的测量方法，也是定义一座建筑的建筑面积时可以取到的最大值。作为一种最常见的建筑面积测量方法，它也被认为是最简单、争议最小的方法。使用 GFA 和 GEA 测量是城市规划申请及审批时最常用到的方法，同时也常常被应用于住宅保险计算建筑成本时（Cartlidge，2017）。

在许多建筑中，从外表面的测量是一个简单直接的过程，并不会涉及需要参考各种标准和原则的情况。尽管如此，某些建造项目——尤其是高层建筑——开始加入一些新的建筑元素和技术，而这些新的东西需要在现存标准中被进一步明确。这就会导致在不同的国家，即使建筑形态完全一致，但基本建筑面积测量会出现差异。例如，在 RICS 的测量实践规范（第 6 版）中，当测量 GEA 的时候，所有开放阳台和雨棚都不计算在内，同样

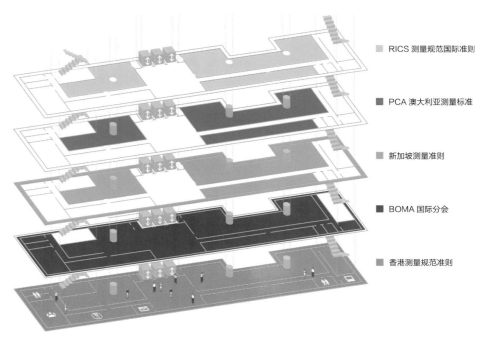

■ RICS 测量规范国际准则

■ PCA 澳大利亚测量标准

■ 新加坡测量准则

■ BOMA 国际分会

■ 香港测量规范准则

图 4-34　不同的测量标准，应用于同一建筑，建筑面积测量偏差最大可达 24%　© IPMSC

图 4-35 为了能使内部可使用空间最大化，香港的开发商最简单的做法就是将平面"伸出去"，将出挑作为建筑特色，例如阳台面积可不计入总允许建筑面积 © WiNG (cc by-sa)

不计算在内的还有所有的停车面积及温室面积（RICS，2015）。相反，在香港，类似的建筑物（规划）测量方法条例中，GFA代表建筑外墙包围内的面积，包括建筑中每个阳台的面积，还包括建筑外墙及阳台边的厚度（香港，BD2018）。因为GFA和GEA通常被用来决定物业的价格，也是提供给未来租户的面积数字，所以建筑是位于香港还是伦敦就可能成为在设计中是否加入阳台的决定性因素。在决定是否加入某一建筑元素的时候，开发商和物业管理者对于物业价值最大化的追求所产生的影响，可能会凌驾于单纯的建筑考量和住户利益之上（图 4-35）。

2.2 建筑创新及其对标准的影响

还有一种情况会使这种全球范围内的标准不一致更加复杂化，各地的政府或监管部门会时常对现有标准进行调整，通常都是为了促进空间的质量或建筑产业的发展。

例如，香港地区的建筑物（规划）条例里规定阳台面积是包括在测量策略里的，由此在建筑设计的时候总是存在不想设置阳台的动机，这样才能让建筑内部可使用面积最大化，除非设置阳台有潜在的附加值或阳台能连通室外休闲空间。因此，香港屋宇署、土地部门和规划部门联合发布了联合实践说明1和联合实践说明2，旨在推广绿色创新建筑，其中规定，在提出申请并获得审批的情况下，某些建筑中的绿化措施所占面积可以从GFA计算中减除。这样一来，不仅某些带有绿化措施的阳台、裙房

和空中花园可以被从GFA计算中减除，还包括一些带有可持续元素的公共走廊和电梯厅（香港，BD2011a和2011b）（图4-36）。尽管香港的这些条例很大程度上被看作是对环境及建筑产业有益的行为，但具体是否在GFA计算时包含阳台、电梯厅甚至基本的走廊，还需要由政府决定，并且还要看项目中应用的可持续措施具体是什么。

与香港类似，新加坡也出台了一系列的政策，以促进优秀的建筑实践、提高建筑空间质量。作为这些政策的一部分，新加坡市区重建局在2001年引入了阳台奖励计划（Balcony Incentive Scheme），在这个方案中，私人的封闭空间及私人屋顶露台被从GFA的计算中去除——因为阳台是热带建筑中最重要的特征。他们不仅考虑到自然通风和自然光照明，更愿意促进、推广更为健康的生活方式，还为在高层建筑中设置绿化措施提供协助（URA，2018）。这样的结果就是，开发商开始建造大得不成比例的户外空间，因为这些空间的造价相对于带空调的室内空间要低许多，而且在面对租户的销售广告中这些户外空间的面积也可以算到总面积里（图4-37）。因此，2013年，市区重建局修改了这个规定，在新规定中，只有当私人的封闭空间和屋顶露台以及阳台面积占所属单元面积的10%以下时（URA，2018），这些空间才可以不被计算到允许的GFA中。香港和新加坡的这些规定不断修正，有助于强调、推广、引发优秀的建筑实践，但也给在国际市场环境下比较建筑面积增加了复杂性，尤

其在是否计入总建筑面积的决策完全由政府规定的情况下。

3 国际地产测量标准（IPMS）

尽管政府和管理机构应该继续制定合适的管理条例和激励措施，来促进建筑的可持续及创新设计，但在建筑测量方面仍然需要有额外的衡量标准来让物业及房产的国际化比较更为便利。IPMSC 正在推广一种双报告的模式，在这种模式下，开发商和设计者可以采用建筑所在地通行的方式报告面积数据，同时还可以提供一份按照国际地产测量标准 IPMS（International Property Measurement Standard，IPMS）测量的面积数据，希望这些标准在不久的将来能在国际上获得广泛认可。

3.1 标准制定的过程

IPMSC 成立了标准制定委员会，负责起草和协商新的建筑面积测量标准。委员会目前由来自 11 个国家的 18 位独立专家组成，所有专家都具有相关国际经验。专家组起初主要包括工程造价和特许测量领域的代表，后来也有学术界及标准制定领域的成员加入。

标准制定当中，每一个要点都需要获得委员会所有成员的一致同意，之后还会经过两轮公开征询意见才能正式发布。整个流程耗时一年多，为的就是让相关人士尽可能地进行充分讨论。

IPMSC 制定的第一项标准就是 IPMS 办公楼面积测量标准，于 2014 年 11 月正式发布。紧随其后的是 IPMS 住宅面积测量标准（2016）及 IPMS 工业建筑面积测量标准（2018）。另外一套最新的标准，与商业零售建筑有关，最近刚刚完成了第一轮意见公开征询，正在进行修改。

随着各项标准的问世，面积测量的复杂程度和具体条款都会增加。这既是由于标准制定委员本身的不断精进及考量越加细致，同时也缘于标准迄今所要考虑的不同建筑类型需求的多样性。委员会将在调整旧版本（IPMSC 2014 & 2016）之前，继续完善当前类别的标准（例如 IPMS 商业零售建筑面积测量标准），而不是修改之前的 IPMS 版本（例如 IPMS 办公楼面积测量标准）。

3.2 IPMS 规定及未来的修订

IPMS 制定委员会的重要工作之一，就是为 IPMS 创造全新的、独特的术语系统。他们没有对现有的、同时也是富有争议的表达方式进行重新定义，而是决定采用通用且清晰明了的条款：IPMS-1、IPMS-2 和 IPMS-3。

IPMS-1 是相对简单直接的确定建筑面积的计算方式，鲜有争议；它的定义是一座建筑物每层面积的总和，需要测量到建筑物的外围。在许多但并不是所有的市场中，IPMS-1 的定义几乎等同于 GFA 或 GEA 的定义。作为之前提到的标准中争议之处的解决办法，是 IPMS-1 规定所有阳台、阳台走廊及所有类似结构的面积都需要进行测量，但会单独列出，以便清楚地区分开来。

IPMS-2 和 IPMS-3 则分别与地方政府标准如何定义 GIA 和 NIA 有关。总的来说，IPMS-2 与 IPMS-1 类似，不同之处在于并不是根据建筑物的外周长进行测量，而是测量室内主要墙面包围的面积。IPMS-3 的广泛定义是测量建筑面积，但是要去除公共配套设施及公共区域（例如门廊区域）和设备竖井（例如预留机电管井及电梯井等）的面积。IPMS 同时对各组件面积（component area）进行了定义，包括设备竖井、结构元素、卫生区域等建筑元素。IPMS 的测量方法可以通过区分这些面积来进一步明确每一个建筑元素所占空间的准确大小（图 4-38）。

除了定义建筑的"组件区域"，IPMS 同样也为"内部主墙面"（internal dominant face，IDF）做了定义，这个术语在前面的 IPMS-2 的定义中提到过，指的是建筑内部完成面，占IDF 墙体垂直部分表面积（从地面测量至天花板）的 50% 或以上。IDF 墙体垂直部分包括室内任何一段墙体的装饰面，不考虑柱子（IPMSC 2014 & 2016）。IDF 的定义十分多样，即使在

图 4-36 希慎广场，香港地区经常利用 GFA 的豁免条款，将绿植引入设计中 © KPF 建筑师事务所

图 4-37 随着阳台奖励计划的引入，新加坡的住宅项目出现了许多大得不成比例的露台，有的甚至可以达到一套户型总面积的三分之一 © DP 建筑师事务所

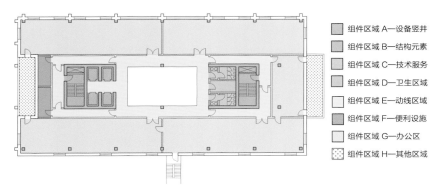

组件区域 A一设备竖井
组件区域 B一结构元素
组件区域 C一技术服务
组件区域 D一卫生区域
组件区域 E一动线区域
组件区域 F一便利设施
组件区域 G一办公区
组件区域 H一其他区域

图 4-38　IPMS-2 案例，按照 IPMS 各组件区域对办公建筑的划分

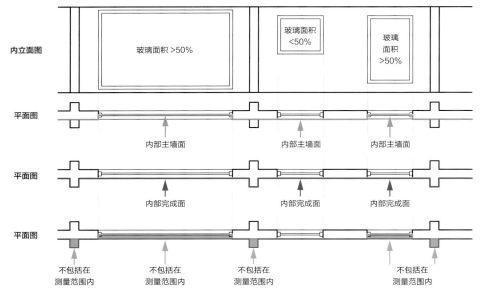

图 4-39　内部主墙面（在 IPMS-2 定义中使用）及内部完成面（在新的 IPMS-4 定义中将要使用）的比较

采用相似测量策略的市场中，仍然缺乏一个独特的、通用的定义，其"墙"和"柱"的定义经常有变化。

这在高层建筑中尤其有意义，因为高层建筑的结构柱网会占据相当一部分宝贵的平面面积。高层建筑的室内布局通常受到柱网排列的支配，因此柱子和墙面之间有时难以区分，尤其在超高层建筑中，混凝土柱子所占面积可能相当于一间卧室的大小。但是这个方法在测量到"外周长"时存在问题：在按照 IPMS-1 测量时，柱子所占面积是需要计算的，但是按照 IPMS-2 时，则不考虑柱子所占面积。因此，当某一标准预设柱子所占面积可以被忽略时，它就不能准确反映这座建筑是否有足够的空间来满足当初设计时可容纳的人的相关活动的需求。这同样适用于前面已经提到的其他差异，但是"柱与墙"的问题与高层建筑行业尤其相关。

随着商业零售建筑面积测量标准即将正式问世，IPMS 制定委员会开始计划对所有房产类型（例如办公、住宅、工业和商业零售）的测量标准进行最终整合，旨在创建一个统一的、普适的文件，以应用在任何一种建筑类型上。这与高层建筑尤为相关，

因为高层建筑经常是在单个建筑中囊括多种功能，还有一些功能则是仅在高层建筑中才会出现的，如空中花园和观景台。

这项"和谐共生"的文件是在巴西圣保罗召开的为期一周的标准制定委员会会议讨论的焦点。尽管在写作这篇文章的时候，文件的实际准备工作尚未开始，但我们可以先来畅想一下未来 IPMS 将会呈现什么样的内容。这个涵盖一切的标准将适用于所有建筑功能（未涵盖的部分也做了仔细标注），主要由四大不同的 IPMS 测量方法组成：

· IPMS-1 将维持现状不变，仍然作为一种整体测量到建筑外表面的测量方法；

· IPMS-2 也将在很大程度上维持现状不变，但有部分定义将会重新做详尽的阐述（例如内部主墙面），避免引起歧义的同时，也能更好地在不同市场中推广统一的标准；

· IPMS-3 将主要用于专用空间实际面积的测量；

· 新的 IPMS-4 将被用来测量实际建筑面积（大多数情况下是以一个一个房间为基础），用以明确有多少实际空间可以被用来完成建筑设计者的设计初衷。这种测量方法将测量至楼层的内部完成面（图 4-39）。

最新的 IPMS-4 标准测量方法，在进行不同市场之间的建筑对比方面，无论对比的目的是出于预算控制、节能和可持续评级、使用率还是设备（机电、电梯等）设计，它都将可能成为最相关也是最具统一性的标准（图 4-40）。

3.3　国际认可度

IPMSC 的工作开始在国际上获得越来越高的认可和接受度，这对于仅成立了 5 年的联盟而言是非常了不起的。迪拜土地管理署是第一个正式承认并采用 IPMS 作为官方房产测量标准的国家管理机构，这就使得 IPMSC 标准的更新及其他新标准的制定得以获得一个国家管理机构的审核和解释，这对扩大标准在中东地区的影响力有着重大意义（Jackson，2016）。

此外，RICS，也就是前面提到的测量标准规范（Code of Measuring Practice，COMP）的开发者，也新制定了 RICS 房产测量专业说明第 1 版及第 2 版，分别发布于 2016 年

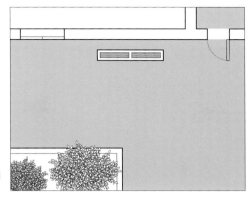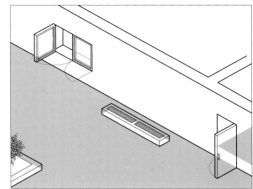

图 4-40 引入 IPMS-4 的建筑面积测量方法案例

和 2018 年。这两份文件在办公和住宅建筑的测量方面都认可 IPMS 的标准，未来也将根据 IPMS 其他标准继续开发其新的版本。新的标准要求在测量建筑面积时使用 IPMS 标准，并且备注，除某些特殊情况外，如果客户要求使用其他的标准，则需要提供两份报告（RICS，2018）。

在澳大利亚也有类似的情况，尽管多数市场都会要求采用澳大利亚房产委员会（PCA）制定的测量方法，但是不同的州之间还是存在各种不同的测量要求，因此澳大利亚房地产协会（Australian Property Institute，API）建议提供两份报告，并将 IPMS 标准作为主要测量方法，"在 API 可以预见的未来，通过成员的支持，IPMS 将成为市场间测量方法的基础"（API，2018）。最后，或许 IPMS 最为重要的一次整合就是对 "BOMA2017 办公建筑：标准测量方法" 进行的修订，现在它与 IPMS 办公建筑标准已经完全兼容了（BOMA，2017）。

IPMS 随着被全球许多主要高层建筑市场采纳为测量标准，其建立全球广泛认可标准的目标也正逐渐被实现。

4 结论

随着 IPMS 在国际上不断取得进步并得到越来越多的认可，全球采用通用、一致的建筑面积测量方法已成为可能。开发商、工程顾问及其他建筑产业中的专业人士，可以方便地直接要求提供 IPMS-1、2、3 或 4 标准下的测量结果，仅使用一组标准来明确定义将被实际测量的建筑各部分区域，这样就可以避免前面提到的在测量时某些建筑元素是否要纳入面积计算的问题，比如阳台和结构柱；同时也不会被政府审批所限制，更不会受到某个建筑元素是否具备创新性或可持续性的限定。

政府制定的某些管理条例都有激励性，为的是鼓励优秀的建造实践，继续推广这样的做法也是他们的职责所在，但是这些不应该对通过测量得到的精确计算结果产生大的影响，因为这些计算结果也会影响建筑的设计和空间的买卖方式。双报告的策略就能解决这个问题，同时也能为建筑开发商和经营者在投资房产项目时提供一定的透明度，使其更好地了解一个房产项目的运营情况。此外，IPMS 对于空间类型的补充定义也有助于进一步清晰地说明阳台、卫生间设施、结构柱和起居空间等所占据面积的大小。

有了获得国际广泛认可的标准，一致、清晰、可复制的房产测量实践就成为可能，这样既能保证投资者和公众的信心，也能使不断发展的全球市场更具稳定性。■

参考文献

The Australian Property Institute (API). Technical Information Paper – Methods of Measurement[S]. Deakin: API, 2018.

Building Owners and Managers Association International (BOMA). BOMA 2017 for Office Buildings: Standard Methods of Measurement[S]. Washington D C: BOMA, 2017.

CARTLIDGE D. Quantity Surveyor's Pocket Book[M]. Abingdon: Routledge, 2017: 109-115.

HALL T. Code of measuring practice: How many square feet is your office?[EB/OL].[2018-10]. http://www.jllvantagepoint.com/international-property-measurement-standards/.

Hong Kong Buildings Department (BD). Joint practice note 1: Green and innovative buildings[S]. Hong Kong: Hong Kong BD, 2011.

Hong Kong Buildings Department (BD). Joint practice note 2: Second package of incentives to promote green and innovative buildings[S]. Hong Kong: Hong Kong BD, 2011.

Hong Kong Buildings Department (BD). Building (Planning) Regulations[S]. Hong Kong: Hong Kong BD, 2012.

International Property Measurement Standards Coalition (IPMSC). International Property Measurement Standards: Office Buildings[S]. London: IPMSC, 2014.

International Property Measurement Standards Coalition (IPMSC). International Property Measurement Standards: Residential Buildings[S]. London: IPMSC, 2016.

JACKSON R. In Equal Measure[J]. RICS Property Journal, 2016(7/8):12.

Royal Institution of Chartered Surveyors (RICS). Code of Measuring Practice[S]. London: RICS, 2015.

Royal Institution of Chartered Surveyors (RICS). RICS Property Measurement[S]. London: RICS, 2018.

Urban Redevelopment Authority (URA). Handbook on Gross Floor Area[S]. Singapore: URA, 2018.

（翻译：宫本丽；审校：王欣蕊，王莎莎）

本文基于 CTBUH 研究项目 "建立行业广泛认可的高层建筑面积测量标准"，由安赛乐米塔尔集团赞助。本文选自 *CTBUH Journal* 2019 年第 1 期。除特别注明外，文中所有图片版权归 CTBUH 所有。

深圳湾 1 号云颂音乐厅　© 鹏瑞集团

5

数据分析

全球最高的特殊功能空间

全球最高的带有阻尼器的建筑

全球最高的分离式核心筒建筑

全球最高的特殊功能空间

自人类开始建造高楼以来，历史上就充斥着各种各样的"最高"记录。在本数据研究中，我们对非传统或"特殊功能"空间进行探索，而通常这些空间存在于较矮的、更靠近街道的公共建筑中。尽管许多这类空间希望创造壮观的效果，但和地面上的同类空间一样，它们大多只是用于容纳垂直方向上的各种功能设施。本报告来自鹏瑞集团的研究委托。

除非另有说明，所有测量数据都采集自竣工后每个空间内最高的楼板面。

全球最高餐厅

餐厅：任何设计为公共用餐区的空间，这一空间必须包括提供给客人就餐的座位和全套厨房。

广州周大福金融中心
广州，530 m
竣工时间：2016 年

餐厅：495 m
（餐厅名称待定）

#2. 环球贸易广场
香港，484 m
竣工时间：2010 年
Ozone：475 m

#3. 哈利法塔
迪拜，828 m
竣工时间：2010 年
At.mosphere：445 m

#4. 天津周大福金融中心
天津，530 m
竣工时间：2019 年
餐厅：439 m
（餐厅名称待定）

#5. 长沙国际金融中心 1 号塔
长沙，452 m
竣工时间：2018 年
尼依格罗·欣厨，悦廊，Bar93：432 m

全球最高绿色空间

绿色空间：一个大部分面积用于植物展示和观赏的永久性空间。

广州周大福金融中心
广州，530 m
竣工时间：2016 年

露台
495 m

#2. Vincom Landmark 81
胡志明市，461 m
竣工时间：2018 年
露台：382 m

#3. 广西华润大厦
南宁，403 m
竣工时间：2019 年
露台：312 m

#4. 越秀财富中心 1 号大厦
武汉，330 m
竣工时间：2017 年
露台：305 m

#5. 汉国城市商业中心
深圳，329 m
竣工时间：2017 年
露台：304 m

"BMW Rink 354"位于俄罗斯莫斯科 OKO 住宅大厦的 91 层，高度 347 m，是全球最高的溜冰场。

据迪拜伊斯兰事务办公室称，由于位置远高于地平线，哈利法塔的穆斯林居民必须将一些祈祷推迟 3 min，以配合稍晚的日落。

全球最高的游泳池位于香港环球贸易广场 118 层（高度为 469 m），可供酒店、水疗中心或健身中心的客人使用。

6 专家访谈

摩西·萨夫迪：
三维立体花园城市

从职业生涯伊始的蒙特利尔 Habitat'67 项目开始，摩西·萨夫迪（Moshe Safdie）的作品就总是能让人联想到乌托邦科幻小说的画面，然而这些作品又都建立在扎实的、久经验证的设计原则基础之上。萨夫迪在 CTBUH 全球大会的"回顾过去 50 年，展望未来 50 年"主题中分享了其独特的观察视角。尽管已 81 岁高龄，但他还没有退休的打算——壮观的新加坡滨海湾金沙酒店（Marina Bay Sands），除现有三座通过"空中泳池"连接起来的塔楼外，即将迎来其第四座塔楼，新的塔楼还将带有全新的屋顶景观设计；规模巨大的拥有 8 座塔楼的重庆来福士广场施工已进入尾声，建成后它的空中连廊将成为全球最高且最长的空中连廊；而最近投入使用的新加坡樟宜机场内的"星耀樟宜"（Jewel）荣膺全球最高室内瀑布称号。CTBUH 编辑丹尼尔·萨法里克（Daniel Safarik）有幸在萨夫迪的宝贵空闲时间中，与其进行了一场极富启发性的对话。

作者简介

摩西·萨夫迪，建筑师、城市规划师、教育家、理论家及作家，萨夫迪建筑设计事务所（Safdie Architects）执行董事。在其卓越的 50 余年职业生涯中，萨夫迪使用他独特而鲜明的视觉语言，不断探索具有强烈社会责任感的设计的本质。萨夫迪是以色列、加拿大及美国公民，毕业于加拿大麦吉尔大学（McGill University），曾在美国费城跟随路易斯·康工作和学习，随后返回蒙特利尔主持 1967 年世博会场馆的总体规划工作。1964 年，他开设了自己的建筑设计事务所，并决定将 Habitat'67 项目付诸实践，这个衍生自萨夫迪大学毕业论文的设计，日后也成为现代建筑的转折点之一。萨夫迪编著出版了 4 部著作，并经常撰文和发表演讲，其所设计的项目遍布美洲、中东、发展中国家、亚洲及澳大利亚，项目类型也十分丰富，包括机场、博物馆、演出场所、图书馆、住宅、综合体及城市设计等。

e: boston@safdiearchitects.com
safdiearchitects.com

我对三维立体花园城市这个概念的生成过程十分感兴趣，这个概念几乎贯穿您所有的设计作品中，似乎也是您设计的方向。您的作品总是有着强烈的人体尺度感，即便是大体量的项目也不例外，当建筑本身呈现非常宏大的姿态的时候，您采用了哪些手法来保证人体尺度感？

说到尺度，我们可以把目光从居民住宅环境转移到功能混合的城市上来。在纯住宅项目中，从 Habitat'67（图 6-1）开始，我的设计重点是组成社区的各元素之间的层级体系。首先，社区里会有个体，也会有家庭，在建筑中他们体现为住宅。接着，还会有社区聚落，这就包含各种尺度了。可能还会有居民围绕庭院聚居，你可以称这是"邻里关系"。然后，还会有更大规模的居住群体，他们共享学校、购物场所等功能设施。这些元素的叠加将整个城市不断塑造起来。

建筑设计也需要响应并反映这种过程，并尽量去保持这种层级的易读性。当我们身处一个小群落的时候，会感到相对舒服一些，因为所有的东西都一目了然，这就是易读性。我们可以通过结构组成来解读一座房子，它们有自己的特征，庭院和其他各种配套设施加到一起，构成一个集群，而当把这种集群纵向堆叠到一起，将密度扩大 50 倍，则只需要增加多一些的自主意识、复合度，就可以得到一样的结果。

因此，从 Habitat'67 开始，你就可以清晰地看到这种集群关系，你可以通过整个建筑的组成来解读它。但是 Habitat 的原型并没有实际建起来，这只是给政府的一个提案，而这个提案进一步演化成为一个三维立体的城市，因为它包含社区配套设施、学校、商店和所有其他的东西。它被作为一个综合性的建筑孕育而生，可容纳住宅、酒店和办公空间；事实上它也超越了纯住宅的范畴，而是更偏向综合体一些。

对于那些体量更大的亚洲项目，也是采用同样的方式来打破连续的表面，设置那些你想要的室外绿色空间。随着建筑体量的不断变大，你可以将其分解成更多易读的片段。设计动线的时候，要以一种可以让人清楚理解为何这样设计的方式呈现，不论是建筑的内部动线还是外部动线。我认为能让人们在城市尺度中，实际地看见和理解动线的布局，也是一种帮助了解建筑入口位置和动线方向的手段，这样就不会存在那种隐藏在建筑角落里的路径，即那种你乍一看根本不知道它会通往何处的路径。许多高层建筑的设计都会存在问题，因为它们不能清晰地呈现这些动线，这与当前开发商的主要开发策略仍受限于经济因素而过分追求布局的紧凑性有关。

在 Habitat 和新加坡晴宇塔这类项目中，您提到的那种易读的、房屋大小的单元是清晰可见的。那么在设计滨海湾金沙酒店及重庆来福士广场这种类似迷你城市的商业项目时，您又是如何处理的呢？

滨海湾金沙酒店设计主要聚焦在屋顶和地面部分。中间的酒店部分面临的则是一个完全不同的问题，就这个部分，我被要求设计一栋包含 3000 个房间的塔楼。不过这是最早的那版方案。在那个方案里，酒店部分不能设计成超高层塔楼（300 m 或更高），因为当时有限高的问题存在。因此，它只能是一个大体量的、厚板形态的拉斯维加斯酒店风格的建筑。这样的设计建成后会在市中心和滨水区之间形成一个一堵墙一样的屏障，而且因为不能超过 100 层，那么这个体块就只能向两边延伸形成长条状。我想，海港和市中心的景观视线被牺牲掉太可惜，不能这么做。所以我将酒店的体块一分为三形成 3 座塔楼，将 3 座塔楼之间的间隔空间作为巨大的城市之窗。然后我又进一步进行了分解，将塔楼两侧的墙体向外拉，将塔楼分成两部分，这样你看到的就是 6 座塔楼，之后再通过分层在每座塔楼里设置客房。

> **" 在 1967 年的时候，市场并不认为 Habitat 项目是可以被大批量复制的。但现在我们回看它，人们开始认同它背后的设计原则，并开始将其运用到自己的设计中。"**

当然，这样做之后又出现了一个问题，在如此集中的形态下，怎样才能额外再创造出一些真正的休闲和娱乐空间？这时候我们想到了空中花园，所有裙房的屋顶都是公共区域的一部分，甚至滨海湾金沙综合体的购物中心部分也是。购物中心的最早设想是更面向内部的，但现在我们将这部分向外拉，做成沿海步道的一部分，变成了半室内半室外的状态，而且完全位于公共区域内。这部分的设计重点是如何将这样一个密集的环境变成真正的公共开放区域，向所有人开放的同时，还要能纳入整个城市的网络中。

在重庆来福士广场这个项目中，我们在概念方面没有作过多的延伸，住宅、办公和酒店建筑之间并没有足够明显的区别。我们希望更深入思考的是综合体里的各种功能，我们可以将一些工作和办公空间放到低层，然后再利用水平的步道将它们隔离开来。下一层空间可以是住宅，利用一些纵向的堆叠，营造出易读的外部形象。

您认为这种从 Habitat 演变而来的模式在所有的市场中或者面对不同的政府和社会形态时，都是可以复制的吗？

我认为一方面，认识不同区域的差异是十分重要的。在像蒙特利尔这样寒冷的城市中使用这个模型，与在热带、亚热带的气候里使用，或者在不同的文化和经济体中使用会存在一些差异。比如在沙特阿拉伯，你无法照搬 Habitat 的原型，因为那里的文化对隐私方面有很多要求，与家人一起享受时光的阳台不能被外人看到，因此我们在细节方面会做一些变化。但是大的原则方面，诸如室内和室外空间、易读性、特征性，所有这些都是可以沿用的，只是会在肌理和细节上有多种变化而已。

在 Habitat' 67 的设计公布之后，这些基本原则曾一度被误解。人们总是试图下一个定论，这到底属于大规模社会保障性住房还是奢侈豪宅？这根本不是重点。当时之所以出现这种现象，可能是因为正处于经济萧条时期，市场并不认为这是可以被大批量复制的。但现在我们再回看它，人们开始认同它背后的设计原

图 6-1　蒙特利尔 Habitat' 67 住宅楼

图 6-2　新加坡滨海湾金沙酒店 © Hu Chen (cc by-sa)

则，并开始将其运用到自己的设计中。不出所料，你会开始看到视觉关联极强的设计，因为同样的原则经常能产出相似的城市肌理，所以有很多人都承认把它当作灵感的来源，这挺好的。

您对高层乌托邦这种类型的项目总体上感受如何？似乎同类型的项目命运各不相同？

20 世纪 50、60 年代的很多乌托邦式的项目并没有实际建造起来，关于这部分我们无从而知。

但是在那些建成的项目中，不乏一些很受欢迎、也很成功的项目。剩下的那些基本都成了大型的摆设，因为他们并没有体现人们真正想要的东西，区别这两类项目十分重要。

许多年来，法国的马赛公寓（L'Unité d'Habitation）在人们选择居住时几乎让人避之唯恐不及，法国和英国的一些保障性住宅项目更是如此。所以，我认为使得 Habitat 与这些项目区别开来的原因，是没有人怀疑它所呈现的环境的宜居性。人们一直在谈论的都是，这样的住宅普通人是否能负担得起，而它成为普适方案的可能性以及它是否是人们想要的居住空间从来都不是问题——多数人给予它的都是积极的反响。

在您的许多大型项目中，比如滨海湾金沙酒店和重庆来福士广场，水平层面的设计有着与垂直层面一样的重要性。您是怎样说服客户接受这种空中连廊或空中平台连接多个塔楼的形式的呢？

每一步都需要大量的说服工作。不过有一点能对项目情况起到帮助的是，我们的一些概念其实是与政府文件中的城市设计要求有共鸣的。这在说服客户采纳室外空间、绿色景观以及视觉通廊等概念时起到了积极的作用。然而，设计要求中并没有提到湾

景视线通道（图 6-2），这是完全由我们提出来的。开发商都有自己的运作模式及风格，这是开发商群体的共同特点，这个项目的业主也是这样。这一点在拉斯维加斯酒店的业主那里已经得到了验证：酒店的形象永远都是一个体量巨大的独栋建筑；不会有任何关于公共领域的考量，因为设计这种酒店的初衷就是在拉斯维加斯形成一个内向型的私人领域。我们的设计可以说是推翻了拉斯维加斯风格酒店设计准则的方方面面。

现在人们想起新加坡，脑海里的画面已经很难脱离滨海湾金沙酒店了。重庆的进展如何？

重庆的情况非常有意思，重庆市政府把这块地当作城市形象和城市未来发展至关重要的一个开发项目。在我们加入之前，他们已经组织了一场竞赛。我记得最终是有 8 个应征方案入围，但是市领导们仍然觉得没有哪个方案与他们设想的情况相匹配。后来凯德集团了解到这个情况，他们找到当地政府主动提出"能让我们的建筑师也提供一个方案吗？"

然后就举办了第二轮的竞赛，在这轮竞赛里我们打破了两条规则。市政府公布的现状指标中，路网从基地中间穿过，在基地的中轴线上有一座独栋的超级塔楼，还有一些较矮的塔楼分布两侧。我觉得对于这种密度的开发来说，几座中层塔楼围绕一座超级塔楼的模式并不适合这个基地。需要有一个强有力的公共开放区域，并且需要通过这个项目连接基地南侧道路与现存的北侧广场。

所以我在中轴线两侧设置了一对塔楼，以此来强调基地的门户性质，同时也在塔楼之间留出视线空间（图 6-3）。这个手法源自我在纽约的一个未建成项目哥伦布中心（Columbus Center），这个项目中，我将 59 街的轴线空间留空，并在轴线上放置了两座塔楼，这样就不会阻挡 59 街的景观视线。

接下来最重要的就是其他几座塔楼的位置，以及它们如何与全封闭的空中连廊——"观景台"——连接。我们认为在此设置一个开放的空中公园并不合理，因为重庆的天气炎热且经常是多云天气，有时还有空气污染。然后，我调整了基地两侧的交通路网，使步行街横穿场地，穿过围合的购物中心，与城市街道平行。这样一来，人们从城市街道进入项目，最终会来到广场上。就像米兰的埃马努埃莱二世回廊（Galleria Vittorio Emanuele II），起于斯卡拉广场（Piazza della Scala），终至米兰主教座堂广场（Piazza del Duomo），两端的广场都是重要的公共目的地，重庆也是这样。

您是为数不多的设计并实现这种规模项目的建筑师之一，您设计的三维立体城市在水平和垂直方向都有各种功能分布。您有想象过这类建筑的下一代会是什么样的吗？会是汽车飞上天、到处都是无人机和水平电梯的那种吗？

我还真的思考过这个问题，因为我们现在接触的一些项目规模可能比重庆来福士广场还要大，这样就面临一个问题，在这个建筑群中人是如何移动的？设置垂直动线的方式有许多种，有些是非常私密的，先抵达空中公园进而进入住宅大堂是一种，设置一个观景台或者空中公园来连接6座建筑也是一种。

人们想要更多的开放空间，如果有一个完全公共的、能够不依附于建筑而存在的电梯系统，或许可以满足这个愿望。但同时也得解决相应的安保问题，可能会需要一个大堂来进行调控。这非常令人期待。

我看到很多关于无人机的讨论，尽管我觉得可能难以在我有生之年看到无处不在的无人机的景象。我们会打破电梯只在垂直方向运行的壁垒，开始采用更具创新意识的电梯系统，比如那种能改变方向、倾斜上升，或者采用其他形态的电梯？希望如此。现在我们有点太保守了，60年前在最初的Habitat中，我就开始设计这种类型的电梯了。但直到今天，我仍不确定是否能够用一种经济的方式将它运用于某个项目之中。

多年来我多次看到"神奇混凝土"即将问世的文章，但这从来没有被实现过。我曾尝试使用过自应力混凝土，这种混凝土材料硬化后会膨胀，使其内部的钢筋受拉，但它也有自己的问题。我的朋友内里·奥克斯曼（Neri Oxman）在MIT媒体实验室研究有机材料，但到目前为止，我们只在小型民用建筑上使用过这种材料，在城市的大型建筑中还不行。

防火性能是一个占据主导地位的因素，如果是低密度的建筑设计，多种材料可能都是可以使用的，但是若涉及高层建筑，则材料必须达到一定的耐火等级。目前为止仍没有相关的研究突破，除了对钢筋进行防火喷涂并采用混凝土包裹之外，还没有找到其他更好的处理方式。

您会考虑在设计中使用大型木结构吗？

我曾用过木结构，目前也在使用木结构进行设计，我一直认为木结构对于10~20层楼的建筑是可行的，而这个高度也是木结构的极限了。木材在结构上有局限性，一旦超过20层，它甚至连最低的安全标准都达不到。

而且即使技术上可行，要更改地方规范也是很难的。

的确，我们在缅因州有一个正在进行中的20层的项目，最开始我们想尝试使用木结构来建造整座塔楼，但是实际操作的时候发现，需要花费一大笔钱来解决所有的问题，而开发商是不会愿意的。

在高层建筑领域，对您来说最令人激动的事情是什么？

我们现在手上就有两个特别有意思的项目，一个在首尔，一个在深圳。首尔的项目中我们遇到了一位十分有趣的客户，它是韩国最大的食品加工企业，设计项目中包括好几层位于地下的食品加工空间，以及带有空中花园的综合体塔楼群。我觉得如果这个结合物流和加工枢纽的项目最终被证实是可行的，那将会非常令人激动。此外，因为他们是食品加工商，我们也加入了在空中公园里引入农业活动的设计。

您的高层建筑设计理念相当超前，但又具备很强的落地性，且充满人文关怀，可以说启发了多代建筑师。那么在新一代建筑师中，有没有哪位让您觉得值得期待呢？

对于新一代建筑师，我会想到BIG、MVRDV、OMA这些公司，还有一些从OMA出来的建筑师，例如奥雷·舍人（Ole Scheeren）。尤其在住宅建筑领域，以及在横向连接方面，我最近看到了许多项目和方案似乎采用了这些理念。能发明出新的、引领潮流的东西，这固然很好，但我更希望看到这些理念扎根于人们心中。■

图6-3 重庆来福士广场概念效果图（左）及施工现场照片（右）© 凯德集团

（翻译：宫本丽；审校：冯田，王莎莎）

蔡君炫：
新加坡式的城市本土建筑——高密度城市的宜居生活

> 2016 年，蔡君炫博士成为第一位获得 CTBUH Lynn S. Beedle 终身成就奖的女性。2018 年，在 CTBUH 颁奖大会发展成为高层建筑＋都市人居先锋会议（Tall + Urban Innovation Conference），以及以新加坡滨海湾和其他成功城市发展为案例的 CTBUH 城市空间技术指南的发行之际，CTBUH 编辑丹尼尔·萨法里克与蔡君炫博士一同回顾了她所开创的道路和对未来的设想。

作者简介

蔡君炫博士（Dr. Cheong Koon Hean）在新加坡打造了很多城市景观绿地，2004—2010 年，她担任新加坡市区重建局（Urban Redevelopment Authority, URA）局长，是新加坡城市扩建项目滨海湾的主要推动者，并发起了城市设计与卓越建筑计划（Urban Design and Architecture Excellence Program）。作为现新加坡建屋发展局（Housing & Development Board, HDB）局长，她提升了新加坡高层建筑住区的可持续性，而全国 82% 的居民居住在这些住区中，其中 94% 的居民拥有房屋产权。蔡君炫博士是科伦坡计划学者（Colombo Plan Scholar），本科毕业于纽卡斯尔大学（University of Newcastle），获建筑一等荣誉学位和学校金奖；硕士毕业于伦敦大学学院（University College London），获城市发展规划硕士学位，并于哈佛大学（Harvard University）完成高级管理课程。同时，她也是 2016 年 CTBUH Lynn S. Beedle 终身成就奖获得者。
e: cheong_koon_hean@hdb.gov.sg
www.hdb.gov.sg

获得 CTBUH Lynn S. Beedle 终身成就奖对您来说意味着什么？

我非常感谢 CTBUH 认可政府规划者的工作以及他们为塑造都市人居环境和提高公民生活质量所作出的贡献。城市规划从来就不是一出"独角戏"，这个奖项也是对我在新加坡市区重建局和建屋发展局的同事们不辞辛劳工作的肯定，我和同事们的共同工作才得以齐心协力塑造新加坡的城市风貌，建造我们热爱的家园。这个奖项肯定了我们所作贡献的价值，并激励我们积极改变城市环境，提高全体新加坡公民的生活水平。我很荣幸能够成为像西萨·佩里（Cesar Pelli）、诺曼·福斯特男爵（Lord Norman Foster）和森稔（Minoru Mori）这样杰出的人物，通过自己的工作为所在城市带来积极的影响。

您最引以为傲的项目或成就是什么？

滨海湾项目，它集合了我们很多同事的共同努力，是让我最有成就感的一个项目（图 6-4）。直到今天，我仍然对此感到非常自豪和快乐。我也在继续思考我们该如何对它进行进一步提升，这是一个连续的、在未来很有发展潜力的、"进行中的"工作。

我也发现我们的长期概念计划的制订非常令人满意。每隔 5~10 年我们会对概念计划进行一次复盘，虽然公众对这类长远规划的认知度较低，但这是我们工作的一个重要部分。经过三轮工作复盘后，我相信，尽管新加坡土地资源有限，但是长远的规划使我们有能力缔造一个高度宜居的环境。

我最近很喜欢参与一些新的公共房屋发展计划，尤其是在新市镇房屋建设中，我们新的设计理念能够将城镇的周边环境和独特遗产利用起来，甚至将智能规划和技术结合起来，为居民们创造一个可持续、宜居和安全的环境（图 6-5）。很高兴我们正逐步推进这些项目，并且期待着创造出独特的城市环境。

为什么新加坡有着世界上独一无二的高层社区住房模式？

新加坡的独特之处在于他是一个城市国家——既是一个国家也是一座城市。这座岛屿的面积只有 720 km²，大约是伦敦大都会面积的一半。不同于其他城市，新加坡不仅要为公民提供居住、商业、工业、社交和娱乐设施，还必须满足一个国家的需求，包括港口、机场、军事用地和充足水资源等。

图 6-4 新加坡滨海湾地区 © Chen Si Yuan (cc by-sa)

图 6-5 加利谷（Caldecott），新加坡建屋发展局最新的公共住房规划项目之一。来源：HDB

尽管如此，通过长期和全面的规划，我们已经设法满足了所有的需求，包括在岛中心保护了一片生物多样性丰富的原始森林，它使我们的集水区面积得以翻倍。

考虑到我们的土地所限，新加坡别无选择，只能采取高密度的发展模式，通过优化土地使用来满足所有的需求。尽管土地资源有限，但新加坡仍然是亚洲最宜居的城市之一，我们力图创造着"宜居密度"。

您是如何定义"宜居密度"的？

它与如何在高密度的条件下实现高质量生活环境有关。宜居密度可以带来机遇、多样性和便利性。高密度带来的是更近的距离，更高的可达性（商店、学校、娱乐休闲设施、卫生设施等），更便捷的公共轨道交通系统，以减少交通拥堵，以及更优、更可靠的基础设施和公共设施。宜居密度也意味着即使我们建造了新

图 6-6　登加新镇成为新加坡建屋发展局开发的第一个无车之城。来源：HDB

的高密度住宅类型，也能留出足够的公园和娱乐设施，来创造宜人的绿色环境。

我们花了很多心思去研究设计和开发建筑。例如，在建屋发展局，我们研究不同类型的住宅，以创造通风良好的宜居的生活和社区空间。在新加坡，我们在预制混凝土技术方面处于领先地位，这使我们能够高效、经济地进行建造，同时确保房屋的高质量。我们部署了各种可持续发展计划，如绿色技术、雨水收集和利用太阳能光伏发电。

一些人说，新加坡的特殊模式很难在其他地方复制。但事实上，您已经把您的工作带到中国，帮助制订中新天津生态城总体规划。那么，您认为新加坡模式是可以出口的吗？

每个城市都有其独特的挑战性，必须找到适合自己的环境解决方案。但是，有一些好用的做法可能适用于大多数城市，我们可以互相学习。

我们在将新加坡建设成为世界最宜居城市之一的过程中总结出一些成功的要素。首先，城市需要制订长期和有远见的规划，这有助于城市提前规划和进行内部协调；同时要优先投资急需的基础设施，以推动城市发展。

其次，必须关注宜居性和可持续性。我们很清楚要打造一个可持续和宜居的环境，并且多年来已经制订了一系列计划来实现

> **新加坡的高质量生活只有通过良好的治理和廉洁的政府，建立高效的机构，利用政府和私营企业的合作伙伴关系和技术，才能确保我们的计划得以顺利实施。**

这个愿景。我认为，通过良好的政策来支持保障性住房是一个非常有力的举措。例如，在新加坡，购房者可以使用他们的中央公积金（Central Provident Fund，CPF，一个强制性退休储蓄计划）去帮助其购买住房。

再次，开发创新方案和技术来支持需求量的增长是很重要的。比如说，尽管新加坡城市规模较小，但是可以使用新的技术来确保未来充足的水源，同时在建筑设计中融入绿色和蓝色的元素来创造空间视觉感。只有通过良好的治理和廉洁的政府，建立高效的机构，利用政府和私营企业的合作伙伴关系和技术，才能

确保我们的计划得以顺利实施。

这一系列举措是可以出口并且有着强大兼容性的。在天津生态城，我们面临的巨大挑战是如何调整我们的政策和做法以使其在中国的大环境下得以实施。在这方面，我们与天津市政府密切合作，不断调整我们的方案来适应当地的社会、文化、环境、经济条件、立法和政府结构。

您认为物联网、智能建筑和其他技术会在未来高层住宅项目中扮演什么样的角色？

考虑到科技的迅速发展，未来 20 年的变革步伐可能会越来越快。为了赶上技术变革的浪潮，新加坡致力于成为一个智慧型国家，数字化创新将在社区和生活中被更广泛地应用，同时创造出更多的机会。

作为新加坡最大的地产开发商，建屋发展局利用技术进步来建设可持续发展的智慧城市，不断推动城市设计和规划的前沿发展。我们利用最新的信息和通信科技来提升其产业的宜居性、便捷性、可持续性和安全性，重点关注四个维度——智能规划、智能环境、智能地产和智能生活。新建和现存的城镇都是新兴智能技术和可持续规划的受益者。所有的公共住房都安装了宽带光纤电缆，我们正在让城市变得更加智能。

例如，从一开始我们就将计算机模拟和数据分析技术应用于城市规划设计来创造良好的生活环境。在高层建筑中，虚拟建模可以使我们进行更合理的设计，例如利用风向改善空气质量，将操场等设施置于阴凉处，将太阳能电池板安装在有着更多光照的屋顶上。

智能应用也可以帮助我们更好地进行维护。通过传感器技术和数据分析，我们可以监控甚至预测性维护各种设备以确保其良好地运行，比如太阳能电池板、照明和电梯，这样既提高了准确性又节约了成本。在家居方面，智能家居管理系统、智能老人监控报警系统及远程健康服务等应用使公民的日常生活更为方便。

当您任职建屋发展局局长后重新审视新加坡住房政策时，您觉得需要调整的主要项目是什么？您如何看待从那时起取得的进步？

2010 年底，我刚加入建屋发展局时，面对的主要挑战是如何满足庞大的公共住房需求。为了满足这一需求，我不得不在很短时间内将公共住房项目增加两倍，这需要拟定若干总体规划，规划好土地和基础设施，以便进行建造。但是，我并不希望这些片区的规划千篇一律。这是一个用新思想建设新一代公共住房的大好机会。因此，我在 2011 年发起了一项"HDB 改善城市生活计划"（Roadmap for Better Living in HDB Towns），旨在建设设计良好、以社区为中心、可持续发展的智慧型城镇。在过去的 5 年内，我们建设了超过 10 万套公寓，这些新的区域发展良好，我收到的反馈是，这些新建的区域很有吸引力且宜居。

接下来我们新开展的计划旨在利用各区域现有的环境和背景创建有鲜明特色的城镇。主要的注意力集中在将"绿色和蓝色"元素融入城市，体现在创造更多娱乐机会、用绿色的元素覆盖整个城市和提供充足的供水设施。我们非常注重良好的城市设计，确保不同体量的建筑（包括高密度、高层建筑）也能营造出宜人的居住环境。例如，最新开发的登加新镇（Tengah）以"森林"为主题，它是建屋发展局开发的第一个市中心没有汽车的城镇（图 6-6）。

除了公共住房，您在滨海湾这种高端多功能开发项目中也颇有建树。请问您认为这两种项目中是否存在共通性？

对于滨海湾和公共房屋计划取得的成功，一个重要的因素是从一开始我们进行了全面的长期规划。我们对未来的发展计划有非常清晰明确的愿景——以人为中心，创造高度宜居、可持续发展和充满活力的环境。为了实现这一愿景，我们需要非常周密的城市设计，同时考虑到建筑层面，创造美丽的城市天际线和城市公共空间，整合绿化和水体，投资基础设施，包括公共交通及减少小汽车的使用。最重要的是，良好的场所和活动设施可以让居民更加享受他们的城市和居住区，一个充满活力的地方可以吸引更多的人来住。我们同时还与政府和私营企业合作，群策群力，实施我们的计划。在我们的开发项目中，优秀的设计是非常重要的，赋予地区的特色性是成功的必要原则。■

（翻译：徐婉清；审校：冯田，王莎莎）

王少峰：
中国建造的海外实践

> 自改革开放以来，中国承包商"走出去"发展经历了多个阶段，同时也把资金、技术和产业合作带到了项目所在国，特别是为发展中国家创造了大量就业机会，有力推动了当地的基础设施建设和城市化进程。就此，CTBUH 采访了上海中建海外发展有限公司董事长、CTBUH 全球董事会董事王少峰先生。

作者简介

王少峰，中国建筑第八工程局有限公司董事、副总经理，上海中建海外发展有限公司董事长，CTBUH 全球董事会董事。他自 1989 年开始其建筑职业生涯，1991—2003 年，他先后担任中建八局建筑设计院副院长和中建八局技术中心常务副主任。自 2003 年 11 月起，他在中建八局担任海外事业部总经理，为中国建筑的海外业务发展作出诸多贡献。2006 年起，他担任中建八局副局长。2009 年，他被国际建设项目管理联盟授予国际杰出项目经理。

他还兼任中建埃及分公司董事长，分管埃及这个中国建筑在海外的重点区域市场，该公司目前正在实施的埃及新首都 CBD 项目是中国企业在埃及承接的最大项目，也是"一带一路"领域最大的造城项目。

e: wang_shaofeng@cscecos.com
www.cscecos.com

您参与过很多中建集团的海外项目，您觉得这给您本人和团队以及项目所在国带来了哪些富有价值的经历经验？

我最早于 1997 年涉足海外项目，那是在阿尔及利亚首都阿尔及尔建设的一座五星级酒店，现在算来已有 20 多年的海外经历，也算是见证了中国承包商"走出去"发展所经历的几个阶段。最早从改革开放初期，以中建集团为首的中国承包商开始步入国际市场。那时更多地是跟着国外承包商做劳务分包，属于"带着人"走出去的初级阶段；到我第一次出国做项目的时候，中国改革开放的成效已经充分显现，特别是中国制造业的迅猛发展和行业标准不断与国际接轨，以及产业链的日益齐全，"中国制造"的特有竞争力使中国承包商逐步进入"带着设备材料"走出去的快速发展阶段；近十年来，随着成为世界第二大经济体的中国开始步入世界舞台的中央，特别是"一带一路"倡议的提出，我们在国外的经营模式不再仅仅是做项目，还为很多国外重大项目提供资金解决方案，使中国承包商进入"带着资本"走出去的转型升级阶段。中国承包商在自身发展的同时也把资金、技术和产业合作带到了项目所在国，特别是为发展中国家创造了大量就业机会，有力推动了当地的基础设施建设和城市化进程，为当地的经济发展作出了显著贡献。

对比中国国内，海外高层建筑项目在施工和承包方面主要有哪些不同？

可以说中国市场是过去 20 年来高层与超高层建筑实践最多、发展最快的市场，用"风起云涌"来形容是比较恰当的。如果 100 m 以上的高楼称为高层建筑，300 m 以上的高楼称为超高层建筑，那么过去 20 年来世界上建成和在建的高层与超高层项目中可能会有超过半数都在中国。如此繁荣的市场吸引了几乎所有世界顶级的设计公司和专业公司来到中国一试身手，这也使中国的高层建筑领域成为最与国际接轨的领域之一。所以无论在技术标准还是在项目设计与施工层面，国外与国内的高层建筑承包工程都没有太大的区别。客观地说，高层建筑的设计理念、标准与计算目前好像还是西方国家领先一点，但是高层建筑的建造技术特别是 400 m 以上大型超高层建筑的建造技术，中国承包商已经逐渐跑到国际领先的位置。这种领先不仅体现在施工机械与装备上，更体现在深基础处理、超高混凝土泵送、整体提升平台、钢结构、玻璃幕墙和机电等高层建筑专业施工技术以及设备与材料的生产供应上。20 年前，我们在海外高层建筑项目上更多是在做欧美或日韩承包商的分包或分供商，现在越来越多的海外高层建筑承包商的竞争大都是在中国承包商中展开。我不认为欧美和日韩承包商的逐渐淡出是因为其价格没有竞争力，而是因为中国承包商的综合技术与业绩优势不仅体现在价格上，越来越多地体现在施工的质量与速度上。近年来我们公司先后承建了一些海外地标项目，比如韩国济州岛最高楼梦想大厦、新西兰奥克兰最高楼舜地中心、马来西亚柔佛州最高楼 ASTAKA 双塔、马来西亚最高楼吉隆坡标志塔、印尼最高双子塔印尼一号大厦、东非最高楼埃塞商业银行大厦、非洲最高楼埃及新首都标志塔等等（图 6-7~ 图 6-10），这些项目承建合同的获得更多取决于我们在高层建筑领域的综合技术优势与项目管理能力。

近年来，中国企业特别是开发商，纷纷撤回对海外重大项目的投资。这对您的工作有影响吗？有怎样的影响？

不能说一点影响没有，但是坦率说影响不大。因为中国承包商进入海外市场大都有 30 多年的历史，他们在国际市场上已经有了较为稳定的市场布局和占有率。就像上面提到的那些海外地标项目，大都是当地开发商投资的。而中国开发商进入海外市场比较晚，也就是近五年的事，而且真正落地的项目并不多，因此造成的影响最多就是某一个点，不可能有大面上的影响。另一方面，我觉得中国开发商出海不久就被迫撤回国内，虽然说中国外汇管制政策是一个方面的原因，但最根本的还是在于开发商自身的国际化经营能力不强，无论是经营理念还是团队建设都与国外市场环境不匹配。可能是国内的巨大成功让他们树立起无比强大的自信，其固有的惯性思维使其与海外的市场现实格格不入，"眼高手低"成为较为普遍的通病。从这个角度看，也再次说明，企业的国际化经营能力绝不是一朝一夕就能培育起来的，更不是单纯靠资本就能一蹴而就的。

在国内及海外，新冠疫情对施工现场产生了怎样的影响？您认为应如何有效阻止疫情在国外的扩散？

过去几个月里，我们比以往任何时候都更多地听到"史无前例"这个词，我们成为见证历史的一代人。特别是新冠疫情的快速发展让整个世界陷入了全面防疫的特殊时期。中国政府强有力的防疫措施和中国人民众志成城的严防死守，已使中国取得了抗疫之战的胜利。这使疫情对国内的项目影响相比国外要小一些，因为国内疫情高发期恰逢春节假期，这本来也是建筑界的施工淡季。目前中建集团国内项目的复工复产率已接近百分之百。但是疫情对中国经济的整体冲击还是非常大的，官方公布的一季度 GDP 增长为 -6%，这是近 20 年来中国首次出现单季度经济负增长。在这样的大形势下，国内项目也普遍面临着成本增加、资金流和供应链资源紧张的压力。

相比之下，国外的形势更为严峻复杂。特别是在东南亚、非洲、中东、拉美等地区，疫情还处于快速增长期，短期内看不到拐点，甚至会持续较长时间，而这些地区又都是中国承包商的海外主战场。国外疫情的复杂性主要还是由于当地的检测、诊疗资源和水平都有限，政府总在防止疫情扩散和保护经济发展之间寻找平衡点，所采取的政策与措施摇摆不定。这也造成本来就不太了解疫情特点的当地民众自我保护意识不强，很有可能进一步加速疫情在国外的蔓延。这使大部分中国承包商的海外业务陷入了进退两难的境地。一方面，在国外很难做到国内项目那样的全封闭管理，很多在国内行之有效的防控措施很难完全用于国外项

"中国承包商的综合技术与业绩优势不仅体现在价格上，越来越多地体现在施工的质量与速度上。项目承建合同的获得更多取决于我们在高层建筑领域的综合技术优势与项目管理能力。"

图 6-7 新西兰奥克兰最高楼：舜地中心 © 上海中建海外发展有限公司

图 6-8　马来西亚最高楼：吉隆坡标志塔 © 上海中建海外发展有限公司

目，这使我们时刻面临着疫情在国外项目上爆发的风险，项目的履约成本也大大增加。另一方面，大多数国外政府为了保护经济发展，都不承认疫情为不可抗力，并要求承包商继续按原合同工期履约。再有就是疫情使很多发展中国家的经济受到很大打击，这使当地政府或企业投资的很多项目因为资金问题不得不暂时停工，约占总量的 20%~30%。可以预见，疫情对几乎所有中国承包商的海外业务都会带来很大影响，甚至是重创。可以说，防疫之战上半场在国内，我们在防输出；下半场在国外，我们又在防输入。对搞海外业务的人来说要打满全场，现在看来还要再打加时赛了。

回顾人类经历过的流行病历史，从第一次世界大战后开始的西班牙流感，到 20 世纪 50 年代后期的 H2N2 型病毒蔓延，再到比较近期的 SARS、MERS 和埃博拉，这或许是无法规避的历史轮回。人类文明发展到今天，我们未知的东西、不可控的东西还太多。病毒是没有国界的，正在席卷全球。现在是需要全世界共同面对的艰难时期，我们比任何时候都更需要世界各国之间的信任与合作，信任与合作比黄金更重要。

您如何解读中国国内和项目所在海外国家的文化与管理风格的差异？

相对于国内项目，海外项目更富有挑战。因为我们面对的经营环境（包括政治、经济、法律、宗教、文化、习俗等）完全不一样，最具挑战性的是技术标准和项目管控模式不同，这就要求我们在适应当地市场环境和发挥自身优势之间能够找到平衡点。

从项目管控模式来看，国外更注重过程而国内更注重结果。首先，国外项目非常注重计划性，几乎所有国外项目的承包商都需要有专职做工程计划的岗位，而且这个岗位在项目部中的地位举足轻重。这个岗位在国内绝大部分项目上都没有考虑，这也是中国承包商进入国际市场后发现的较为普遍的缺陷。从这一点就可看出，国外项目的管控理念更注重过程中的每一个环节或节点的管控，只要过程管控是到位的，项目的结果肯定是好的。而国内的项目管控更追求结果，过程中往往会有起伏，但只要结果是好的就可以。

再有就是国外项目非常注重任何事情的可追溯性和证据链，特别是一些知名承包商或设计咨询公司，往往具有非常成熟且固化的管理体系，一切都按此体系来，很难变通。这样有时就会显得刻板且不合时宜，不仅效率降低，结果也未必就好。

我觉得国外的项目管控模式也确实与国外的文化有关。国外的风险意识与法律意识比较强，且将建筑工程作为一个风险性比较高的行业，他们总认为一切按照过往成功或成熟的模式和标准套用才比较保险，尽量规避个人担责的可能性。坦率说，很难评判国内国外的项目管控模式孰优孰劣，我们在国外项目的实践中更多是要找到一个平衡点，这样才能高效且可控。

图 6-9　印尼最高双子塔：印尼一号大厦 © 上海中建海外发展有限公司

图 6-10　非洲最高楼：埃及新首都标志塔 © 上海中建海外发展有限公司

　　您于 2019 年加入 CTBUH 全球董事会，是什么原因促使您加入学会？您对学会的未来发展有些什么愿景？

　　CTBUH 已成立 50 年，总部设在芝加哥，是世界高层建筑领域最具权威和影响力的专业学会。目前 CTBUH 的全球董事会共有 8 人组成，分别来自 7 个不同的国家。我于 2018 年 10 月在迪拜参加 CTBUH 全球大会时结识了 CTBUH 的主席史蒂夫·沃茨（Steve Watts）先生，他发现我们不仅在中国还在其他很多国家承建了当地最高的地标建筑，这使他真实地感受到中国承包商在高层建筑建造领域确实占据了领先地位。也许就是这个原因，迪拜会议后不久沃茨先生就盛情邀请我加入 CTBUH 全球董事会，这也使学会具有更为广泛的代表性。

　　我认为 CTBUH 应更加全球化布局。世界高层建筑的发展趋势正从发达国家向发展中国家转移，亚太和北非、东非等地区将是未来高层建筑最为活跃的市场。CTBUH 也应顺应这一趋势，在更有潜力的发展中国家设立分会，发挥其应有的影响力。其次，除了高层建筑领域，应提升在城市人居领域的专业影响力。再有就是要通过明晰会员等级，提升会员的收益和价值等方式进一步扩大会员的数量，尤其要注重多增加个人会员的数量，并扩大与加强对个人会员的专业培训，最好能与个人的国际性执业资格相挂钩。

　　我相信 CTBUH 会以其在高层建筑和城市人居领域长期积累的具有国际权威性的经验、人才与技术，对世界各国的城市化进程和经济发展起到至关重要的推动作用，也相信 CTBUH 会成为一个可持续发展、越来越富有影响力的全球性学会组织。∎

王伍仁：
中信大厦——北京新地标，2018 年全球建成最高楼

中信大厦高达 528 m，是 2018 年竣工的全球最高建筑，并成为北京新的最高建筑。它是在城市东部建立的占地 30 hm² 新中央商务区（CBD）的锚点，高度超过了周围 20 座 150~350 m 高的建筑。在中信大厦正式落成前，CTBUH 编辑尼尔·萨法里克采访了中信和业投资有限公司的王伍仁先生。

受访者简介

王伍仁，中信和业投资有限公司原副董事长兼总经理、技术总顾问，教授级高级工程师，国家一级建造师，英国皇家特许建造师，享受国务院政府特殊津贴。他以主持大型建设项目而闻名，包括伊拉克的 Kufa 和 New Sindia 大坝；在国内市场，他曾主持了上海环球金融中心和青岛安普连接器厂建设的总承包管理。
e: qirui@hy.citic.com
www.heye.citic

528 m 高的中信大厦的建成有什么重要意义？

在过去的 40 年中，中信集团每个十年都在为北京创造地标性建筑。例如，在 20 世纪 70 年代，我们在长安街上建造了北京市的第一座国际级办公大楼——中信国际大厦。1989 年，我们建造了 183 m 高的首都大厦，是北京当时最高的建筑物。在 21 世纪初，我们为 2008 年奥运会建造了国家体育场（鸟巢）。现在，中信大厦作为一座高质量的高层地标建筑，反映了中信集团和北京城市在第四个十年发展进程中的成果。

我们认为中信大厦的建造表明世界上最先进的设计理念和设备制造能力达到了新的顶点，并再次验证了中国高层建筑行业的建设速度。未来，它将继续作为业主开发团队的全生命周期管理的综合模型，并进一步展示中信集团的经济实力和杰出的社会责任。

为什么选择"尊"形式？有哪些象征性、结构性和商业的动机？

由于该建筑的典雅形状源自中国古代的礼器，人们喜欢称其为"中国尊"（图 6-11）。人的联想其实蕴含着一种情感，就像国家体育场被称为"鸟巢"一样。尊是在古代中国的宴会或仪式中用作礼器的容器，它象征着中国是一个"礼仪之邦"。尊的形状旨在表明中国文化正在迈入一个新时代，在这个新时代中，中国文化将自豪地向前迈进，并引领世界文化和技术进步。

此外，尊在中国文化中蕴含着"天圆地方"的理念。从字面和实践意义上理解，中信大厦的结构形式采用圆形和正方形，以提供坚实稳定的底座以及优雅的造型。同时，它也反映了中国文化的历史和底蕴。

为了确保中信大厦的抗震性能，您们做了哪些设计方面的考虑？

中信大厦需抵抗 8.0 级地震，为此，我们采用了抗侧向力结构体系，这种体系被称为"巨型外框筒加核心筒"，确保可以实现"小震不坏，中震可修，大震不倒"。

北京目前正计划将大量的政府和住宅开发项目进一步向南移动，并在该方向开发一个新机场。因为中信大厦和朝阳中央商务区的价值部分取决于距城市中心和北京首都国际机场的距离，您认为这将如何影响中信大厦和朝阳中央商务区的商业运作和吸引力？

2017 年 9 月，北京市政府发布了《北京城市总体规划（2016—2035）》，其中指出，北京的战略定位为国家政治中心、文化中心、国际交流中心和科技创新中心。

作为世界一流的超高层总部大楼，中信大厦传达并加强了城市规划的这四个定位。中信大厦装饰了北京的天际线，同时提高了北京在现代建筑和城市景观方面的声誉。我们相信，无论未来如何

图 6-11 北京中信大厦 ©Shuhe Photo

发展，中信大厦的地理位置优势，无论是靠近北京首都机场和历史悠久的市中心，还是在新的中央商务区，都将继续为北京的形象作出巨大贡献，并会从中受益。

中信大厦如何应对北京众所周知的严重污染？

中信大厦的玻璃由 4 层组成，有效地形成了空心幕墙系统，便于简洁而高效的清洁工作。此外，在第 73 层的"腰部"和屋顶安装了 9 个窗户清洁器，以确保能够经常进行全面清洁（图 6-12）。另外，4 层玻璃的双空心幕墙系统与建筑物的高性能空气净化系统相结合，能够在防止室外空气直接进入以及改善建筑物的内部循环空气质量方面发挥重要作用。

图 6-12 中信大厦的立面有两套建筑物清洁维护单元——一套在顶部，如图所示，另一套在建筑的"腰部"© Shuhe Photo

中信大厦在设计阶段全面应用了 BIM 技术，并用之协调参与该项目建设的 30 多家公司。那么在大厦的实际运营阶段，BIM 是否得到了深度的应用，例如将 BIM 集成到建筑管理系统（Building Management System，BMS）中？

中信大厦项目将 BIM、集成业务管理系统（Integrated Business Management System，IBMS）、项目管理（Project Management，PM）和设施管理（Facilities Management，FM）软件集合在一起，建立了一个"智能运营云平台"。从轻量级 BIM 构建模型开始，这个平台就被划分为多个单元，可以提供动态的三维虚拟环境运营管理模型。基于此，使用物联网（Internet of Things，IoT）信息集成，将实现以下场景：

首先，该模型将楼宇自动化系统（Building Automation System，BAS）的动态数据与 BIM 模型的接口连接起来，以便共享实时 BAS 监控数据，并且在 BIM 虚拟模型中，可以直接观察运行状态。这将使二维 IBMS 图表转换为动态的三维 BIM 模拟，使得整个运营管理活动更加生动形象。

其次，BIM 模型与安全监控、火灾报警、漏水报警和其他系统相关联。报警系统被触发时，与该位置关联的摄像机将连接到 BIM 模型，以便快速定位和处理问题。

第三，通过扫描贴在建筑设备上的二维码，可以建立建筑物的"大数据"网络。设备分类、运行状态和合同信息已纳入 BIM 模型中，可实时显示实际设备情况。员工可以在智能云平台上点击设备模型，或扫描设备上的二维码以读取存储在 BIM

> 尊在中国文化中蕴含着"天圆地方"的理念。从字面和实践意义上理解，中信大厦的结构形式采用圆形和正方形，以提供坚实稳定的底座以及优雅的造型。

数据库中的信息。这样，无论员工是在建筑管理办公室还是在使用机器的现场，他们都可了解到相同的产品信息、消耗品数据、备件的可用性、维护程序等。这使运营管理更加高效、便捷和准确。

最后，可以将 BIM 操作系统生成的动态虚拟环境模型与城市消防和应急计划软件等数字平台进行协作和组合。这样，我们就可以使用它来演练任何形式的应急计划并针对我们的建筑物进行优化。∎

（翻译：韩杰；审校：瞿佳绮，王莎莎）

上海中心大厦　© 黄伟国 | 上海中心大厦建设发展有限公司

7

附 录

全球高层建筑排行榜

[数据来源："摩天大楼中心——CTBUH 全球高层建筑数据库"（ www.skyscrapercenter.com ），数据截止日期：2020 年 7 月 30 日]

高度排名	实景图	建筑中文名称	建筑英文名称	城市（国家）	高度（m）	层数	建成年份	建筑功能
1		哈利法塔	Burj Khalifa	迪拜（阿联酋）	828	163	2010	办公 / 住宅 / 酒店
2		上海中心大厦	Shanghai Tower	上海（中国）	632	128	2015	酒店 / 办公
3		麦加皇家钟塔饭店	Makkah Royal Clock Tower	麦加（沙特阿拉伯）	601	120	2012	其他 / 酒店
4		平安金融中心	Ping An Finance Center	深圳（中国）	599.1	115	2017	办公
5		乐天世界大厦	Lotte World Tower	首尔（韩国）	554.5	123	2017	酒店 / 住宅 / 办公 / 零售
6		世界贸易中心 1 号大楼	One World Trade Center	纽约（美国）	541.3	94	2014	办公
7		广州周大福金融中心	Guangzhou CTF Finance Centre	广州（中国）	530	111	2016	酒店 / 住宅 / 办公

高度排名	实景图	建筑中文名称	建筑英文名称	城市（国家）	高度（m）	层数	建成年份	建筑功能
7		天津周大福金融中心	Tianjin CTF Finance Centre	天津（中国）	530	97	2019	酒店/服务式公寓/办公
9		中信大厦	CITIC Tower	北京（中国）	527.7	109	2018	办公
10		台北101大楼	TAIPEI 101	台北（中国）	508	101	2004	办公
11		上海环球金融中心	Shanghai World Financial Center	上海（中国）	492	101	2008	酒店/办公
12		环球贸易广场	International Commerce Centre	香港（中国）	484	108	2010	酒店/办公
13		拉赫塔中心	Lakhta Center	圣彼得堡（俄罗斯）	462	87	2019	办公
14		Vincom Landmark 81 大厦	Vincom Landmark 81	胡志明市（越南）	461.2	81	2018	酒店/住宅
15		长沙国际金融中心1号塔楼	Changsha IFS Tower T1	长沙（中国）	452.1	94	2018	酒店/办公
16		吉隆坡石油双塔1	Petronas Twin Tower 1	吉隆坡（马来西亚）	451.9	88	1998	办公

续表

高度排名	实景图	建筑中文名称	建筑英文名称	城市（国家）	高度（m）	层数	建成年份	建筑功能
16		吉隆坡石油双塔 2	Petronas Twin Tower 2	吉隆坡（马来西亚）	451.9	88	1998	办公
18		苏州国际金融中心	Suzhou IFS	苏州（中国）	450	95	2019	酒店 / 办公 / 服务式公寓
18		紫峰大厦	Zifeng Tower	南京（中国）	450	66	2010	酒店 / 办公
20		106 交易塔	The Exchange 106	吉隆坡（马来西亚）	445.5	95	2019	办公
21		威利斯大厦	Willis Tower	芝加哥（美国）	442.1	108	1974	办公
22		京基 100	KK100	深圳（中国）	441.8	100	2011	酒店 / 办公
23		广州国际金融中心	Guangzhou International Finance Center	广州（中国）	438.6	103	2010	酒店 / 办公
24		武汉中心大厦	Wuhan Center Tower	武汉（中国）	438	88	2019	酒店 / 住宅 / 办公
25		公园大道 432 号	432 Park Avenue	纽约（美国）	425.7	85	2015	住宅

续表

高度排名	实景图	建筑中文名称	建筑英文名称	城市（国家）	高度（m）	层数	建成年份	建筑功能
26		港湾 101 大楼	Marina 101	迪拜（阿联酋）	425	101	2017	住宅 / 酒店
27		特朗普国际酒店大厦	Trump International Hotel & Tower	芝加哥（美国）	423.2	98	2009	住宅 / 酒店
28		金茂大厦	Jin Mao Tower	上海（中国）	420.5	88	1999	酒店 / 办公
29		公主塔	Princess Tower	迪拜（阿联酋）	413.4	101	2012	住宅
30		阿尔哈姆拉塔	Al Hamra Tower	科威特市（科威特）	412.6	80	2011	办公
31		国际金融中心二期	Two International Finance Centre	香港（中国）	412	88	2003	办公
32		LCT 地标大厦	LCT The Sharp Landmark Tower	釜山（韩国）	411.6	101	2019	酒店 / 住宅
33		华润总部大厦	China Resources Tower	深圳（中国）	392.5	68	2018	办公
34		玛丽娜 23 大厦	23 Marina	迪拜（阿联酋）	392.4	88	2012	住宅

续表

高度排名	实景图	建筑中文名称	建筑英文名称	城市（国家）	高度（m）	层数	建成年份	建筑功能
35		中信广场	CITIC Plaza	广州（中国）	390.2	80	1996	办公
36		哈德逊城市广场 30 号	30 Hudson Yards	纽约（美国）	387.1	73	2019	办公
37		信兴广场	Shun Hing Square	深圳（中国）	384	69	1996	办公
38		大连裕景中心 1 号楼	Eton Place Dalian Tower 1	大连（中国）	383.2	80	2016	酒店 / 办公
39		南宁龙光国际 1 号楼	Nanning Logan Century 1	南宁（中国）	381.3	82	2018	酒店 / 办公
40		穆罕默德·本·拉希德塔	Burj Mohammed Bin Rashid	阿布扎比（阿联酋）	381.2	88	2014	住宅
41		帝国大厦	Empire State Building	纽约（美国）	381	102	1931	办公
42		精英公寓	Elite Residence	迪拜（阿联酋）	380.5	87	2012	住宅
43		中环广场	Central Plaza	香港（中国）	373.9	78	1992	办公

续表

高度排名	实景图	建筑中文名称	建筑英文名称	城市（国家）	高度（m）	层数	建成年份	建筑功能
44		莫斯科联邦大厦	Federation Tower	莫斯科（俄罗斯）	373.7	93	2016	住宅/办公
45		大连国际贸易中心	Dalian International Trade Center	大连（中国）	370.2	86	2019	住宅/办公
46		迪拜演说大道酒店大厦	The Address Boulevard	迪拜（阿联酋）	370	73	2017	住宅/酒店/零售
47		南京金鹰天地A座	Golden Eagle Tiandi Tower A	南京（中国）	368.1	77	2019	酒店/办公
48		中国银行大厦	Bank of China Tower	香港（中国）	367.4	72	1990	办公
49		美国银行大厦	Bank of America Tower	纽约（美国）	365.8	55	2009	办公
50		阿勒玛斯大楼	Almas Tower	迪拜（阿联酋）	360	68	2008	办公
51		汉京中心	Hanking Center	深圳（中国）	358.9	65	2018	办公
52		吉沃拉酒店大厦	Gevora Hotel	迪拜（阿联酋）	356.3	75	2017	酒店

续表

高度排名	实景图	建筑中文名称	建筑英文名称	城市（国家）	高度（m）	层数	建成年份	建筑功能
53		迪拜 JW 万豪侯爵酒店 1 号楼	JW Marriott Marquis Hotel Dubai Tower 1	迪拜（阿联酋）	355.4	82	2012	酒店
53		迪拜 JW 万豪侯爵酒店 2 号楼	JW Marriott Marquis Hotel Dubai Tower 2	迪拜（阿联酋）	355.4	82	2013	酒店
55		阿联酋大厦 1 号楼	Emirates Tower One	迪拜（阿联酋）	354.6	54	2000	办公
56		重庆来福士广场 T3N	Raffles City Chongqing T3N	重庆（中国）	354.5	79	2019	住宅 / 零售
56		重庆来福士广场 T4N	Raffles City Chongqing T4N	重庆（中国）	354.5	79	2019	酒店 / 办公 / 零售
58		OKO 大厦住宅楼	OKO – Residential Tower	莫斯科（俄罗斯）	354.2	90	2015	住宅 / 服务式公寓 / 酒店
59		火炬大厦	The Torch	迪拜（阿联酋）	352	86	2011	住宅
60		市府恒隆广场 1 号大厦	Forum 66 Tower 1	沈阳（中国）	350.6	68	2015	酒店 / 办公
61		广晟国际大厦	The Pinnacle	广州（中国）	350.3	60	2012	办公

续表

高度排名	实景图	建筑中文名称	建筑英文名称	城市（国家）	高度（m）	层数	建成年份	建筑功能
62		昆明恒隆广场	Spring City 66	昆明（中国）	349	61	2019	办公
63		高雄 85 大楼	85 Sky Tower	高雄（中国）	347.5	85	1997	酒店 / 办公 / 零售
64		世茂环球金融中心	Shimao Hunan Center	长沙（中国）	347	—	2019	办公
65		怡安中心	Aon Center	芝加哥（美国）	346.3	83	1973	办公
66		中环中心	The Center	香港（中国）	346	73	1998	办公
67		NEVA 大厦	NEVA TOWERS 2	莫斯科（俄罗斯）	345	79	2020	住宅
68		北密歇根大街 875 号（原约翰·汉考克中心）	875 North Michigan Avenue	芝加哥（美国）	343.7	100	1969	住宅 / 办公
69		四季酒店	Four Seasons Place	吉隆坡（马来西亚）	342.5	74	2018	住宅 / 酒店
70		阿布扎比国家石油公司总部大楼	ADNOC Headquarters	阿布扎比（阿联酋）	342	65	2015	办公

续表

高度排名	实景图	建筑中文名称	建筑英文名称	城市（国家）	高度（m）	层数	建成年份	建筑功能
71		深圳湾 1 号 7 号楼	One Shenzhen Bay Tower 7	深圳（中国）	341.4	71	2018	住宅 / 酒店 / 办公
72		LCT 住宅大厦 A 座	LCT The Sharp Residential Tower A	釜山（韩国）	339.1	85	2019	住宅
73		康卡斯特创新与技术中心	Comcast Technology Center	费城（美国）	339.1	59	2018	酒店 / 办公
74		无锡国际金融广场	Wuxi International Finance Square	无锡（中国）	339	68	2014	酒店 / 办公
75		重庆环球金融中心	Chongqing World Financial Center	重庆（中国）	338.9	72	2015	酒店 / 办公
76		水银城市大厦	Mercury City Tower	莫斯科（俄罗斯）	338.8	75	2013	住宅 / 办公
77		苏宁广场 1 号大厦	Suning Plaza Tower 1	镇江（中国）	338	75	2018	酒店 / 服务式公寓 / SOHO/ 办公
77		天津现代城办公大楼	Tianjin Modern City Office Tower	天津（中国）	338	65	2016	办公
79		天津环球金融中心	Tianjin World Financial Center	天津（中国）	336.9	75	2011	办公

续表

高度排名	实景图	建筑中文名称	建筑英文名称	城市（国家）	高度（m）	层数	建成年份	建筑功能
80		威尔希尔大厦	Wilshire Grand Center	洛杉矶（美国）	335.3	62	2017	酒店/办公
81		达马克芬迪公寓大厦	DAMAC Heights	迪拜（阿联酋）	335.1	88	2018	住宅
82		贵阳双子塔—东塔	Twin Towers Guiyang, East Tower	贵阳（中国）	335	74	2020	办公
82		贵阳双子塔—西塔	Twin Towers Guiyang, West Tower	贵阳（中国）	335	74	2020	酒店/办公
84		世茂国际广场	Shimao International Plaza	上海（中国）	333.3	60	2006	酒店/办公/零售
85		LCT 住宅大厦 B 座	LCT The Sharp Residential Tower B	釜山（韩国）	333.1	85	2019	住宅
86		瑞汉金罗塔纳玫瑰酒店	Rose Rayhaan by Rotana	迪拜（阿联酋）	333	71	2007	酒店
87		迪拜 Address 住宅大楼－喷泉景观三期	The Address Residence – Fountain Views III	迪拜（阿联酋）	331.8	77	2019	服务式公寓/酒店
88		民生银行大厦	Minsheng Bank Building	武汉（中国）	331	68	2008	办公

续表

高度排名	实景图	建筑中文名称	建筑英文名称	城市（国家）	高度（m）	层数	建成年份	建筑功能
89		中国国际贸易中心	China World Tower	北京（中国）	330	74	2010	酒店 / 办公
89		前海世茂大厦 1 号楼	Shimao Qianhai Project Tower 1	深圳（中国）	330	70	2020	办公
89		越秀财富中心 1 号大厦	Yuexiu Fortune Center Tower 1	武汉（中国）	330	68	2017	办公
92		汉国城市商业中心	Hon Kwok City Center	深圳（中国）	329.4	80	2017	住宅 / 办公
93		世界贸易中心 3 号大楼	3 World Trade Center	纽约（美国）	328.9	69	2018	办公
94		珠海中心大厦	Zhuhai Tower	珠海（中国）	328.8	66	2017	酒店 / 办公
95		京南河内地标大厦	Keangnam Hanoi Landmark Tower	河内（越南）	328.6	72	2012	酒店 / 住宅 / 办公
96		龙希国际大酒店	Longxi International Hotel	无锡（中国）	328	72	2011	住宅 / 酒店
96		迪拜 Al Yaqoub 大厦	Al Yaqoub Tower	迪拜（阿联酋）	328	69	2013	酒店 / 办公

续表

高度排名	实景图	建筑中文名称	建筑英文名称	城市（国家）	高度（m）	层数	建成年份	建筑功能
96		无锡苏宁广场1号	Wuxi Suning Plaza 1	无锡（中国）	328	67	2014	酒店／服务式公寓／办公
96		南京金鹰天地B座	Golden Eagle Tiandi Tower B	南京（中国）	328	60	2019	办公
100		深圳宝能中心	Baoneng Center	深圳（中国）	327.3	65	2018	办公

全球高层建筑高度评定标准：
测量及定义高层建筑

世界高层建筑与都市人居学会（Council on Tall Buildings and Urban Habitat, CTBUH）制定了测量和定义高层建筑的国际性标准，如下所述，并被业界公认为授予"世界最高建筑"等头衔的仲裁机构。

1 高层建筑、超高层建筑和巨型高层建筑

1.1 高层建筑

"高层建筑"并没有绝对的定义，它是相对主观的，影响因素主要是以下几点：

1）高度与环境相关

一座 14 层高的建筑也许不会在芝加哥或香港这样高层建筑云集的城市中被认定为高层建筑，但如果它位于欧洲城市或郊区，就可能明显高于城市高度标准，而在环境里脱颖而出。

vs.

2）比例

尽管许多建筑没有突出的高度，但它们用纤细的形象阐释了"高层建筑"的含义。与此相反的是，很多建筑占地面积庞大，虽然很高，但因其过大的体量 / 楼层面积而使其高度并不凸显，从而被排除在高层建筑领域之外。

vs.

3）结合相关技术

　　一座包含高层建筑相关技术的建筑可以被归为"高层"的产物（例如，采用了高层建筑业带来的某些垂直交通技术或结构性抗风支撑）。

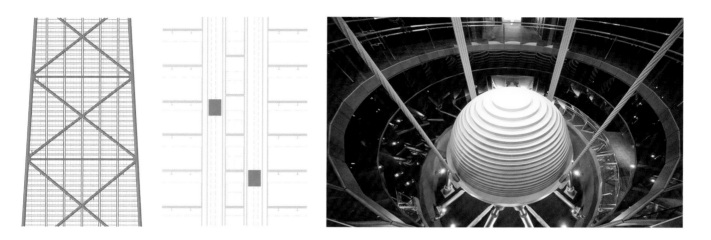

　　如果一座建筑在上述某个或某几个范畴之内，它就可以被称作"高层建筑"。尽管因为不同功能的建筑层高不同，所以很难用层数来衡量高层建筑（例如办公楼与住宅楼），但 14 层或以上，或 50 m 以上通常可以当作"高层建筑"的门槛。

1.2　超高层建筑与巨型高层建筑

　　高度更加突出的高层建筑可以再被分为两个子集："超高层建筑"（supertall building）是高度超过 300 m 的建筑，"巨型高层建筑"（megatall building）是高度超过 600 m 的建筑。截至 2020 年 7 月 30 日，全球范围内共有 170 栋超高层建筑和 3 栋巨型高层建筑已经完工。

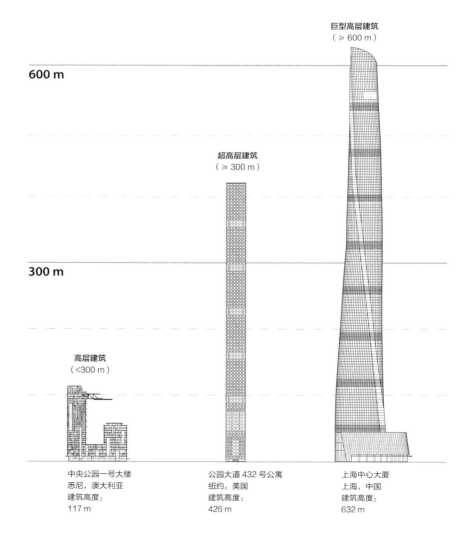

巨型高层建筑
（≥600 m）

600 m

超高层建筑
（≥300 m）

300 m

高层建筑
（<300 m）

中央公园一号大楼
悉尼，澳大利亚
建筑高度：
117 m

公园大道 432 号公寓
纽约，美国
建筑高度：
426 m

上海中心大厦
上海，中国
建筑高度：
632 m

2 高层建筑高度测量

高层建筑高度的测量类型一共有三种，是测量从最底层的[1]、主要的[2]、开放的[3]、步行的[4]入口水平面至：建筑顶端，或最高使用楼层，或尖顶的高度。

2.1 建筑顶端

建筑物的建筑顶端，包括塔尖，但是天线、标志、旗杆或其他功能 – 技术型设备[5]不包括在内。此种测量方法的使用最为广泛，并且是用来判定"世界最高建筑"排名的依据。

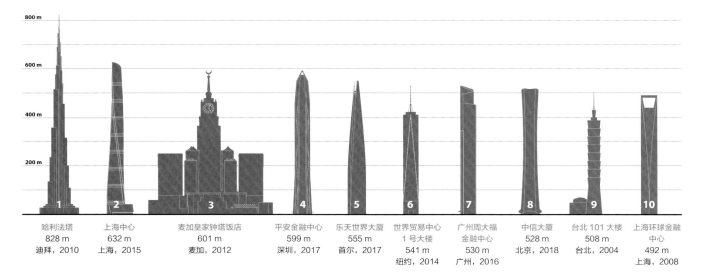

| 哈利法塔 828 m 迪拜，2010 | 上海中心 632 m 上海，2015 | 麦加皇家钟塔饭店 601 m 麦加，2012 | 平安金融中心 599 m 深圳，2017 | 乐天世界大厦 555 m 首尔，2017 | 世界贸易中心 1 号大楼 541 m 纽约，2014 | 广州周大福 金融中心 530 m 广州，2016 | 中信大厦 528 m 北京，2018 | 台北 101 大楼 508 m 台北，2004 | 上海环球金融 中心 492 m 上海，2008 |

2.2 最高使用楼层

最高使用楼层，指建筑物内最高可使用楼层[6]的楼面层。

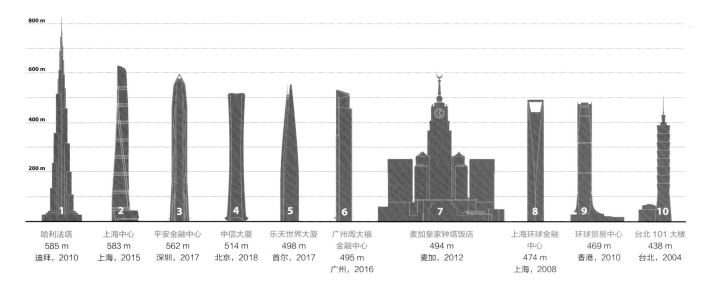

| 哈利法塔 585 m 迪拜，2010 | 上海中心 583 m 上海，2015 | 平安金融中心 562 m 深圳，2017 | 中信大厦 514 m 北京，2018 | 乐天世界大厦 498 m 首尔，2017 | 广州周大福 金融中心 495 m 广州，2016 | 麦加皇家钟塔饭店 494 m 麦加，2012 | 上海环球金融 中心 474 m 上海，2008 | 环球贸易中心 469 m 香港，2010 | 台北 101 大楼 438 m 台北，2004 |

① 最底层：与入口大门的最低点相接的竣工楼面层。
② 主要入口：明显位于现有或之前存在的地面层之上的入口，且允许搭乘电梯进入建筑内的一个或多个主功能区，而非仅仅是到达那些毗邻于室外环境的地面层商业空间或其他的功能空间。那些位于类似下沉式广场这样空间的入口不算在内。同时要注意的是通往停车、附属或服务区域的入口也不被认定为主要入口。
③ 开放入口：入口须直接与室外空间相连，所在楼层可直接与室外接触。
④ 步行入口：供建筑的主要使用者或居住者使用的入口，而位于类似服务或附属区域的入口不包括在内。
⑤ 功能 – 技术性设备：这是考虑到这些设备会根据当前流行的技术而被拆除、添加或更换。我们经常会在高层建筑上看到这些设备，例如天线、标志、风力涡轮机等需要定期添加、缩短、延长、移除和 / 或替换的设备。
⑥ 可使用楼层：这是为了识别供居住者、工人以及其他建筑使用者可以长期安全并合法使用的空间，并不包括服务区或者设备区这类只需偶尔有人进入做维护工作的空间。

2.3 尖顶

尖顶指建筑物的最高点，与最高构件的材料或功能无关。

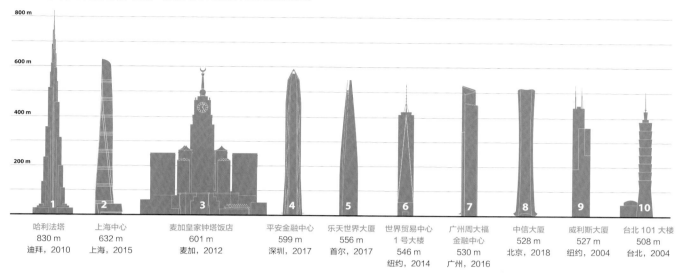

| 哈利法塔 830 m 迪拜，2010 | 上海中心 632 m 上海，2015 | 麦加皇家钟塔饭店 601 m 麦加，2012 | 平安金融中心 599 m 深圳，2017 | 乐天世界大厦 556 m 首尔，2017 | 世界贸易中心 1 号大楼 546 m 纽约，2014 | 广州周大福 金融中心 530 m 广州，2016 | 中信大厦 528 m 北京，2018 | 威利斯大厦 527 m 纽约，2004 | 台北 101 大楼 508 m 台北，2004 |

案例：威利斯大厦 vs. 吉隆坡石油双子塔的官方高度

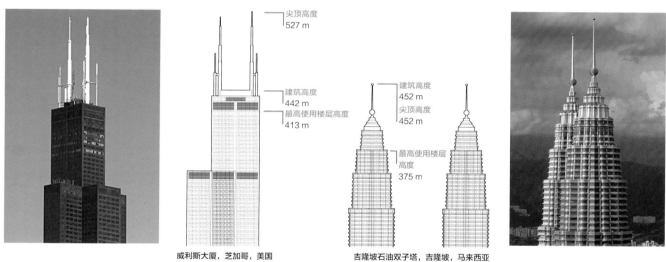

威利斯大厦，芝加哥，美国

吉隆坡石油双子塔，吉隆坡，马来西亚

3 高层建筑特征

3.1 单一功能建筑 vs. 混合功能建筑

单一功能高层建筑是指其总高度的 85% 及以上仅作单一功能使用。

混合功能高层建筑是指包含两种或两种以上功能的建筑，且每种功能服务的面积占塔楼总空间的很大比例[7]。辅助空间，例如停车及机械设备层不算一种混合功能。所有功能在 CTBUH 的"全球高层建筑排行榜"列表中降序排列（例如，"酒店 / 办公"表示酒店功能高于办公功能）。

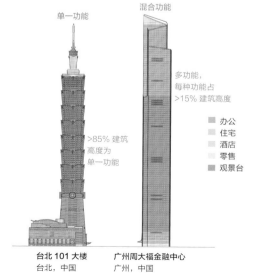

台北 101 大楼
台北，中国
用途：办公

广州周大福金融中心
广州，中国
用途：办公 / 住宅 / 酒店

---

[7] "很大比例"可以看作是达到以下任一方面的 15% 以上：① 总楼层面积；② 总建筑高度，按功能所占用的楼层数计算。然而需要注意的是超高层建筑的特殊性。例如，高达 150 层的大厦中有 20 层是酒店功能，尽管没达到 15%，但此大楼仍会被归为混合功能建筑。

3.2 大楼 vs. 高塔

一座建筑要被称作"大楼"，它的可使用楼层必须超过总高度的 50%。没有达到这个比例的电信塔或观光塔不能参与"全球高层建筑排行榜"的排名。

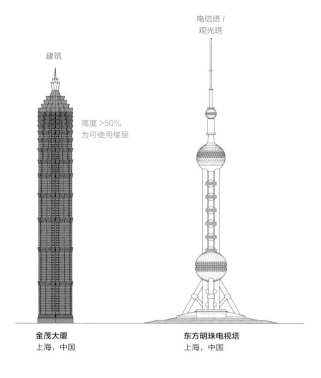

建筑

电信塔 /
观光塔

高度 >50%
为可使用楼层

金茂大厦
上海，中国

东方明珠电视塔
上海，中国

3.3 接合建筑

一座建筑要被认定为接合建筑（而不是一个建筑综合体中不同的建筑）需要满足这样的标准：建筑高度的 50% 以上互相连接。也有例外情况，如：当建筑的整个形体是一个连续的拱形，以单体的形式呈现，就被认为是接合建筑。

东京都厅舍
东京，日本

CCTV 总部大厦
北京，中国

圣雷莫大厦（The San Remo）
纽约，美国

3.4 楼层数

计算所有地面以上的楼层，包括地面层本身和重要的夹层 / 主要设备层；若夹层 / 设备层的楼层面积相比下部的主要楼层面积小很多的话，就不计入层数。屋顶设备房或位于主要屋顶区域之上的设备房不计入层数。

注：因为一些原因，CTBUH 的楼层数计算方法与其他已公开的项目信息有所不同。例如：世界上某些地区通常不算特定的楼层（比如香港的建筑没有 4 层、14 层、24 层）；建筑的业主 / 营销团队可能为了特定目的不统计建筑实际楼层数。

4 建筑状态

4.1 设计阶段
1）方案阶段

"方案阶段"的状态必须满足以下所有标准：

（1）有具体的场地，且项目开发团队须取得所有权；

（2）有专业度足够高的设计团队，团队能从概念阶段向前推进方案；

（3）有已办好或正在办理中的规划许可 / 合法的施工许可；

（4）有推进施工直至建成的完整计划。

被列入"方案阶段"建筑列表的项目必须有可靠的消息源（例如，正式的新闻通告、城市规划申请等）。由于早期阶段的设计项目一向改动颇多，业主对消息也有所限制，方案阶段的高度数据通常是不确定的，要到深化设计及建造阶段才会确定下来。

2）愿景阶段

"愿景阶段"只是一个理论性的建筑设计概念，或没有实现它的意愿，或处于开发的早期阶段但不满足"方案"阶段的标准。

3）竞赛入围

"竞赛入围"是一座建筑的设计概念阶段，许多方案被提交给一个真实场地上真实项目的建筑竞赛。竞赛的获胜方案将随项目进入正式方案、施工和竣工阶段时改变建筑状态分类。未获胜的概念方案仍将被归类为"竞赛入围"。

4）方案取消

当建筑有正式方案并有推进的意愿，却没有继续进行任何建造时，它将被归为"方案取消"类别。

4.2 施工阶段
1）施工中

"施工中"状态起始于施工现场清理完毕，并开始地基 / 打桩工作时。

2）结构封顶

"结构封顶"状态是指建筑正在施工中，且最高的基本结构框架已经就位。建筑性的部分，如女儿墙、屋顶覆盖或塔尖可能还未完成。

3）建筑封顶

"建筑封顶"状态是指一座建筑正在施工中，已经结构封顶、围护材料完全覆盖[8]，且最高的建筑性构件（例如，塔尖、女儿墙等）已经就位。

4）竣工

一座"竣工"的建筑必须满足以下所有标准：

（1）结构和建筑主体已封顶[9]；

（2）围护材料完全覆盖；

（3）投入运营，或至少部分投入使用。

5）停滞

一个"停滞"的项目，指施工现场的工作被无限期暂停，但有计划在未来按照原设计方案完成施工。

6）未完成

一个"未完成"的项目，指施工工作被无限期终止且从未复工。场地可能进驻异于原始设计的另一座建筑。原有施工遗留的部分结构可能会被保留也可能不被保留。

4.3 运营阶段
1）改造方案中

改造方案要对现有建筑的功能、高度或外观进行重大改变，不像"建筑升级"侧重于对功能、高度或外观不进行重大改动的条件下升级建筑系统。"改造方案中"的状态需要一个由足够专业的设计团队提出的正式设计概念，也需要得到或积极争取改造计划正式

---

[8] 在某些建筑区域的内部装修仍在进行时，为了固定施工升降机或起重机而去除覆层面板，这种情况并不影响"完全覆盖"的状态。

[9] 建筑主体已封顶意味着所有结构和完工的建筑元素都已就位。

的规划许可 / 法律许可。[10]

2）改造中

一座现有建筑在"改造中"意味着对现有建筑的功能、高度或外观进行重大改变的施工工作正在进行。[10]

3）改造完成

一座现有建筑已经"改造完成"意味着对现有建筑的功能、高度或外观进行重大改变的施工工作已经完成。

4）拆除中

一座"拆除中"的建筑是指其应当正在进行受控的拆除工作，结构高度逐渐降低。

5）拆除完成

一个"拆除完成"的项目是指以有计划或无计划的方式彻底毁坏的建筑，由此不复存在。

5 结构材料

5.1 钢

主要的垂直 / 水平结构构件和楼板体系都采用钢材建造。需要注意的是，如果一座建筑的楼板体系是混凝土板条或厚板架在钢梁上，也算作"钢"结构，因为混凝土构件不构成主要结构。

5.2 钢筋混凝土

主要的垂直 / 水平结构构件和楼板体系都采用现浇钢筋混凝土建造。

5.3 预制混凝土

主要的垂直 / 水平结构构件和楼板体系都采用钢筋混凝土预制构件建造，在现场进行装配。

5.4 木材

主要的垂直 / 水平结构构件和楼板体系都采用木材建造。全木结构可能会在木材构件之间使用局部非木材连接。需要注意的是，如果一座建筑的楼板体系是混凝土板条或厚板架在木梁上，也算作"木材"结构，因为混凝土构件不构成主要结构。

5.5 混合结构

混合结构建筑中有不同的结构系统，一个叠在另一个之上。例如，钢 / 混凝土表示钢结构系统位于混凝土结构系统之上，与混凝土 / 钢相反。

5.6 复合材料

复合材料是指建筑主要结构单元结合两种或以上材料。例如，使用钢柱和钢筋混凝土梁楼面系统、结合混凝土核心筒的钢框架体系、混凝土外包钢柱、钢管混凝土、结合混凝土核心筒的木框架体系。在已知情况下，CTBUH 数据库会将复合材料建筑的核心筒、柱子和楼板中的材料分开列出。

6 高度与数据委员会

CTBUH 高度与数据委员会的创建是为了建立并在必要时完善官方的高度标准，以此定义和测量高层建筑。因此，委员会定期举行会议以讨论高层建筑行业的最新发展，对标准的可能添加或修订以及偶尔根据现行标准为特别复杂的建筑进行详细评估，以确定其高度和 / 或类别。■

（翻译：王欣蕊；审校：王莎莎）

提交单体建筑进行评估和阐述，请完成以下表格 http://www.skyscrapercenter.com/submit 或联系 skyscrapercenter@ctbuh.org.

---

[10] 改造工程与以下工程不同：1. 升级，可能涉及大量的建筑工程，但不会显著改变建筑物的功能、高度或外观；2. 重包覆，主要是建筑物立面的大量工作，但不会显著改变建筑物的高度或外观；3. 重设计，仅限于正在施工的建筑停止施工、进行重新设计，仅限于使用未完工项目的现有地上结构进行再设计。

世界高层建筑与都市人居学会（CTBUH）简介

世界高层建筑与都市人居学会（Council on Tall Buildings and Urban Habitat, CTBUH）是一个面向所有对未来城市感兴趣者的全球领先非营利组织。学会主要研究在城市密度和城市垂直化日益增长的同时如何让城市更加可持续化和健康化，尤其是在大规模城市化和全球气候变化影响日益严重的背景下。政策、建筑、人口、城市密度、城市空间、内部空间和基础设施之间的关系是学会研究的重点。

CTBUH 于 1969 年在美国成立，拥有超过 100 万专业人士的会员网络，会员的职业遍布全球几乎所有国家的所有建筑行业，包括：投资者、业主／开发商、使用者／租户、政府机构、城市规划师、建筑师、工程师、承包商、基础设施专家、成本顾问、楼宇经理、法律公司、材料系统供应商、学术界等等。学会在芝加哥、上海和威尼斯设有办公室，每年通过区域分会和专家委员会、年度会议和全球评奖，以及资助的研究项目和学术合作等，在世界各地开展数百个多学科项目，并通过广泛的线上线下资源进行传播。学会的网站（www.ctbuh.org, www.skyscrapercenter.com）为会员提供了可随时查询使用的世界各地 20000 多座高层建筑及其所在城市的详细图像和技术信息。

学会最为公众所熟知的，是制定了测量高层建筑高度的国际性标准，同时也是授予诸如"世界最高建筑"头衔的全球公认仲裁机构。此外，其"卓越建筑"计划通过颁发认证牌和牌匾来表彰重要项目的成就。在全球范围，CTBUH 为专注于城市及建筑的创建、设计、建造和运营的所有公司和专业人士提供前沿信息共享和合作网络的平台，朝着可持续的垂直城市化方向前进。

2015 年，CTBUH 亚洲总部办公室在同济大学建筑与城市规划学院（CAUP）正式成立，旨在促进中国企业和项目在 CTBUH 的全球平台交流，推进可持续垂直城市在中国的实践。亚洲总部的理事单位有上海中心大厦建设发展有限公司、上海中建海外发展有限公司、平安不动产有限公司、华东建筑设计研究总院、CCDI 悉地国际集团、仲量联行、开利空调和同济大学。

CTBUH 全球理事

史蒂夫·沃茨（Steve Watts）	CTBUH 主席；alinea Consulting 合伙人
安东尼·伍德（Antony Wood）	CTBUH 首席执行官；伊利诺伊理工大学研究教授
斯科特·邓肯（Scott Duncan）	SOM 建筑事务所合伙人
莫尼布·哈穆德（Mounib Hammoud）	吉达经济公司（Jeddah Economic Company）首席执行官
肖恩·米尔斯（Shonn Mills）	安博集团（Ramboll Group）高级全球总监
查鲁·塔帕（Charu Thapar）	仲量联行区域总监
谢锦泉 [Kam Chuen (Vicent) Tse]	WSP 建筑机电部管理总监
王少峰	上海中建海外发展有限公司董事长

CTBUH 中国区理事

顾建平	上海中心大厦建设发展有限公司总经理
王少峰	上海中建海外发展有限公司董事长
高成湘	平安不动产济南公司总经理
张俊杰	华东建筑设计研究总院院长
庄 葵	CCDI 悉地国际集团联席总裁
李炳基	仲量联行大中华物业与资产管理部运营总监
吴长福	同济大学建筑与城市规划学院教授
赵礼嘉	开利空调北亚区市场总监
杜 鹏	CTBUH 全球学术和教学委员会主席；美国德州理工大学建筑学院助理教授

欢迎访问 CTBUH 官网 https://www.ctbuh.org 和 CTBUH 微信公众号，了解更多资讯。
如需垂询，请发送邮件至：china@ctbuh.org，或致电：CTBUH 中国办公室，（021）65982972。

CTBUH 全球合作与支持单位（截至 2020 年 6 月 15 日）

――――――――――――― 顶级支持 ―――――――――――――

AECOM	KPF 建筑事务所	Sufrin Group
alinea Consulting	通力工业	Sumitomo Realty & Development Co., Ltd.
凯谛思集团	Multiplex	新鸿基地产发展有限公司
Autodesk	奥的斯电梯公司	台北金融大楼股份有限公司
BuroHappold Engineering	平安不动产有限公司	同济大学
CCDI 悉地国际集团	PS-Co.	中国青岛国信海天中心
中信和业投资有限公司	三星 C&T 公司	Turner Construction Company
Dassault Systèmes	迅达集团	Wentworth House Partnership Limited
陶氏化学公司	上海中心大厦建设发展有限公司	WSP
伊利诺伊理工大学	深圳市鹏瑞地产开发有限公司	元利建设有限公司
威尼斯建筑大学	西门子智能基础设施	远大集团 (CNYD)
Kingdom Real Estate Development	SOM 建筑事务所	

――――――――――――― 高级支持 ―――――――――――――

碧谱｜碧甫照明设计有限公司	现代设计集团上海建筑设计研究院有限公司	Rider Levett Bucknall
Dar Al-Handasah (Shair & Partners)	KLCC Property Holdings Berhad	SL Green Realty Corp.
DeSimone Consulting Engineers	可乐丽美国有限公司	Studio Libeskind
华东建筑设计研究总院	Langan	The Durst Organization
Emaar Properties, PJSC	Meinhardt Group International	Think Wood
Gensler 建筑设计事务所	NBBJ 建筑事务所	Thornton Tomasetti
goa 大象设计	Pace Development Corporation Plc.	蒂森克虏伯电梯公司
HOK, Inc.	佩里·克拉克·佩里建筑师事务所	铁狮门地产公司
香港置地	POHL Group	Windtech Consultants

――――――――――――― 中级支持 ―――――――――――――

A&H Tuned Mass Dampers	HALFEN GmbH	Rothoblaas
Adrian Smith + Gordon Gill Architecture	希尔国际管理公司	Rowan Williams Davies & Irwin
Aedas 建筑事务所	HPP 建筑事务所	SAMOO Architects and Engineers
AKF Group	Investa Property Group	Schuco
Al Ghurair Construction	Jaeger Kahlen Partners Architects	Severud Associates Consulting Engineers
Architects Hawaii, Ltd.	Jensen Hughes	上海建工集团股份有限公司
华南理工大学建筑设计研究院	仲量联行	深圳市欧博工程设计顾问有限公司
奥雅纳全球公司	Larsen & Toubro	Sika Services AG
Aurecon	LeMessurier	Studio Gang
BALA Engineers	理雅 (LERA) 结构工程咨询有限公司	Syska Hennessy Group
Bates Smart	梁黄顾建筑师（香港）事务所有限公司	Tata Realty
北京富润成照明系统工程有限公司	Magnusson Klemencic Associates	TAV Construction
BG&E	McNAMARA·SALVIA	同济大学建筑设计研究院（集团）有限公司
BIG 建筑事务所	Mirvac Group	Trevi S.p.A.
Bosa Properties Inc.	Nishkian Menninger Consulting and Structural	UNStudio
Carazo Architecture	Engineers	V & A Waterfront
中建科工集团有限公司	Outokumpu	Walter P. Moore and Associates
中集产城	PDW Architects	WATG Urban
金茂酒店及金茂（中国）酒店投资管理有限公司	Pei Cobb Freed & Partners	Webber Design Pty Ltd
CTG 城市组	Permasteelisa Group	Webcor Builders
COIMA	Pickard Chilton Architects	Willow
EID 建筑事务所	PLP Architecture	WME Engineering Consultants
Enclos Corp.	PNB Merdeka Ventures Sdn. Berhad	伍兹贝格建筑事务所
筑远工程顾问有限公司	PT Gistama Intisemesta	羿天设计集团有限责任公司
Epstein	Quadrangle Architects	扎哈·哈迪德建筑事务所
Fender Katsalidis	Ramboll	
Front Inc.	Rene Lagos Engineers	

初级支持

AkzoNobel
Aliaxis
Alimak
Allford Hall Monaghan Morris
Altitude Facade Access Consulting
Alvine Engineering
AMSYSCO
李景勋、雷焕庭建筑师事务所
ArcelorMittal
Archilier Architecture
architectsAlliance
清华大学建筑设计研究院有限公司
Architectus
Armstrong Ceiling Solutions
Arney Fender Katsalidis
ASHTROM GROUP LTD
Barker Mohandas, LLC
北京市建筑设计研究院有限公司
贝诺建筑设计公司
bKL Architecture
Boundary Layer Wind Tunnel Laboratory
Bouygues Batiment International
远大科技集团
Broadway Malyan
Brunkeberg Systems AB
Calatrava International
Canary Wharf Group
Canderel Management
Careys Civil Engineering
Cary Kopczynski & Company
CB Engineers
郑中室内设计（深圳）有限公司
CCL
Cerami & Associates
Cermak Peterka Petersen
CetraRuddy Architecture
中国建筑设计研究院
上海中建海外发展有限公司
重庆金科建筑设计研究院有限公司
Civil & Structural Engineering Consultants
    (Pvt) Ltd.
Code Consultants, Inc.
Conrad Gargett
Construction Specialties Company
Cosentini Associates
Cottee Parker Architects
Cove Property Group
Cox Architecture
CoxGomyl
Craft Holdings Limited
中船置业有限公司
Cubic Architects
Daewoo E&C
Davy Sukamta & Partners Structural

Engineers
DCA Architects
DCI Engineers
Decibel Architecture
Deerns
DIALOG
Doka GmbH
Dong Yang Structural Engineers
EG
Elenberg Fraser
Elevating Studio Pte. Ltd.
Enstruct Group Pty Ltd
Environmental Systems Design
EPEXYL S.A.
Eric Parry Architects
FINE DNC
Fletcher Priest Architects
FM Global
弗思特工程咨询南京有限公司
Foster + Partners
FXCollaborative
Gal Nauer Architects
GEI Consultants
GERB Vibration Control Systems (USA/
    Germany)
GGLO
Gilsanz Murray Steficek
Global Wind Technology Services
Glumac
gmp 建筑事务所
Goettsch Partners
Gradient Wind Engineering Inc.
Graziani + Corazza Architects
Grimshaw Architects
广东坚美铝型材厂（集团）有限公司
广州城博建科展览有限公司
广州越秀城建伸量联行物业服务有限公司
Hariri Pontarini Architects
哈塞尔建筑事务所
Hathaway Dinwiddie
Heller Manus Architects
Henning Larsen Architects
Hilti AG
Hitachi, Ltd
HKA Elevator Consulting
HKS Architects
HOK Architects Corporation
Housing and Development Board
Humphreys & Partners Architects, L.P.
Hutchinson Builders
ICD Property
IDOM UK Ltd.
Ingrid Cloud
英海特工程咨询有限公司

International Code Council
Interpane GmbH
Israeli Association of Construction and
    Infrastructure Engineers
JAHN 建筑设计事务所
Jaros, Baum & Bolles
佐敦集团
JQZ
KEO International Consultants
KHP Konig und Heunisch Planungsgesellschaft
Killa Design
Kinemetrics Inc.
Kinetica
Kobi Karp
Koltay Facades
KS Ingenieure ZT GmbH
LCI Australia Pty Ltd.
LCL Builds Limited
Lendlease Corporation
Liberty OneSteel
Longman Lindsey
穆氏设计有限公司
Maeda Corporation
Manntech
MAURER SE
Metal Yapi
MicroShade A/S
Moelven
Mori Building Company
Moshe Tzur Architects Town Planners
Mott MacDonald Group
MVRDV 建筑事务所
Nabih Youssef & Associates
National Fire Protection Association
日建设计公司
Norman Disney & Young
NORR Group Consultants International Limited
O'Donnell & Naccarato
OJB Landscape Architecture
OLYMPIQUE Facade Access Consulting
Omrania
Ornamental Metal Institute of New York
Palafox Associates
PAN Partners
Pavarini McGovern
Peikko
Pepper Construction Company
Perkins and Will
Plus Architecture
波特曼建筑设计事务所
Priedemann Facade Experts
Procore Technologies
Profica
R.G. Vanderweil Engineers

RafterySuver, LLC
RAW Design
Real Estate Management (UK) Limited
Related Midwest
Rhode Partners
Rise Management Consulting Ltd
RJC Engineers
Robert A.M. Stern Architects
Rogers Stirk Harbour + Partners
吕元祥建筑师事务所
Ronesans Holding
Royal HaskoningDHV
Safdie Architects
Sanni, Ojo & Partners
Sauerbruch Hutton Gesellschaft von Architekten
SECURISTYLE
SETEC TPI
Shimizu Corporation

SHoP Architects
Siderise
SilverEdge Systems Software, Inc.
Stanley D. Lindsey & Associates
Stantec Ltd.
Steel Institute of New York
Stein Ltd.
Steinberg Hart
Stora Enso Wood Products Oy Ltd
Studco Australia Pty Ltd
SuperTEC (Supertall Building Design & Engineering Tech Research Center)
Surface Design
SWA Group
Swinerton Builders
Taisei Corporation
Takenaka Corporation
Technal Middle East

Tecnostrutture srl
腾远设计事务所有限公司
Terracon
Tetra Tech
The Harman Group
The Pakubuwono Development
Vetrocare
Vidaris, Inc.
VAL 发生建筑 / 为石建筑（上海）
VS–A Group
Werner Sobek Group
Weston Williamson + Partners
wh–p Ingenieure
WilkinsonEyre
WOHA 建筑事务所
WTM Engineers International
WZMH Architects
Y. A. Yashar Architects

—— 学术支持 ——

美国钢结构协会
卡迪夫大学
重庆大学
尼尔玛大学建筑与规划研究所
宾夕法尼亚州立大学
普瑞特艺术学院

青岛理工大学
山东建筑大学
安第斯大学
不列颠哥伦比亚大学
佛罗伦萨大学
伊利诺伊大学厄巴纳 - 香槟分校

墨尔本大学
新南威尔士大学
南丹麦大学
悉尼科技大学
多伦多大学高楼研究中心
耶鲁大学建筑学院

另有 366 家 CTBUH 支持单位，了解所有支持单位的完整列表，请访问 https://www.members.ctbuh.org.

主编简介

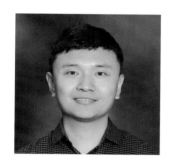

杜 鹏（Peng Du）

世界高层建筑与都市人居学会（CTBUH）全球学术和教学委员会主席，美国德州理工大学（Texas Tech University）建筑学院助理教授（Tenure Track），主要研究建筑和城市尺度下量化建成环境的影响因子，特别聚焦于高层建筑和垂直/高密度城市背景下的全生命周期分析、高性能建筑和零碳城市等。杜鹏博士在 CTBUH 扮演重要角色，除领导学会在中国的事业发展外，也一直担任学会年度国际学生设计竞赛和国际研究种子基金竞赛的评委。在可持续的高层建筑和未来城市领域，他与全球许多高校与研究机构合作，参与其设计课程和研讨会的教学、评审与协调工作。在加入德州理工大学之前，杜鹏博士是美国伊利诺伊理工大学（IIT）建筑学院的设计助理教授。

安东尼·伍德（Antony Wood）

世界高层建筑与都市人居学会（CTBUH）首席执行官，伊利诺伊理工大学建筑学院研究教授，同济大学建筑与城市规划学院高层建筑专业客座教授。身为一名接受了良好教育的英国建筑师，伍德博士专攻高层建筑设计领域，尤其在该领域的可持续设计方面颇有造诣。在成为专业学者前，伍德博士在香港、曼谷、吉隆坡、雅加达和伦敦做了多年建筑师工作；他同时还作为作者、编辑出版了大量相关领域的书籍，包括《世界高层建筑与都市人居学会（CTBUH）技术指南：高层办公建筑自然通风》（英文版，2012 年出版）、《高层建筑指南》（英文版，2013 年出版）、《中国最佳高层建筑：2016 年度中国摩天大楼总览》（中文版，2016 年出版）、《世界高层建筑前沿研究路线图》（英文版 2014 年出版，中文版 2017 年出版）。